과학은 자연을 관찰하고 측정한 데이터를 합리적으로 설명하는 지식의
체계이다. 그렇다면 과학 자체도 정량적 과학의 대상이 될 수 있을까?
이 책을 읽고 크게 고개를 끄덕였다. 새롭게 떠오르고 있는 연구 분야인 과학에
대한 과학, 과학의 과학을 소개하는 멋진 책이다.
저자들은 다양한 분야의 과학자들의 영향력을 객관적으로 측정하는 방법,
다양성을 고려한 성공적인 공동 연구팀의 구성 방법을 소개하고,
다가오는 인공지능 과학의 시대에 인간과 인공지능의 협업 가능성도 고민한다.
과학의 지속적 발전 방안을 모색하는 대학, 기업, 연구소, 그리고 정부의 정책
결정자에게 이 책을 권한다. 과학을 바라보는 과학의 시선이 궁금한 모든 이,
성공한 과학자를 꿈꾸는 현재와 미래의 과학도에게 이 책은 필독서다.
김범준, 성균관대학교 물리학과 교수

언제나 과학은 새로움을 추구한다. 과학 자체를 연구하는 과학학(메타과학)
메타과학에도 새로운 장이 열렸다. 과학을 연구한다는 것은 무엇인가?
과학자들이 무엇을 연구하고, 어떻게 일하며, 서로 협력하고 경쟁하며 함께
성장하는지 살펴보는 일이다. 또한 연구 성과인 논문, 특허, 보고서를 연구의
대상으로 데이터화하여 이를 인공지능과 빅데이터, 복잡계로 들여다본다.
이로써 "과학의 과학"은 과학의 발전을 이해하고, 더욱 바람직한 미래 사회를
여는 과학의 방향을 제시하며 미래를 만들어간다. 도대체 과학은 어디까지
영역을 확장하고 얼마나 발전하게 될지 그 실마리를 엿볼 수 있게 하는 책이다.
정우성, 포항공과대학교 물리학과/산업경영공학과 교수

논문, 특허, 연구 제안서를 비롯한 모든 데이터가 저장되는 빅데이터 시대.
이제 우리 과학자는 자기 자신의 성과를 "과학적"으로 분석할 수 있게 되었다.
『과학의 과학』은 자료들에 대한 과학적인 분석을 통해 밝혀낸 과학,
그리고 과학자의 숨겨진 성공 비결을 담고 있다.
이 책에서 다루는 분석 방법들은 과학뿐만 아니라 거의 모든 분야에 적용할
수 있는 "과학적" 방법이다. 이 방법들을 각자의 분야에 적용한다면 자신만의
성공 비결을 찾아볼 수 있을 것이다. 성공보다 실패에 더 익숙한 평범한
우리에게 미래의 인공지능 시대에 왜 실패가 성공보다 더 중요한지 알려주는
놀라운 위안을 주기도 한다.
과학에 대한 올바른 이해는 과학기술에 많은 것을 의존하는 현대사회를
살아가는 구성원으로서 당연히 갖추어야 할 교양이다. 『과학의 과학』은
복잡하고 혼란스러운 시대를 사는 우리에게 지혜로운 길잡이가 되어 줄 것이다.
정하웅, 카이스트 물리학과 교수

과학의 과학

현대 과학의 성취와 실패 공식을 해독하다

초판 1쇄 펴냄   2023년 11월 1일

지은이   다슌 왕, 앨버트 라슬로 바라바시
옮긴이   노다해, 이은
편집   김해슬, 이송찬

펴낸곳   도서출판 이김
등록   2015년 12월 2일 (제2021-000353호)
주소   서울시 마포구 방울내로 70, 301호 (망원동)

ISBN   979-11-89680-48-0 (93400)

값 29,000원
잘못된 책은 구입한 곳에서 바꿔 드립니다.

과학의 과학

The Science of Science
현대 과학의 성취와 실패 공식을 해독하다

다슌 왕 · 앨버트 라슬로 바라바시
Dashun Wang, Albert-László Barabási

노다해 · 이은 옮김

차례

텐에게

서문

새로운 도구의 발명은 과학혁명을 견인한다. 예를 들어 현미경, 망원경, 유전체 배열 분석 등은 이 세상을 지각하고 측정하고 추론하는 우리의 능력을 근본적으로 변화시켰다. 그렇다면 지금 우리 손에 있는 최신의 도구는 막대한 양의 디지털 데이터다. 우리는 이 데이터로 과학 산업 전체의 궤적을 따라가며 그 내부의 작용을 아주 상세하게, 상당한 규모로 파악할 수 있다. 실제로 오늘날의 과학자들은 매해 수많은 연구 논문, 출판 전 논문(preprint), 연구 제안서, 특허 등을 만들어 내며 이 놀라운 일들이 어떻게 일어나는지 상세한 자취를 남긴다. 이러한 데이터를 다루다 보니 **과학의 과학**(science of science)이라는 새로운 다학제적 분야가 출현했다. 과학의 발전을 정량적으로 이해함으로써 과학적, 기술적, 교육적으로 상당한 가치를 발굴해 내려는 것이다.

활용할 수 있는 데이터가 계속 늘고 있기에, 과학의 산물과 그에 따르는 보상을 탐구할 기회도 전례 없이 늘었다. 데이터과학, 네트워크과학, 인공지능의 나란한 발전 덕분에 우리는 수많은 데이터 포인트(data point)를 효과적으로 이해할 도구와 기술을 손에 넣었다. 이 데이터는 과학자의 경력이 어떻게 펼쳐지는지, 공동 연구가 발견에 어떻게 이바지하는지, 과학의 진보가 상호 연결된 요인들의 조합으로부터 어떻게 생겨나는지 등에 대한 복잡하면서도 통찰력 있는 이야기를 들려준다. 새로운 기회와 도전의 장이 열리자 많은 과학자가 과학을 이해하려는 목표로 연합해 다학제적 공동체를 이뤘다. '과학의 과학' 전문가 집단은 과학자 스스로를 연구하고, 성공한 프로젝트와 망한 프로젝트를 조사하고, 발견과 발명을 특정하는 패턴을 정량화해 과학을 전체적으로 개선할 방안을 제시한다. 이 책은 급격하게 성장하고 있는 이 새로운 분야의 풍부한 역사적 맥락, 흥미로운 최신 성과, 무궁무진한 활용 가능성을 소개한다.

이 책은 세 부류의 독자를 염두에 뒀다. 첫 번째는 과학을 관장하는 메커니즘이 궁금한 과학자나 학생이다. 물리학자로서 철학을 연구하며 '과학의 과학'의 기초를 세운 토머스 쿤(Thomas Kuhn)은 1962년 그의 저작 『과학혁명의 구조(The Structure of Scientific Revolution)』를 통해 '과학의 과학'에 대한 전 세계적 관심을 불러일으켰다. 오늘날 거의 모든 창의적인 활동에는 쿤이 제시한 개념 '패러다임 전환'이 적용되며, 새로운 과학 개념이 생겨나고 받아들여지는 일을 이해할 때 이 개념은 여전히 지대한 영향을 미친다. '과학의 과학'은 쿤의 세계관 밖에 있지만 바로 그다음에 놓일 중요한 초석으로, 모든 과학자가 내심 중요하게 생각하는 일련의 질문을 다룬다. 과학자는 언제 최고의 성과를 낼까? 과학적 창의력은 어떤 주기를 따를까? 소위 말하는 '대박 사건'이 과학자의 경력에서 언제 일어나는지 알려 주는 신호가 있을까? 어떤 형태의 협업이 빛을 발하거나 실패할까? 젊은 과학자는 성공할 가능성을 어떻게 최대화할 수 있을까? 과학의 내부 작동을 데이터 중심으로 고찰한 이 책을 통해, 현역의 과학자라면 누구나 경력을 한 단계 끌어올리는 데 필요한 제도적·학술적 지형을 탐색할 수 있을 것이다.

'과학의 과학'의 영향력은 정책 분야에까지 확장될 수 있으므로, 학계의 행정가들이 증거에 기반한 의사 결정을 내리는 데에도 이 책이 유용할 것이다. 학과장, 학장, 연구부총장 등 전략적으로 연구를 시행하고 총괄하는 대학의 행정관들도 인사와 재정에 관해 중대한 결정을 내려야 할 때가 있다. 그들에게 경험적 증거는 많지만, 방대한 사안 중 적절한 사례를 선택해 내는 일관적 대응 방식은 부족하다. 이들에게는 다음과 같은 궁금증이 있을 것이다. h 지수가 25인 물리학과 교수가 정년을 보장받고자 한다면 어떻게 평가해야 할까? 신생 과학자와 경험이 풍부한 과학자 중에 누구를 뽑는 것이 학과에 더 이득일까? 어떤 때에 유명한 학자를 고용하는 데에 투자해야 하며, 그 영향력을 어느 정도로 기대할 수 있을까? 이 책은 '과학의 과학'의 유용한 통찰을 활용해 이런 질문에 대답할 수 있도록 하는 근거와 지식을 담았다.

미국국립과학재단(NSF)과 미국국립보건원(NIH)을 포함한 공공 및 민간 재단의 사업 관리자들에게도 이 책이 도움이 되기를 기대한다. 훌륭한 성과를 낸 연구자 혹은 연구

팀이 떠오르는 과학적 문제에 집중할 수 있도록 이미 여러 시민 단체와 군사 정부 기관, 비영리단체와 사립 재단이 데이터를 모아 '과학의 과학'에 기반을 둔 도구들을 개발하고 있다. 이 책은 데이터를 활용해 효율적인 연구비 지원 방식을 수립하는 최선의 체계를 소개한다. 이를 통해 과학과 사회 모두가 유익한 도움을 얻을 수 있을 것이다.

변화하는 과학의 지형은 학술 출판인에게도 영향을 미친다. 이들은 과학이 진보하는 방향과 속도에 영향을 미칠 만한 논문을 발행하려 경쟁한다. 학술지 편집자들이 '과학의 과학'을 실질적으로 유용하게 활용해 새로운 발견의 영향력이 가지는 자연적인 생애 주기를 이해하고 아직 널리 알려지지 않은 혁신적 발상을 알아볼 수 있게 된다면, 학술지의 영향력은 더욱 커지리라 본다.

마지막으로 이 책은 현재 '과학의 과학'을 연구하고 있거나 이 흥미진진한 분야에 진입하고자 하는 과학자들을 위해 썼다. 우리는 이 분야의 전문가들이 주목하는 주요 개념을 일목요연하게 정리한 개요를 최초로 제공한다. 이쪽 연구가 상당히 학제적인 만큼 필수적인 자료다. 실제로 '과학의 과학'에서 주요한 진전은 문헌정보학에서부터 사회과학, 물상과학˙, 생명과학, 나아가 공학, 디자인 등 다양한 분야의 연구자들이 만들어 냈을 만큼 다양한 접근과 시

---

* 자연과학에서 비생물을 다루는 분야를 물상과학(physical science)이라고 분류하고, 물리학, 화학, 천문학, 지구과학 등이 포함된다. 이와 구분되는 분야로는 생명과학이 있다.—옮긴이

각이 존재한다. 각기 다른 독자층을 대상으로 연구 결과가 발표되는 '과학의 과학'은 학문의 경계를 따라 분열되는 경향이 있어 보편적인 전문 용어와 지표가 없다. 이 책은 다양한 분야의 통찰을 요약하고 번역해 학생과 연구자들에게 통합적이고 포괄적으로 제시하는 것을 목표로 한다. '과학의 과학' 내에 공존하는 여러 분야에서 공통적으로 발견되는 지식의 유산을 살펴보고 새로운 연구를 향한 접근법도 제공할 것이다. 이로써 이제 막 이 분야에 관심을 가진 학생·연구자에게 필요한 자원을 제공할 수 있기를 바란다.

이 책은 네 부분으로 구성되어 있다. 1부 경력의 과학에서는 개별 과학자들의 경력에 초점을 맞춰 언제 최고의 성과를 내는지, 어떤 점이 다른 이들과 구별되는지 등의 물음을 던진다. 2부 협업의 과학에서는 협업이 가진 강점과 예기치 못한 위험을 탐구하며 어떻게 성공적인 팀을 꾸리는지, 팀이 이룬 성과를 누구의 공으로 돌려야 하는지 등의 문제에 답한다. 3부 영향력의 과학에서는 과학적 발상과 영향력 저변에 자리잡은 근본 원리를 살펴본다. 마지막 4부 전망에서는 인공지능의 역할과 편향 그리고 작동 원리에 이르기까지, 가장 주목받고 있는 새로운 연구 결과를 요약한다. 각 부는 중심 주제를 밝히는 질문을 던지고 일화를 제시하는 서문으로 시작하며, 이어지는 장에서 각 질문에 관한 과학적 대답을 내놓는다.

'과학의 과학'은 과학을 만들어 나가는 방식과 그에 따른 보상 체계에 관한 대규모 데이터를 분석해, 특정 분야 내에서나 과학 전체에서 보편적인 패턴을 밝힌다. 이를 통해 학문의 본질에 대한 새로운 통찰을 얻을 수 있고, 연구자의 일을 개선할 수도 있다. 심도 있는 이해를 바탕으로 체계와 정책을 개발하면 과학자와 과학에 대한 투자 성공 확률도 안정적으로 개선될 것이고, 결과적으로 과학 전체의 전망이 향상되리라 믿는다.

1부. 경력의 과학

The Science of Career

알베르트 아인슈타인(Albert Einstein)은 생애 동안 248편의 논문을 발표했다. 찰스 다윈(Charles Darwin)은 119편, 루이 파스퇴르(Louis Pasteur)는 172편, 마이클 패러데이(Michael Faraday)는 161편, 시메옹 드니 푸아송(Siméon Denis Poisson)은 158편, 지그문트 프로이트(Sigmund Freud)는 330편의 논문을 발표했다.[1] 이와는 대조적으로 피터 힉스(Peter Higgs)는 힉스 보손(Higgs boson) 입자의 존재를 예측한 공로로 노벨상을 받은 84세가 될 때까지 고작 25편의 논문을 출간했다. 그레고어 멘델(Gregor Mendel)은 어떨까? 그는 7편의 논문만으로 불후의 명성을 남겼다.[2]

이러한 차이는 장기적인 관점에서 생산성보다는 영향력이 경력에 중요하다는 점을 보여 준다. 실제로 영향력은 출판물마다 상당히 다르다. 스타 과학자라고 하더라도 출간한 모든 논문 중에서 기껏해야 몇 편만이 다음 세대의 과학자에게 기억될 것이다. 실제로 사람들은 아인슈타인 하면 상대성이론을, 마리 퀴리(Marie Curie) 하면 방사능을 떠올릴 뿐 그들의 수많은 다른 발견은 인식하지 못한다. 하나 또는 많아야 두어 개의 발견, 즉 '아웃라이어'*가 과학자의 경력을 규정하는 것으로 보인다. 그렇다면 이러한 특별 케이스가 과학자의 경력을 정확하게 설명할까? 아니면 이 슈퍼스타 과학자들은 경력을 쌓는 중 한두 번만 운이 좋았던 걸까?

---

* 다른 표본들과 뚜렷이 구분되는 특별한 경우들.—옮긴이

만약 한두 개의 논문만 길이 남는다면, 과학자들은 언제 그 결정적인 발견을 하게 될까? 아인슈타인은 이렇게 비꼬았다. "서른 살이 되기 전에 지대한 과학적 공헌을 하지 못한 사람은 죽을 때까지도 마찬가지일 것이다."[3] 실제로 아인슈타인은 주요 논문 4편을 발표한 '기적의 해' 1905년에 고작 26세였다. 그렇지만 자전적인 이유만으로 그렇게 말한 것은 아니었다. 그 시절 많은 물리학자가 경력 초기에 결정적인 발견을 했다. 예컨대 베르너 하이젠베르크(Werner Heisenberg)와 폴 디랙(Paul Dirac)은 24세, 볼프강 파울리(Wolfgang Pauli), 엔리코 페르미(Enrico Fermi), 유진 위그너(Eugene Wigner)는 25세, 어니스트 러더퍼드(Ernest Rutherford)와 닐스 보어(Niels Bohr)는 28세였다. 하지만 과학에 두드러지는 공헌을 하려면 꼭 젊어야 할까? 그렇지만도 않다. 알렉산더 플레밍(Alexander Fleming)은 47세의 나이에 페니실린을 발견했다. 뤼크 몽타니에(Luc Montagnier)는 51세에 인체 면역결핍 바이러스(HIV)를 발견했다. 존 펜(John Fenn)은 67세에 시작한 연구 주제로 결국 노벨화학상을 받았다. 그렇다면 획기적인 과학적 돌파구를 찾아내는 창의성은 경력의 어느 시점에 분포할까?

이 책의 1부에서는 과학자의 경력에 관한 흥미로운 일련의 질문을 파고든다. 획기적인 연구를 하는 젊거나 그다지 젊지 않은 과학자를 조사하다 보면 자연스레 이런 궁금증이 생긴다. 과학자가 과학적 돌파구를 찾아내는 시기에 정량적인 패턴이 존재할까? 과학자의 생산성과 영향력에는 어떤 원리가 작동할까? 1부에 딸린 장들은 이 물음들에 정량적으로 답하는 동시에 어떻게 과학자를 양성할지, 그들의 과학적 성과를 어떻게 인지하고 보상할지 탐구한다.

1장. 과학자의 생산성

가장 많은 논문을 출간했다고 할 수 있는 20세기 수학자 에르되시 팔(Erdős Pál)은 여러모로 괴짜였다. 제2차 세계대전이 발발하기 전 미국으로 이주한 이 헝가리 출신 수학자는 다 해진 여행 가방 하나로 학회에서 여러 동료의 집까지 전 세계를 누비며 살았다. 에르되시는 동료들의 집 문 앞에 예고 없이 나타나 "내 마음은 열려 있다네"라고 유쾌하게 선언하곤 했다. 그렇게 며칠 동료와 함께 일하고 나면 또 어디론가 떠나 다른 동료를 놀래켰다. 종잡을 수 없는 궤적은 참 한결같아서 FBI에게 의심의 눈초리를 받기에 이르렀다. 동료들은 에르되시를 엉뚱하면서도 사랑스러운 과학자로 봤지만, 법률 집행관은 냉전 중 철의 장막을 아무렇지 않게 넘나드는 그를 의심했다. 실제로 1941년에 에르되시는 비밀 무전탑 주위를 서성인 혐의로 체포된 적이 있다. 에르되시는 짙은 헝가리 억양으로 설명했다. "그게 말이죠, 저는 수학 정리를 생각하고 있었어요." 당국이 마침내 그를 신뢰하고 그가 수학을 생각하느라 서성였다고 결론 내리기까지는 수십 년의 세월이 걸렸다.

에르되시의 전 **생애** 역시 마찬가지였다. 그는 배우자도, 자식도, 직장도, 심지어 정착할 집조차 없었다. 초청 강사 급여와 각종 수학상 상금이면 여행 자금을 대고 기본적인 필요를 채우기에 충분했다. 그는 자신이 일하는 방식을 방해할 가능성이 있는 책임은 모두 꼼꼼하게 피했다. 1996년 83세의 나이로 생을 마감하기까지, 놀랍게도 에르되시는 단독으로 혹은 511명의 동료와 함께 총 1,475편의 논문을 집필했다. 총 논문 개수를 생산성의 척도로 본다면, 보통 과학자에 비해 에르되시의 생산성은 얼마나 될까? 분명 아주 이례적일 테다. 그렇다면 얼마나 이례적일까?

1.1 얼마나 많은 논문이 출판되는가?

과학에서 학술 논문은 지식을 퍼뜨리는, 소통의 기본 형태이다. 과학자의 생산성은 그가 그 분야에 얼마만큼의 지식 단위를 추가하고 있는지 나타내는 지표이다. 지난 한 세기 동안 출판된 논문의 수는 기하급수적으로 증가했다. 여기서 중요한 문제는 지식의 총량이 늘어난 것이 과학자 수의 증가 때문인지, 아니면 전체적으로 현대의 과학자들이 과거의 과학자들보다 많이 생산하기 때문인지다.

모든 과학 분야에서 출판된 9000만여 개의 논문과 5300만 명을 웃도는 저자는 지난 100년 동안 논문 수뿐만 아니라 과학자의 수도 급격하게 증가했다는 점을 보여 준다.[4] 그렇지만 과학자의 수는 논문보다 약간 빠르게 증가하

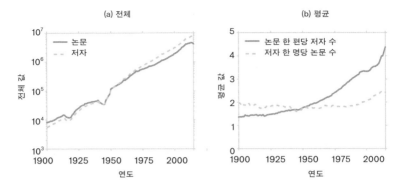

그림 1.1 과학자 수 증가. (a) 지난 한 세기 동안 과학자의 수와 논문의 수는 상당한 속도로 증가했다. (b) 지난 100년간 과학자들이 공동 저술한 논문은 2편 정도였다가, 협업의 직접적인 효과로 지난 15년간 조금씩 증가했다. 과학자들이 더 많은 논문에 공저자로 참여하면서 개인의 생산성도 증가했다. 데이터를 하나의 분야로 한정했을 때에도 비슷한 효과가 나타났다.[5] 물리학을 예로 들면 지난 100년간 각 물리학자가 공동 저술한 논문의 수는 1편에 미치지 못하다가 지난 15년간 가파르게 증가했다.[4, 5]

며(그림 1.1a) 1인당 논문의 수는 시간이 지남에 따라 감소했다. 그런데도 지난 한 세기 동안 과학자 개개인의 생산성은 상당히 안정적으로 유지되고 있다. 예컨대 과학자 1명이 매년 출판하는 논문의 수는 20세기 동안 2편 정도를 맴돌았고(그림 1.1b, 파란 선 참조), 이 수치는 심지어 지난 15년 동안 약간 증가했다. 2015년을 기준으로 일반적인 과학자는 매년 2.5편의 논문을 단독 또는 공동 저술한다. 개개인의 생산성이 늘어난 것은 협업 덕분이다. 과학자들이 공동 저자로 더 많은 논문에 참여했기 때문이라는 뜻이다(그림 1.1b, 빨간 선 참조). 다시 말해 지난 한 세기 동안 논문 1편을 저술하는 데 필요한 과학자의 수는 점점 감소했지만, 협업 덕분에 지난 10년 동안 개인의 생산성은 더 증가했다.

1.2 생산성은 분야별로 다르다

그렇지만 여러 분야에 속한 과학자들의 생산성을 비교하기란 쉽지 않다. 첫째로, 논문 한 편이 지식의 단위에 해당할지언정 그 단위의 크기는 분야마다 다르다. 사회학자는 논문의 서론(introduction)이 10쪽 정도는 되어야 자신의 이론을 충분히 설명했다고 느낄 테다. 반면에 상당히 높은 평가를 받는 물리학 학술지인 《피지컬리뷰레터(*Physical Review Letters*)》는 총 4쪽 안에 모든 그림과 표, 참고문헌을 포함하도록 엄격하게 제한한다. 게다가 개인별 생산성을 따질 때 흔히 과학 학술지에 발행한 논문의 수를 세기도 하지만, 인문학과 사회과학의 어떤 분과에서는 책이 학문의 기본 단위이다. 책 한 권이 발행의 단위로 여겨진다면 그 단위는 장담하건대 훨씬 더 많은 시간을 잡아먹을 것이다.

컴퓨터공학도 또 다른 예외이다. 1962년 퍼듀 대학교에서 최초의 관련 학과가 만들어진 이 새로운 분야는 다소 독특한 출판 관례를 채택했다. 급속도로 발달하는 학문의 특성을 반영해 주로 학술지보다는 학술대회 자료집(conference proceeding)에 학문적 성과를 발표하는 식이다. 인터넷에서부터 인공지능까지 이 분야가 이룬 모든 것을 고려하면 상당히 적합한 방식이다. 하지만 다른 분야 사람들에게는 혼란스러울 수 있다.

학문 분야별로 특색 있는 다양한 출판 관행을 간과하면 심각한 결과를 초래할 수 있다. 예컨대 전 세계의 대학과 대학원, 경영전문대학원의 권위도를 평가해 순위를 매기는

《US뉴스앤드월드리포트(*US News and World Report*)》가 2017년도에 내놓은 '최고의 컴퓨터공학부' 순위는 터무니없었다. 북미컴퓨팅연구협회(CRA)는 특별 발표를 통해 이 순위가 "엉터리"이며 《US뉴스》의 독자들에게 "심각한 해악"이라고 했다.

전문적으로 학술 기관의 순위를 매겨 온 경험 많은 기관이 어쩌다 그리 잘못 짚었을까? US뉴스가 웹오브사이언스(Web of Science)*에 기록된 학술지 게재 논문 수를 기반으로 순위를 정했기 때문이었다. 다른 분야에서는 문제가 없는 방식이었지만, 컴퓨터공학에서는 동료 평가(peer review)를 거쳐 학술대회에 발표한 논문을 중요하게 여긴다. 이를 무시한 《US뉴스》의 순위는 컴퓨터공학계가 내부에서 가늠하는 수준·영향력과 완전히 동떨어지게 되었다.

전미연구평의회(NRC)에서 제공하는 미국의 박사 연구 프로그램 데이터를 이용해 분야 간 생산성 차이를 정량화할 수 있다.[6,7] 학과별로 교수진이 5년간 발표한 평균 논문 수를 들여다본 결과, 역사학과의 1.2편부터 화학과의 10.5편까지 다양하게 나타났다. 비슷한 학문 분야일지라도 큰 생산성 차이가 발견되기도 한다. 같은 생물학과에서도 교수진의 생산성은 생태학의 5.1편부터 약학의 9.5편까지

---

* 클래리베이트애널리틱스(Clarivate Analytics)가 제공하는 인용 색인 데이터베이스로 SCIE(Science Citation Index Expanded), SSCI(Social Sciences Citation Index), A&HCI(Art&Humanities Citation Index)를 검색할 수 있다.—옮긴이

다양하다.

종합하면, 여기까지 살펴본 데이터는 최소한 한 가지를 매우 명확하게 시사한다. 어떤 방식으로 측정하든지 일반적인 과학자의 생산성은 에르되시의 근처에도 미치지 못한다. 에르되시가 출판한 총 1,475편의 논문은 **60년간 매달 2편의 논문**을 발표했어야 가능한 숫자이다. 그러나 1996년에서 2011년까지 1500만 명 이상의 과학자를 대상으로 한 연구에 따르면 매년 1편 이상 논문을 발표하는 과학자는 1% 미만이다.[8] 즉, 아주 적은 비율의 과학 인력만이 논문을 꾸준히 발표한다. 흥미롭게도 이 적은 비율에는 가장 영향력 있는 연구자들이 포함된다. 비록 논문을 발표하는 전체 과학자의 1%보다도 적은 수지만, 이 안정적인 핵심 인력은 전체 논문의 41.7%, 피인용 수가 1,000이 넘는 논문의 87.1%를 발행한다. 만약 생산적인 과학자의 논문을 발행하는 속도가 주춤하면 그가 이룬 과학적 기여의 영향력도 줄어든다. 실제로 어떤 연구자가 논문 발행을 한 해라도 건너뛰면, 그 연구자가 발표한 논문의 평균 영향력이 상당히 감소한다.

이례적인 경우이긴 하지만, 에르되시의 인상적인 생산성은 연구자마다 엄청난 생산성 차이가 있음을 가리킨다. 모두가 하루에 24시간이 주어지는 것은 같은데 왜 그런 차이가 있을까? 에르되시 같은 사람들은 어떻게 동료들보다 훨씬 더 생산적일 수 있을까? 이 질문에 답하기 위해 전설적인 벨 연구소(Bell Laboratory)의 전성기를 돌아볼 필요가 있다.

1.3 생산성은 사람마다 다르다

실리콘밸리에 실리콘을 들여온 윌리엄 쇼클리(Wiliam Shockley)의 경력은 논쟁을 불러일으킨다. 1950~1960년대에 그가 새로운 트랜지스터를 상업화하려 했기 때문에 실리콘밸리는 전자공학의 산실로 변모할 수 있었다. 그러나 골치 아프게도 그는 동료와 친구, 가족에게마저 외면당할 만큼 강력한 우생학 옹호자였다. 쇼클리의 가장 생산적인 시기는 트랜지스터를 공동 발명한 존 바딘(John Bardeen), 월터 브래튼(Walter Brattain)과 함께 벨 연구소에서 지낼 때였다. 이 발견은 셋에게 1956년 노벨물리학상을 안겨 주었을 뿐 아니라 우리가 오늘날까지 경험하고 있는 디지털 혁명의 문을 열었다.

벨 연구소에서 연구 그룹을 관리하는 동안 쇼클리는 이런 의문을 가졌다.[9] 동료 연구자들의 생산성에 측정 가능한 차이가 있을까? 그는 로스앨러모스와 브룩헤이븐 등에 있는 국립 연구소 연구원들의 논문 출판 기록 통계를 모았다. 일단 숫자를 그래프로 나타내자, 쇼클리는 다음과 같은 결과에 놀랐다. 개인별 생산성, 즉 한 명의 연구자가 출판한 논문의 수 N은 로그 정규분포*를 따른다.

---

* x의 로그값이 정규분포를 따를 때 x가 로그 정규분포를 따른다고 한다.—옮긴이

$$P(N) = \frac{1}{N\sigma\sqrt{2\pi}} \exp\left(-\frac{(\ln N - \mu)^2}{2\sigma^2}\right) \qquad \text{(식 1.1)}$$

이 로그 정규분포의 두꺼운 꼬리는 생산성에 큰 차이가 있음을 드러낸다. 즉, 연구자 대부분은 아주 적은 논문을 발표하는 반면 무시할 수 없는 비율의 과학자는 평균보다 수십 배 생산적이다. 그림 1.2는 식 1.1의 증거로, 인스펙 (INSPEC)*에 포함된 저자들이 쓴 논문의 수를 로그 정규분포와 함께 나타냈다.[10]

쇼클리가 이내 알아차렸듯이, 생산성이 로그 정규분포를 따르는 점은 다소 이상하다. 극도로 경쟁적인 분야에서 개별 성과 지표는 대부분 좁은 분포를 따른다. 달리기를 생각해 보자. 2016년도 리우 올림픽에서 우사인 볼트는 100m 결승전을 9.81초 만에 통과했다. 당시 2등과 3등을 차지한 저스틴 개틀린과 안드레 데 그라세는 각각 9.89초와 9.91초로 경기를 마쳤다. 서로 근접한 이 기록들을 통해 개인별 수행 능력은 특정 범위에 국한된다는 잘 알려진 사실을 확인할 수 있다.[16] 이와 비슷하게, 타이거 우즈는 최고 기록을 세운 날에도 가까운 경쟁자들을 단지 몇 타 차이로 무너뜨렸고, 타자가 가장 빠른 사람은 타자를 적당히 잘 치는 사람보다 고작 1분에 몇 단어만을 더 입력할 뿐이다. 성과는 본질적으로 제한적이기에, 어떤 분야에서든 두드러

---

* 물리학 및 공학 분야의 논문 색인 데이터베이스.—옮긴이

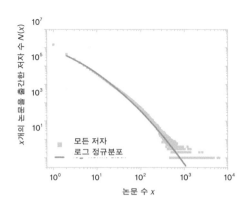

그림 1.2 생산성 분포. 파란색 표식은 인스펙에 포함된 3만 명 이상의 모든 저자가 1969년에서 2004년 사이에 쓴 논문의 수를 나타낸다. 붉은색 선은 데이터에 알맞은 로그 정규분포(식 1.1)이다.[10]

지게 나은 성과를 발휘하기란 불가능하지는 않지만 상당히 어렵다. 하지만 그림 1.2에 따르면 이 제약은 과학적 성과에서는 성립하지 않는다. 논문을 잇달아 내는 일이라면 명백하게도 경쟁자를 훨씬 앞설 수 있다. 어째서 그럴까?

상자 1.1 생산성 연구의 오랜 역사[9-15]

1926년 앨프리드 제임스 로트카(Alfred James Lotka)는 과학자들이 생산해 낸 논문의 개수가 두꺼운 꼬리 분포를 따름을 발견했다. 즉, 적은 비율의 과학자가 과학 논문 대부분을 발표하고 있었다. 로트카는 1907년에서 1916년 사이에

케미컬앱스트랙트(Chemical Abstracts)*에 기록된 6,891명의 저자를 분석해 N만큼의 논문을 써 낸 저자의 수가 다음과 같은 거듭제곱함수를 따르며,

$$P(N) \sim N^{-\alpha} \qquad \text{(식 1.2)}$$

그 지수 α는 약 2라고 결론지었다. 거듭제곱함수 분포는 생산성이 긴 꼬리를 가지고 있다고 예측하는데, 개인별 차이가 상당하다는 뜻이다. 로그 정규분포와 거듭제곱함수를 구분하기 위해서는 많은 양의 데이터가 필요하지만,[9] 1926년의 로트카는 충분한 데이터를 확보하지 못했다.

1.4 어째서 그렇게 생산적일까?

쇼클리는 그가 관측한 생산성 로그 정규분포(식 1.1)를 설명할 간단한 모형을 고안했다.[9] 그는 논문 1편을 발표하기 위해서는 다음과 같은 여러 과제 F를 최대한 효율적으로 해내야 한다고 가정했다.

---

* 화학 논문, 특허, 기타 보고서 등을 색인화 및 축약한 데이터베이스로 미국화학회(ACS)의 하부 조직에서 발행한다.—옮긴이

F₁. 좋은 문제를 찾는다.

F₂. 문제를 연구해 진전시킨다.

F₃. 가치 있는 결과를 포착한다.

F₄. 언제 연구를 멈추고 논문을 쓸지 결정한다.

F₅. 알맞게 논문을 쓴다.

F₆. 비평을 통해 건설적인 도움을 얻는다.

F₇. 출판을 위해 논문을 투고할 의지를 확고히 한다.

F₈. 학술지나 심사위원이 요구한다면 논문을 수정한다.

어느 하나라도 실패하면 논문은 나오지 않는다. 어떤 사람이 이 목록의 과제 F_i를 해 낼 확률을 p_i라고 하자. 이때 과학자가 논문을 출판할 확률은 각각의 관문을 차례로 통과할 확률에 비례하며, $N \sim p_1 p_2 p_3 p_4 p_5 p_6 p_7 p_8$로 쓸 수 있다. 만약 각각의 확률이 독립적이고 무작위의 변수라면, 이들이 곱셈으로 엮여 있기 때문에 $P(N)$이 식 1.1과 같은 로그정규분포를 따르리라 예측할 수 있다.

　에르되시처럼 특이한 아웃라이어가 언제 나타나는지 이해하기 위해 과학자 A가 과학자 B보다 문제 풀기(F_2), 언제 멈출지 알기(F_4), 의지 굳히기(F_7)에서 2배 더 낫고, 나머지 과제들에서는 같은 수행력을 가지고 있다고 해 보자. 결과적으로 A의 생산성은 B보다 8배 높아서 B가 1편의 논문을 내는 동안 A는 8편의 논문을 낸다. 각 과제를 해치우는 능력이 조금만 달라도 전체적인 생산성에서는 큰 차이가 나타난다.

쇼클리의 모형은 생산성이 왜 로그 정규분포를 따르는지 설명할 뿐 아니라, 우리의 생산성을 개선하는 뼈대를 제공한다. 이 모형에 따르면, 논문 출판은 좋은 발상을 잘하는 것 같은 한 가지 요소에만 의존하지 않는다. 그보다 과학자는 다양한 면에서 훌륭해야 한다. 우리는 한 가지 특출난 요소 때문에 어떤 사람이 몹시 생산적이라고 생각하는 경향이 있다. 교수 X는 새로운 문제를 떠올리고(F_1) 아이디어를 글로 전달하는(F_5) 일을 잘한다고 해 보자. 그러나 모형이 제시하는 바에 따르면, 아웃라이어는 한 가지 요소로는 좀처럼 설명할 수 없다. 대신에 못하는 것 하나 없이 여러 요소에서 통틀어 뛰어날 때 가장 생산적이다.

과제물 모형(hurdle model)에 따르면 다른 강점이 많더라도 한 가지 약점이 개인의 생산성을 망칠 수 있다. 더불어 에르되시는 그렇게까지 초인적인 존재는 아닐 수도 있으며, 다양한 기술을 세심하게 연마하면 우리도 그 수준의 생산성을 가질지 모른다. 실제로 논문을 쓰는 모든 단계를 아주 조금씩 개선하면 그 효과가 합쳐져 생산성을 급격히 향상할 수 있다. 말로는 쉽다. 인정한다. 그래도 이 책을 읽는 독자가 이 목록을 사용해 스스로 점검할 수 있으리라고 본다. 어떤 단계가 당신의 생산성을 가장 저해하는가?

생산성에서 보이는 상당한 차이는 보상 체계에 관해 시사하는 바가 있다. 실제로 쇼클리는 또 다른 중요한 관찰을 했다. 과학자의 생산성은 곱셈 법칙을 따르지만 성과에 따른 보상의 한 형태인 급여는 흔히 덧셈 법칙을 따른다. 급여를 가장 많이 받는 사람은 동료보다 많아 봐야 50~100%

를 더 받는다. 더 공정해 보이고 협력하는 분위기를 확보하는 데 도움이 되는 등 이유는 여러 가지다. 그렇지만 논문 1편당 금액으로 따졌을 때 덧셈 법칙을 따르는 급여와 곱셈 법칙을 따르는 생산성 사이에 불균형이 존재한다. 쇼클리의 발견은 이 모순이 계속 유지될 수 있을지 흥미로운 의문을 제기한다. 사실 훨씬 더 많은 금액을 지불하더라도 몇 명의 스타 과학자를 영입하는 것이 기관에는 더 낫다. 쇼클리의 논의는 연구 중심 기관에서 선두를 달리는 사람들이 왜 훨씬 높은 급여와 특별한 혜택을 받는지, 대학의 잘나가는 학과가 왜 더 많은 자금과 자원을 가져가는지에 대한 근거로 사용되기도 한다.

물론 논문 수로만 경력을 평가하는 일은 과학이 어떻게 작동하는지를 완전히 잘못 나타낼 수 있다. 하지만 개인의 생산성은 해당 분야에서 인정하는 기여도는 물론이고 과학자로서의 명성과 밀접하게 연관된다. 1954년 웨인 데니스(Wayne Dennis)는 미국국립과학원(NAS) 회원 71명과 저명한 유럽의 과학자들을 대상으로 연구해 이러한 양상을 기록한 바 있다. 데니스의 연구에 따르면 생산성이 높은 사람들은 브리태니커백과사전에 이름이 실리거나 중요한 연구 성과가 과학사의 일부로 남는 등 거의 예외 없이 과학적 명성을 얻었다. 교수로서 종신 재직권을 획득할 가능성[17]과 향후 연구 지원금을 확보할 가능성[18]도 높은 것으로 나타났다. 기관 단위에서는 교수진의 논문 발행률이 학위 과정의 평판을 꽤나 정확히 예측하고 졸업생들이 교수직을 얻는 데에도 영향을 미친다.[19]

요컨대, 꾸준히 높은 생산성은 (비록 드물지만) 과학적 영향력 및 명성과 연관성이 있다. 따라서 생산성은 과학자로서 의미 있는 경력을 나타내는 지표가 될 수 있다. 그러나 이 책에서 앞으로 보게 될 것처럼, 과학적 훌륭함을 정량화하는 여러 측정법 중 생산성은 가장 예측력이 낮다. 이유는 간단하다. 위대한 과학자는 대부분 생산성이 높지만, 생산성이 높은 과학자 모두가 과학에 길이 남을 업적을 남기는 것은 아니다. 사실상 대부분이 그렇게 하지 못한다. 높은 생산성을 달성하는 데에는 여러 경로가 있다. 특정 분야의 연구실 소속 기술자(lab technician)는 100개 혹은 1,000개의 논문에 이름을 올리기도 한다. 출판물 수에 따르면 예외적으로 왕성한 활동을 하는 듯이 보이지만 연구의 지적 소유자로 인정받는 경우는 드물다. 더불어 사람들이 논문을 내는 방식도 달라지고 있다.[20] 논문을 공동 집필하는 것처럼, 같은 데이터로 여러 논문을 내는 경우도 늘고 있다. 최근에는 생산성 지수를 부풀릴 수 있는 출판 가능한 최소 단위(least publishable unit, LPU)[20] 또는 '살라미 출판(salami publishing)'*등에 관해서도 많은 논의가 이루어지고 있다.

생산성이 전부가 아니라면, 성공적인 경력을 정의하는 요소는 무엇일까?

---

* 얇게 썰어 먹는 살라미처럼, 하나의 연구를 여러 논문으로 나누어 발표하는 행위를 비유적으로 일컫는다.—옮긴이

개인의 생산성을 정확히 추적하려면 어떤 논문을 쓴 사람과 그 사람이 저술한 다른 모든 작업물을 식별할 수 있어야 한다.[21, 22] 이 중요한 문제는 간단해 보이지만 크게 네 가지 이유로 아직 해결되지 않았다.[21-23] 첫째로, 한 사람이 여러 이름으로 출판물에 등장할 수 있다. 철자법과 맞춤법 변화 때문일 수도 있고, 단순 오기일 수도 있다. 결혼, 개종, 성전환 등으로 이름이 바뀌었거나 필명을 사용하는 예도 있다. 둘째로, 흔한 이름은 동명이인이 많다. 셋째로, 이름을 식별하는 데 필요한 메타데이터가 불완전하거나 누락된 경우가 많다. 예컨대 출판사 또는 서지 정보 데이터베이스가 저자의 이름, 지리적 위치 또는 기타 식별 정보를 기록하지 못한 경우다. 네 번째로, 여러 명의 저자뿐만 아니라 다양한 학문 분야와 여러 기관의 협업으로 논문이 출판되는 경우가 늘고 있다. 이럴 때는 일부 저자명의 모호함을 해결하는 것이 나머지 저자들을 확인하는 데에 꼭 도움이 되지도 않는다.

이 문제를 해결하기 위해 여러 가지 시도를 하고 있지만, 이번 장과 다음 장에서 제시하는 결과들에 모호성 해소의 한계가 있음을 유의하라. 보통, 소수의 논문을 출판한 사람보다 오랫동안 논문을 발행해 온 생산적인 과학자를 식별하기가 더 쉽기 때문에, 대부분의 연구는 보통의 과학자들보다는 특이하게 오랜 경력을 가지고 있는 대단히 생산적인 과학자들에 주목한다.

2장. *h* 지수

러시아의 위대한 물리학자 레프 란다우(Lev Landau)는 성취도에 따라 로그 단위로 물리학자들의 등급을 매기고 리그(league)로 분류해 그 목록을 노트에 적어서 지니고 다녔다.[24] 란다우에 따르면 아이작 뉴턴(Issac Newton)과 알베르트 아인슈타인은 각각 0, 0.5로 누구보다도 등급이 높다. 1등급인 첫 번째 리그에는 닐스 보어, 베르너 하이젠베르크, 폴 디랙, 에르빈 슈뢰딩거(Erwin Schrödinger)와 같이 양자역학의 토대를 마련한 과학자들이 포함된다. 란다우는 겸손하게도 자기 자신에게 2.5등급을 부여했다가, 노벨상을 받은 초유체를 발견한 뒤에는 2등급으로 승격시켰다. 란다우는 유명하지 않은 보통 과학자들에게는 5등급을 부여했다. 전설적인 고체물리학 교과서를 공동 집필한 데이비드 머민(David Mermin)은 1988년도의 강연 "란다우와 함께한 나의 삶: 4와 1/2이 2에 바치는 경의"에서 스스로에게 '고군분투하는 4.5등급'을 매겼다.[25]

어떤 과학자가 5등급 리그를 뒤로하고 란다우를 비롯한 여러 학문 분야의 창시자들과 어깨를 나란히 하기 시작한다면, 그의 연구는 분명 영향력과 의의가 있을 것이다. 하지만 우리 나머지 사람들에게는 좀 애매하다. 개인별로 누적되는 연구 성과의 영향력을 어떻게 정량화할까? 개인의 과학적 성과가 단순히 얼마나 많은 논문을 내는지가 아닌 생산성과 영향력의 조화에 달려 있으므로 이 질문에 답하기란 어렵다. 따라서 두 측면의 균형을 신중하게 유지해야 한다.

2005년에 호르헤 허쉬(Jorge E. Hirsch)가 제안한 h 지수[26]는 과학자를 평가하고 비교하기 위한 여러 측정치 중에서도 유난히 자주 사용된다. 이번 장에서는 h 지수는 무엇이며 어떻게 계산하는지, 과학자의 경력을 판단하는 데 어떤 면에서 효율적인지, 이 지표가 과학자의 향후 생산성과 영향력을 예측할 수 있는지와 더불어 한계는 무엇인지, 이 한계를 어떻게 극복할 수 있는지 등에 답한다.

2.1 h 지수의 정의와 의의

과학자가 쓴 논문 중 최소 h회 인용된 논문이 h편 있고, 나머지 논문은 h보다 피인용 수가 적으면 그 과학자의 지수는 h이다.[26] 만약 어떤 과학자의 h 지수가 20이라면($h=20$), 그 과학자는 20회 이상 인용된 논문이 20편 있고 나머지 논문은 20회보다 적게 인용되었음을 의미한다. h 값을 측정하려면 어떤 사람이 쓴 논문을 피인용 수가 가장 많은 것부터 적은 것까지 정렬한다. 그 결과를 그래프로 나타내면 각 논문의 피인용 수는 점차 감소할 것이다. 그림 2.1은 알베르트 아인슈타인과 피터 힉스의 경력을 예로 들어 h 지수를 어떻게 계산하는지 보여 준다.

　　h 지수가 8이라면 대단한 것일까, 보통 수준일까? 과학자에게 기대되는 h 지수는 얼마일까? 이 두 질문에 답하기 위해, 허쉬가 내놓은 간단하면서도 통찰력 있는 모형을 살펴보자.[26] 한 연구자가 매년 n편의 논문을 발행하며, 각각의 논문은 매해 c번 인용된다고 해 보자. 그러면 한 논문의 피인용 수는 시간이 지나면서 선형으로 증가한다. 이 간단한 모형은 과학자의 h 지수가 시간에 따라 식 2.1과 같이 변한다고 예측한다.

$$h = \frac{c}{1 + c/n}t \qquad\qquad (\text{식 } 2.1)$$

만약 다음과 같이 정의한다면,

$$m \equiv \frac{1}{1/c + 1/n} \qquad\qquad (\text{식 } 2.2)$$

식 2.1은 다음과 같이 쓸 수 있다.

$$h = mt \qquad\qquad (\text{식 } 2.3)$$

식 2.3에 따르면 과학자의 h 지수는 시간에 따라 거의 선형으로 증가한다. 물론 연구자는 매해 정확히 같은 수의 논문을 출판하지 않으며(1장 참조), 논문의 피인용 수는 시간에 따라 다양한 궤적을 따른다(19장에서 다룬다). 그렇지만 모형이 단순한데도 식 2.3이 예측하는 선형 관계는 오랜 경력을 가진 과학자의 경우 대부분 잘 들어맞는다.[26]

식 2.3의 선형 관계식은 두 가지 중요한 의미를 내포한다.

첫째, 만약 과학자의 h 지수가 시간에 따라 대략 선형으로 증가한다면, 증가 속도는 과학자의 명성을 알려 주는 중요한 지표이다. 즉 개인별 차이는 기울기 m으로 특정할 수 있다. 식 2.2가 보여 주듯이, m은 n과 c 모두의 함수이다. 그러므로 어떤 과학자가 생산성(n)이 높거나, 논문 피인용 수(c)가 높으면, m도 크다. m이 클수록 과학자는 저명하다.

둘째, 일반적인 m 값을 참고해, 식 2.3이 나타내는 선형 그래프로 경력이 대략 어떻게 진행될지 예상할 수 있다. 예를 들어 허쉬는 2005년도에 주요 연구중심대학에 있는 물리학자라면 일반적으로 $h \approx 12$일 때 교수로서 종신 재직권을 얻을 것이며(미국의 경우 부교수로 승진), $h \approx 18$일 때 정교수 승진 대상이 되리라 예상했다. 미국물리학회(APS)의 회원 자격은 보통 $h \approx 15{\sim}20$일 때, 미국국립과학원의 회원 자격은 $h \approx 45$ 이상일 때 갖추게 된다.

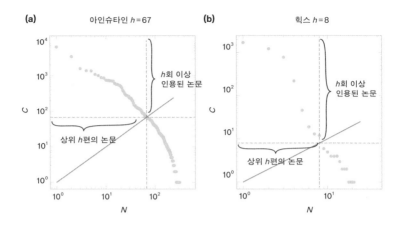

(a) 아인슈타인 $h = 67$ **(b)** 힉스 $h = 8$

그림 2.1 (a) 알베르트 아인슈타인과 (b) 피터 힉스의 h 지수. h 지수를 계산하기 위해 피인용 수에 따라 내림차순으로 논문을 정렬하고 논문에 따라 피인용 수를 표시했다. 45도 기울기를 가진 선과 교차하는 지점이 h 지수를 알려 준다. 곡선 아래의 면적은 피인용 수의 총합을 나타낸다.[26] 마이크로소프트학술그래프(Microsoft Academic Graph, MAG)*에 따르면, 아인슈타인은 67, 힉스는 8의 h 지수를 가진다. 가장 많이 인용된 아인슈타인의 논문 세 편은 다음과 같다. (1) "물리적 실재에 대한 양자역학적 기술은 완전한가?(Can quantum mechanical description of physical reality be considered complete?)", 《피지컬리뷰(Physical Review)》(1935). (2) "브라운 운동 이론에 관한 연구(Investigations on the theory of Brownian movement)", 《물리학연보(Annalen der Physik)》(1905). (3) "움직이는 물체의 전기동역학에 관해(On the electrodynamics of moving bodies)", 《물리학연보》(1905). 힉스의 경우에는 다음과 같다. (1) "깨진 대칭과 게이지 보손의 질량(Broken symmetries and the masses of gauge bosons)", 《피지컬리뷰레터》(1964). (2) "깨진 대칭, 무질량 입자와 게이지 장(Broken symmetries, massless particles and gauge fields", 《피지컬리뷰레터》(1964). (3) "무질량 보손이 없는 자발 대칭 깨짐(Spontaneous symmetry breakdown without massless bosons)", 《피지컬리뷰》(1966).

---

* 마이크로소프트리서치(Microsoft Research)에서 개발 및
 제공하는 학술 검색 서비스로, 과학 논문의 저자, 발표된
 학술지나 학술 대회, 학문 분야, 논문 간의 인용 관계 등을
 제공한다.—옮긴이

h 지수의 도입 이후 다양한 측정법이 나왔으며, 과학적 우수함, 영향력 및 명망과 같은 모호한 개념을 정량화하는 데 객관적인 지표를 사용하는 발상이 널리 퍼졌다.[27] 2005년에 나온 허쉬의 논문이 (구글학술검색[Google Scholar]에 따르면) 2019년 초 기준 8,000회 이상 인용되었다는 점이 그 증거이다. 심지어 h 지수를 끌어올리려고 h 지수 끝자락에 있는 논문들을 자기 인용(self-citation)하는 윤리적으로 미심쩍은 행동도 일어난다.[28-30] 이런 행태가 만연하다는 점을 생각해 보면 다음 질문을 던지지 않을 수 없다. h 지수가 경력의 장래 영향력을 예측할 수 있을까?

상자 2.1 에딩턴 수

과학자에게 h 지수란 자전거를 타는 사람에게 에딩턴 수와 같다. 에딩턴 수는 영국의 천문학자, 물리학자 및 수학자이자 상대성이론에 관한 연구로 유명한 아서 에딩턴(Arthur Eddington, 1882~1944)의 이름을 따 만들어졌다. 자전거를 타는 데 열성적이었던 에딩턴은 장거리 라이딩 달성을 위한 측정치를 고안했다. 에딩턴 수 E는 당신 인생에서 E마일 이상 자전거를 탄 일수를 말한다. 즉 에딩턴 수가 70이라면 그 사람이 70번에 걸쳐 하루에 적어도 자전거를 70마일 탔다는 것을 의미한다. 높은 에딩턴 수를 달성하기란 어려운 일이다. 예를 들어 70에서 75로 도약하려면 5번의 새로운 장거리 라이딩으로는 충분하지 않다. 75마일보다 짧은 거리가 더는 포함되지 않기 때문이다. 에딩턴 수를 높이려는 사람은 미리 계획을 세울 수밖에 없다. 15마일을 15번 운행해 15의 E를 달성하기는 쉬울지 몰라도, $E=15$를 $E=16$으로 바꾸기 위해서는 처음부터 다시 시작해야 할 수도 있다. 에딩턴 수 16은 16마일 이상의 운행만 포함하기 때문이다. 1944년 사망 당시 $E=87$을 달성한 아서 에딩턴은 높은 E 값을 원한다면 일찍부터 장거리 운행을 저축해야 한다는 점을 분명히 알고 있었다.

2.2 h 지수의 예측력

과학자의 성과를 측정하는 데 흔히 사용되는 후보들을 살펴보고 장단점을 검토해, h 지수의 가치를 이해해 보자.[26]

(1) 총 논문 수(N)
    장점: 개인의 생산성을 측정한다.
    단점: 논문의 영향력을 무시한다.
(2) 총 피인용 수(C)
    장점: 과학자의 총 영향력을 측정한다.
    단점: 소수의 대박 논문에 영향을 받는다. 특히 다른 저자들과 공동 집필한 경우라면 해당 논문은 개인의 전체적인 경력을 대표하지 못할 수 있다. 또한 고유한 연구 논문보다는 피인용 수가 높은 리뷰 논문에 과도한 비중을 부여한다.

(3) 논문당 피인용 수(C/N)

장점: 나이가 다른 과학자들을 비교할 수 있다.

단점: 특별히 많이 인용된 논문이 결과를 왜곡할 수 있다.

(4) c 이상의 피인용 수를 가진 소위 '중요한 논문'의 수

장점: (1), (2), (3)의 단점을 보완해 광범위하고 지속적인 영향력을 측정한다.

단점: '중요한 논문'을 정의할 때 일부 과학자에게는 유리하고 다른 과학자에게는 불리할 수 있는 임의의 매개변수가 도입된다.

(5) 가장 많이 인용된 논문 q개의 총 피인용 수(예를 들어, q =5)

장점: 앞서 소개된 측정치들의 여러 단점을 극복한다.

단점: 경력을 특정할 만한 단 하나의 숫자를 제시하지 않기 때문에 과학자들끼리 비교하기 더 어렵다. 게다가 q의 선택이 임의적이기 때문에, 일부에게만 유리하고 다른 이들에게는 불리하다.

h 지수의 주요 장점은 위에 나열된 측정치의 **단점을 모두 비껴간다**는 점에 있다. 그렇지만 개개인의 연구가 가진 영향력을 가늠하는 데에도 더 효과적일까? 측정치의 예측력을 평가하는 데에는 보통 다음 두 가지 질문이 가장 의미 있다.

Q1. 어떤 시간 t_1에 대한 측정치 값이 주어졌다. 그 측정치는 얼마나 정확하며, 향후의 시간 t_2에서의 측정치를 얼마나 잘 예측할까?

고용 여부를 결정할 때 중요한 질문이다. 교수를 채용할 때 지원자가 향후 20년 안에 미국국립과학원의 회원이 될 가능성을 검토하고 싶다면 지원자를 향후 20년간의 '누적' 성과로 순위 매겨야 한다. 허쉬는 이 질문에 답하기 위해 응집물질물리학자 중에서 표본을 추출해 경력 초기의 12년과 그다음 12년 동안의 논문 출판 기록을 살펴봤다.[31] 좀 더 구체적으로, 허쉬는 표본 개개인의 초기 12년 경력에서 h 지수(그림 2.2a), 총 피인용 수(그림 2.2b), 총 논문의 수(그림 2.2c), 논문당 평균 피인용 수(그림 2.2d)의 총 네 가지 값을 측정했다. 24년 차에 총 피인용 수가 가장 많을 지원자를 고르고 싶다면, 네 가지 지표 중 어느 것이 가장 신뢰할 만할까? t_2시점의 누적 피인용 수와 t_1시점의 네 가지 측정치 간의 상관계수를 측정한 결과, t_1에서 h 지수와 총 피인용 수가 가장 예측력이 좋은 것으로 밝혀졌다(그림 2.2).

그림 2.2에 따르면 h 지수는 누적 영향력을 예측할 수 있지만, 많은 경우 가장 중요한 것은 미래의 연구 결과물이다. 예를 들어 누가 연구비를 받아야 할지 결정할 때, 지원자의 '기존' 논문이 향후 몇 년간 얼마나 많이 인용될지는 거의 중요하지 않다. 중요한 것은 미래의 수혜자가 아직 쓰지 않은 논문과 그 논문의 영향력이다. 그렇기에 두 번째 질문이 뒤따른다.

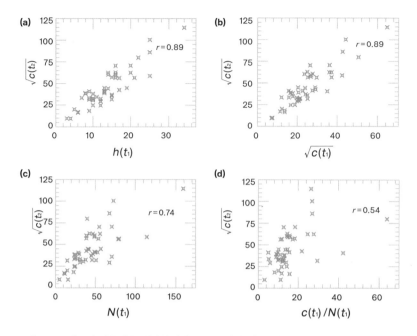

그림 2.2 h 지수의 예측력을 정량화했다. $t_2 = 24$년일 때 총 피인용 수 C와 $t_1 = 12$년일 때 각 표본이 가진 여러 지표를 비교한 산포도. 허쉬는 C가 시간에 대해 이차함수로 증가하리라 가정했기에 총 피인용 수를 계산할 때 제곱근을 이용했다. 상관계수를 계산하면 t_1에서 (a) h 지수와 (b) 총 피인용 수가 향후 t_2에서의 누적 피인용 수를 가장 잘 예측함을 알 수 있다. (c) 논문의 수는 상관성이 덜하고, (d) 논문당 평균 피인용 수가 가장 예측력이 떨어졌다.[31]

Q2. 다양한 측정 기준은 '향후의' 과학적 성과를 얼마나 잘 예측할까?

이 질문에 답하기 위해서는 t_1에 얻은 지표로 그 이후의 기간에만 발생한 과학적 성취를 예측해야 한다. 즉, t_1 전에 수행한 일에 대한 모든 인용을 제외해야 한다. 허쉬는 네 가지 측정치로 비슷한 예측을 반복했다. 다만 이번에는 이후 12

년 동안 발행된 논문의 총 피인용 수만을 예측하도록 했다. 물론 더 어려운 과업이지만 연구 자원을 할당할 때 중요한 문제이다. 허쉬는 미래에만 발생한 성취에 관해서도 h 지수가 예측력이 높다는 것을 발견했다.[31]

　　이러한 발견에 따르면, h가 비슷한 두 사람은 총 논문 수 또는 총 피인용 수가 상당히 다를지라도 전반적인 과학적 성취의 측면에서는 유사한 수준이다. 반면 과학자로서 동일한 연차의 두 사람이 총 논문 또는 총 피인용 수가 같아도 매우 다른 h 값을 가질 수 있다. 이러한 경우에 h가 더 높은 과학자가 대체로 학계에서 더 큰 성취를 이뤘다고 본다. 이러한 결과들을 종합했을 때, h 지수는 한 사람의 과학적 성취에 대해 간단하면서도 상대적으로 정확한 추산을 제공한다고 할 수 있다. 하지만 동시에 h 지수에 어떤 한계가 있는지도 반드시 질문을 던져야 한다.

상자 2.2 h 지수의 탄생

h 지수는 도입된 이래 과학자의 생애에서 필수적인 부분이 되었다. 이례적인 영향력을 가진 만큼 우리는 호르헤 허쉬에게 어떻게 이 값을 고안했는지 물어보았고, 허쉬는 친절하게도 다음과 같이 답변했다.

　　"2003년도 중반에 h 지수를 처음으로 생각했습니다. 그다음 몇 주 동안 내가 아는 모든 사람의 h 지수를 계산해 보니, 내가 각 과학자에 대해 가지고 있는 인상과 h 지수가 대체로 일치한다는 점을 발견했습니다. 학과의 동료들과 공유했더니 몇몇 사람들이 흥미롭게 여겼지요.

2005년 6월 중순 짧은 논문 초안을 써서 같은 대학에 있는 동료 네 명에게 보냈습니다. 한 명은 훑어본 후 좋아 보인다며 몇 가지 제안을 했고, 한 명은 일부는 좋아했지만 일부에는 충격을 받았고, 두 명은 답장이 없었습니다. 어떻게 해야 할지 확신이 서지 않았습니다.

2005년 7월 중순 느닷없이 슈투트가르트에 있는 마누엘 카르도나(Manuel Cardona)에게 이메일을 받았는데, 버지니아 공과대학의 딕 잘렌(Dick Zallen)이 샌디에이고 대학의 내 동료(누군지 말하지는 않았지만 짐작이 가는)에게 전해 듣고서 h 지수를 알려 줬다고 했습니다. 그때 나는 초안을 정리해서 아카이브(arXiv)* 에 올리기로 마음먹고 2005년 8월 3일에 올렸으나 여전히 그걸로 무얼 해야 할지 모르는 상태였는데, 이내 많은 긍정적인 (그리고 일부 부정적인) 피드백을 받았고, 8월 15일에 《국립과학원회보(*Proceedings Of The National Academy Of Sciences*, PNAS)》에 보냈습니다.”

---

* 코넬 대학교에서 운영하는 논문 사이트로 물리학, 수학, 컴퓨터 과학, 계량생물학, 계량금융학, 통계학, 전기공학 및 시스템과학, 경제학 분야의 출판 전 논문을 올릴 수 있다.—옮긴이

2.3 h 지수의 한계

라파예트 대학이 있는 펜실베이니아주 이스턴의 칼리지힐에는 제임스 맥킨 카텔(James McKeen Cattell)의 이름을 딴 대로가 있다. 카텔은 미국의 심리학자로, 심리학을 정당한 과학으로 정립하는 데 지대한 역할을 했다. 《뉴욕타임스》는 그의 부고에서 그를 "미국 과학의 학장"이라고 칭했다.

많은 사람이 동료 과학자들을 체계적으로 평가하는 새로운 측정치를 개발했지만, 카텔은 과학자들의 순위를 매기는 발상을 처음으로 널리 알렸다. 카텔은 1910년에 펴낸 저서 『미국의 과학인들(*American Men of Science*)』에 다음과 같이 적었다.[32] "과학자들이 과학의 발전을 촉진하는지 저해하는지 판단하는 데 과학적 방법을 적용할 때다." 즉, 정교한 잣대로 영향력을 측정하려는 오늘날의 집념은 현대에 와서야 나타난 현상은 아니다. 카텔의 책이 출간된 지 한 세기가 지났지만, 과학자를 평가하는 데 믿을 만한 도구가 필요하다는 점과 그 근거는 변하지 않았다.[33]

h 지수가 과학자의 성취를 측정하는 데 자주 사용될수록 우리는 그 한계를 염두에 두어야 한다. 예를 들어 높은 h가 높은 업적을 가리키는 믿을 만한 지표일지 몰라도, 그 반대가 언제나 참은 아니다.[31] 피터 힉스(그림 2.1b)의 경우처럼 상대적으로 낮은 h의 저자가 몇 편의 중대한 논문으로 이례적인 과학적 영향력을 달성할 수도 있다. 반대로 주로 여러 공저자와 쓴 논문으로 높은 h를 달성한 과학자는 지나치게 친절한 대우를 받을 수도 있다. 게다가 동일한 하

위 분야에서도 피인용 수 분포는 상당한 차이가 있다. 고에
너지실험물리학과 같이 대규모의 협업이 전형적으로 이루
어지는 하위 분야에서는 h 값이 크게 나타날 것이다. 따라
서 h를 어떻게 정규화하고 다양한 과학자를 더 효과적으로
평가하고 비교할지 고민해야 한다.

이제 자주 거론되는 h 지수의 한계점과 (최소한 어느
정도는) 이를 바로잡을 수 있는 변형법을 살펴보자.

- **많이 인용된 논문.** h 지수의 주된 장점은 단 한 번의
  걸출한 성공으로 그 값이 증가하지 않는다는 점이다.
  하지만 동시에 이는 연구자의 가장 영향력 있는 연구
  를 무시한다는 의미이기도 하다. 한 논문이 h 이상의
  인용을 받으면, 그 논문의 상대적인 중요도는 h 지수
  로 파악할 수 없다. 바로 여기에 문제가 있다. 많은 경
  우 아웃라이어 논문이 한 과학자의 경력을 대표할 뿐
  만 아니라, 과학에도 가장 많은 영향을 미친다. 이 점
  을 바로잡기 위해 많은 개선안이 제안되었다.[34~39] g
  지수(합쳐서 g^2 이상의 인용을 받은 최대 논문의 수 g),[40,
  41] o 지수(가장 많이 인용된 논문의 피인용 수 $c*$와 h 지
  수의 기하평균, $o = \sqrt{c*h}$)[42] 등이 포함된다. 또 다른 제
  안으로는 a 지수,[36,38] $h(2)$ 지수,[39] h_g 지수,[34] q^2 지수[37]
  등이 있다.[35]
- **분야별 차이.** 분자생물학자는 물리학자보다, 물리학자
  는 수학자보다 더 자주 인용된다. 따라서 생물학자는
  일반적으로 물리학자보다 높은 h 지수를, 물리학자는

수학자보다 높은 h 지수를 가지는 경향이 있다. 서로 다른 분야의 과학자를 비교하기 위해서는 피인용 수 규모가 분야마다 다르다는 본질적 특징을 고려해야 한다.[43] 같은 해에 같은 분야의 저자가 쓴 평균 논문의 수 n_0로 각 논문의 순위 n을 재조정하는 h_f 지수,[43] h 지수를 같은 분야 저자들의 평균 h 값으로 정규화하는 h_s 지수[44] 등이 이런 취지를 반영한다.

- **시간 의존성.** 2.2절에서 논했듯이, h 지수는 시간 의존적이다. 다른 경력 단계의 과학자를 비교할 때는 식 2.2의 m이나,[26] 동시대의 h 지수[45] 등을 사용할 수 있다.

- **협업 효과.** h 지수의 가장 큰 단점은 공동 저작 양상이 아주 다른 저자를 구분할 수 없다는 점일 것이다.[46-48] 비슷한 h 지수를 가진 두 과학자를 생각해 보자. 한 사람은 주로 후배 연구자들과 논문을 내며 대개 자기 논문의 지적 리더이다. 반면에 다른 사람은 주로 저명한 과학자들과 논문을 내는 젊은 과학자이다. 한 사람은 거의 혼자 논문을 내지만 다른 사람은 많은 공저자와 정기적으로 논문을 내는 경우도 있다. h 지수로는 이 과학자들을 구별할 수 없다. 협업 효과를 설명하기 위한 여러 시도가 있었다. 다중 저자 논문에서 부분적으로 기여도를 할당하는 방법,[48-50] 각 공저자가 수행한 다양한 역할(예를 들어 제1저자와 교신저자 등)을 계산에 넣는 방법[51-54]이 있다. 허쉬 스스로도 여러 번 이러한 문제를 인정하며[46,47] 협업 결과에서 개인의 과학적

리더십을 정량화하기 위해 h_a 지수를 제안했다. 과학자의 h 지수에 기여하는 모든 논문 중 해당 논문에서 가장 연장자(모든 공저자 중에서 가장 높은 h 지수)인 경우만 h_a 지수의 계산에 포함된다. 즉 h_a/h 비율이 높으면서 h 지수가 높은 것이 과학적 리더십의 지표가 될 것이다.[47]

이와 같은 h 지수 변형법 외에도, 과학자 개인의 전반적인 성취를 정량화하는 측정 기준이 있다. 구글학술검색에서만 사용하는 i_{10} 지수는 최소 10번 인용된 논문의 수를 센다.[55] SARA 방법*은 확산 알고리듬을 이용해 개인의 과학적 명성을 정량화하며 인용 네트워크에서 과학적 공로가 퍼져나가는 현상을 모방한다.[56] h 지수의 단점을 보완하는 수많은 측정치에도 불구하고, 현재까지 h 지수보다 선호되는 출판 통계치는 없다. h 지수는 과학적 성취의 지표로 널리 이용되며 지위를 굳히고 있다.

    h 지수와 그로 인해 비롯된 방대한 연구를 깊이 파고들수록 더 중요할 것을 잊어버릴지도 모른다. 어떤 과학자의 경력도 단 하나의 숫자로 요약할 수는 없다. 아무리 정확한 지표라고 해도 그것으로 누군가의 생산성, 연구의 우수

---

* Science Author Rank Algorithm. SARA 방법에서 사용하는 인용 네트워크는 저자와 인용 관계로 구성된다. 저자 *i*에서 저자 *j*로 향하는 화살표는, 저자 *i*가 쓴 논문이 저자 *j*가 쓴 논문을 인용했음을 나타낸다. 인용을 통해 저자 *i*는 저자 *j*에게 자신의 과학적 공로를 돌린다. SARA 방법은 인용에 따라 재분배된 과학적 공로를 기반으로 과학자의 영향력을 추정한다.―옮긴이

성이나 과학자로서 영향력을 판단하려 한다면 반드시 한계를 인지해야 한다. 과학적 경력에서 연구 성과와 피인용 수가 전부가 아니다. 과학자는 학생을 가르치고, 후배 연구자를 지도하고, 과학 회담을 조직하고, 논문을 검토하고, 편집 위원회에서 일하는 등 광범위한 활동에 관여한다. 과학적 명성에 관한 지표들이 과학적 산출물의 특정 면모를 이해하는 데 도움을 줄 수는 있겠지만, 그중 어떤 것도 우리 사회와 공동체에서 과학자가 하는 다양한 기여를 단독으로 담아낼 수는 없다는 점을 기억해야 한다.[57, 58] 아인슈타인의 경고를 되새겨 보자. "셀 수 있는 많은 것들은 중요하지 않다. 셀 수 없는 것들이 중요하다."

그러므로 h 지수는 단지 과학적 명성과 성취를 정량화하기 위한 대용물일 뿐이라는 점을 명심해야 한다. 하지만 과학에서의 지위는 실로 중요하며 한 연구의 수준과 중요성을 파악하는 데 영향을 미친다는 것이 문제이다. 다음 장에서는 과연 명성과 지위가 중요한지, 그렇다면 언제 얼마나 그러한지 살펴본다.

3장. 마태 효과

존 레일리(John Rayleigh)는 물리학의 위대한 인물로, 몇 가지 자연법칙의 이름이 그에게서 왔다. "하늘은 왜 파란색일까?"라는 유명한 질문에 답하는 레일리 산란(Rayleigh scattering) 덕분에 그는 물리학계 밖에서도 잘 알려져 있다. 이미 존경받는 과학자였던 레일리는 1886년 전기역학의 역설 몇 가지를 논하는 논문을 《영국과학진흥협회(*British Association for the Advancement of Science*, BAAS)》에 제출했는데, 그 논문은 학술지가 기대하는 의미와 수준에 부합하지 않는다는 이유로 바로 거절되었다. 하지만 편집자들은 이내 결정을 뒤엎었다. 논문의 내용이 바뀌었기 때문이 아니었다. 논문이 처음 제출될 때 레일리의 이름이 부주의로 누락되었다는 것이 밝혀졌기 때문이었다. 레일리의 연구라는 것을 알아차린 편집자들은 깊은 사과와 함께 논문을 즉시 받아들였다.[59,60] 다른 말로 하면 어떤 역설가가 대충 휘갈겨 쓴 것으로 보였던 논문이 세계적으로 유명한 과학자의 연구라는 점이 명확해지자 갑자기 출판할 가치가 생긴 것이다.

이 일화는 과학에서 평판이 얼마나 중요한지를 강조한다. 1968년 로버트 머튼(Robert Merton)은 이를 마태 효과(Matthew effect)라고 불렀다.[60] 마태복음에서 예수가 재능에 관한 우화에서 "가진 사람은 더 받아서 차고 남을 것이며, 가지지 못한 사람은 가진 것마저 빼앗길 것이다"라는 말을 남겼기 때문이다. 마태 효과는 지난 한 세기 동안 여러 분야에서 독자적으로 발견되었으며, 17장에서 인용에 관해 논할 때 다시 접하게 될 것이다. 경력의 관점에서 마태 효과는 과학자의 지위와 평판이 그 자체로 관심과 인정을 불러옴을 암시한다. 명성이 학계가 인식하는 과학자의 신뢰도에 영향을 미쳐 그의 연구를 평가하는 데 중요한 역할을 할 뿐만 아니라, 연구 지원금부터 특출난 학생 및 동료와 만날 기회 등의 실재하는 자산으로 옮겨 갈 수 있다는 의미이다. 결국 과학자가 얻을 미래의 평판은 더 향상된다. 이번 장의 목적은 경력에 작용하는 마태 효과를 분석하는 것이다. 마태 효과는 언제 그리고 어느 정도까지 영향을 미칠까?

3.1 이름에 무슨 의미가 있길래?

국제인터넷표준화기구(IETF)는 인터넷을 운영하는 통신 규약 즉, 프로토콜을 개발하는 엔지니어와 컴퓨터공학자의 공동체다. 우수성과 기능성을 검증하기 위해 엔지니어들은 모든 새로운 프로토콜을 원고의 형태로 제출해야 하며 이는 동료들의 엄격한 검토를 받는다. 한동안 각 원고는 모든 저자의 이름을 포함했다. 하지만 1999년 초부터 일부 원고는 전체 저자 이름 목록을 "아무개 외(et al.)"로 통칭해 검토위원회는 일부 저자의 이름을 알지 못했다.

연구자들은 유명한 저자의 이름이 '아무개 외'로 가려진 경우와 거의 알려지지 않은 저자의 이름이 가려진 경우를 비교해, 레일리 효과가 실재함을 실험으로 확인했다.[61] 어느 그룹의 연구 책임자와 같이 전문적인 평판의 징표를 가진 저명한 이름이 원고에 드러나면, 제출된 원고가 발행될 가능성은 **9.4%** 증가한다. 하지만 연장자의 이름이 '외'로 가려지면 의장 효과(chair effect)는 **7.2%** 줄어든다. 즉 경험이 많은 저자의 이름이 공저자로 원고에 올랐을 때 얻는 혜택의 대략 **77%**는 이름 덕분의 효과로 설명된다.

흥미롭게도, 소수의 원고를 사전에 걸러 내 면밀히 검토한 경우에는 저자명이 가진 프리미엄 효과가 사라졌다. 이는 제출률이 높은 경우에만 지위가 심사에 영향을 미침을 시사한다. 즉, 검토위원들이 원고를 주의 깊게 읽으며 내용을 판정한다면 인물의 중요도에 따른 표식이 사라지는 경향이 있다.

과학은 급격한 속도로 성장하기 때문에, 우리는 흔히 '읽을 것이 너무 많은' 상황을 맞닥뜨린다. 하지만 일반적으로 동료 평가는 저자와 전문 검토위원이 여러 차례 소통하면서 깊게 관여하는 과정이기 때문에 과학 논문 원고에는 지위라는 표식이 영향을 덜 미칠 수 있다. 실제로 그러한 반박과 검토를 거치면 해당 원고에 대해 객관적인 평가가 득세할 것으로 본다. 하지만 앞으로 볼 것처럼, 지위가 가진 위력은 쉽게 사라지지 않는다.

저자의 지위가 논문의 **평가**에 영향을 미치는지는 과학계에서 오랫동안 논쟁의 대상이었다. 정말로 지위의 역할을 가늠하려면 다음과 같은 무작위적이고 통제된 실험이 필요하다. 같은 원고가 2명의 다른 사람에게 심사받는데, 한 사람에게는 저자의 신원을 드러내고 다른 사람에게는 가리는 것이다. 하지만 윤리적 문제와 실행 가능성의 문제가 명백하기 때문에 실제로 수행하기는 어렵다. 그런데 2017년, 제10회 WSDM(Web Search and Data Mining)* 학회의 공동 의장을 제안 받은 구글의 한 연구팀은 이를 계기로 논문을 수락하는 데 저자의 지위가 얼마나 중요한지 평가해 보기로 했다.[62] WSDM 학회는 상당히 까다로운 컴퓨터공학 학회로 수락률은 15.6%이다.

동료 평가를 수행하는 데에는 여러 방법이 있다. 가장 흔한 방법은 '단일 맹검' 심사로, 심사단은 저자의 신원과 소속 기관을 모두 알고 있지만 논문의 저자들은 심사위원의 신원을 알지 못한다. 반면 '이중 맹검' 심사에서는 저자와 심사위원 모두 서로의 신원을 알지 못한다. 2017년도 WSDM 학회에서 편집위원회 심사단은 무작위로 단일 맹검과 이중 맹검 그룹으로 나뉘었다. 각각의 논문은 4명의 심사위원에게 배정되었는데 2명은 단일 맹검 그룹에, 2명은 이중 맹검 그룹에 속했다. 즉 두 그룹의 심사단이 같은 논문을 검토하

---

* 웹 검색과 인공지능(AI) 등을 주제로 하는 국제 학회.—옮긴이

되, 한쪽은 저자가 누군지 알고 다른 쪽은 모른 채 독립적으로 판단하도록 했다.

존 레일리의 사례를 떠올려 보면 결과는 놀랍지 않다. 잘 알려진 저자(이전 WSDM 학회에서 최소 3편의 논문을 발행했고, 도합 최소한 100편의 컴퓨터공학 논문이 있는 사람으로 정의)는 이중 맹검보다 단일 맹검 심사에서 논문을 수락 받을 가능성이 63% 높았다. 두 과정에서 논문이 심사를 거친 과정은 정확하게 같았기에 수락률의 차이는 저자의 신원으로만 설명할 수 있다. 마찬가지로 저자가 유수 대학에 속했을 경우, 소속이 알려지면 수락률이 58% 증가했다. 나아가 컴퓨터공학의 권위 있는 기관으로 꼽히는 구글, 페이스북, 마이크로소프트 등에서 일하는 저자는 수락률이 110%, 즉 2배 이상 증가했다.

결과적으로, 저자의 신원, 소속 기관의 권위 등 '평판'은 과학적 논문의 평가를 **좌우한다.** 그런 정보를 활용해 내린 결정이 더 좋은지 안 좋은지는 여전히 논쟁의 여지가 있지만, 명망 있는 곳에 논문을 발표하는 데에 지위라는 표식이 중요한 역할을 한다는 점은 분명하다.

똑같은 두 논문이 있다면, 하나는 알려지지 않은 과학자가 썼고 다른 하나는 상당한 평판의 연구자가 썼더라도 두 논문이 발행될 가능성이 명백히 같아야 한다. 하지만 이런 일은 심사가 이중 맹검일 때만 일어난다. 모든 과학 분야가 이중 맹검으로 심사해야 할 강력한 이유가 아닐까? 하지만 답이 그리 간단하지는 않다는 새로운 증거가 있다.

《네이처(Nature)》가 수행한 실험에 따르면 이중 맹검 심사라는 선택지가 있다고 해서 문제가 해결되지는 않는다.[63] 2015년도에 《네이처》는 이중 맹검 심사를 선택지로 제공하기 시작했다. 2015년도 3월부터 2017년도 2월까지 25개의 《네이처》 자매지가 받은 모든 논문을 분석한 결과, 잘 알려지지 않은 기관에서 근무하는 교신저자들은 짐작하건대 선입견을 바로잡기 위해 이중 맹검 심사를 선택하는 경향이 있었다. 하지만 수락률은 1차 결정과 동료 평가 모두에서 이중 맹검의 경우가 단일 맹검의 경우보다 현저히 낮았다.

대표적인 학술지인 《네이처》를 예로 들어 보자. 단일 맹검 과정에서는 논문이 심사 단계로 넘어갈 확률이 23%이다. 이중 맹검을 선택했다면 확률은 8%로 떨어진다. 논문이 심사받을 때도 확률은 비슷하다. 심사 후 단일 맹검으로 제출된 논문은 약 44% 확률로 수락되었고, 이중 맹검 논문은 25%의 확률로 수락되었다. 즉 평가단은 저자의 신원을 모를 때 더욱 비판적이었다. 중요한 차이다. 이중 맹검의 경우 심사 단계로 넘어갈 확률과 심사 후 수락될 확률을 곱하면, 논문이 《네이처》에 받아들여질 확률은 믿기 어렵게도 2%뿐이다. 단일 맹검 심사도 마찬가지로 가망이 낮기는 마찬가지이지만, **10.1%**의 성공률을 보인다. 이중 맹검을 선택하면 논문이 수락될 가능성이 5배까지 낮아질 수 있는 것이다.

이 차이는 논문의 품질 때문일 수 있다.[63] 실제로, 잘 알려지지 않은 기관에 근무하거나 유명하지 않은 저자가 쓴 논문은 엘리트 기관에 근무하는 경험 많은 저자가 쓴 논문만큼 우수하지 않을 가능성이 있다. 그러나 영향력 있는 경제학 학술지 《아메리칸이코노믹리뷰(*American Economic Review, AER*)》가 시행한 실험은 이러한 주장을 반박한다.[64] 1987년 5월부터 1989년 5월까지 《아메리칸이코노믹리뷰》는 제출된 논문의 절반을 이중 맹검에, 나머지를 단일 맹검 심사에 임의로 배정했다. 무작위적인 실험이었기에, 두 논문 집단의 수준에는 차이가 없었다. 하지만 이중 맹검 심사에서 논문의 수락률이 훨씬 낮았다.

그렇다면 '긍정적인 차별'이 더 가능성 있는 설명일 수 있다. 인정받는 지위를 가진 저자는 의심을 가질 만한 상황에서 혜택을 받지만, 지위가 없는 이들은 연구 설계부터 방법론까지 추가로 정밀한 검토를 받는다. 이중 맹검 심사가 과학 출판의 표준이 아니어야 하는 객관적인 이유를 찾기는 아직 어렵다. 이중 맹검 심사가 널리 이용된다면 지위가 높은 연구원의 영향력이 줄고 기울어진 운동장이 수평에 가까워질 것이다. 그 지위가 이전 연구의 영향력 덕으로 얻어졌든, 단순히 명망 있는 기관에 속해 있기 때문이든 말이다.

3.2 영향력이 불러오는 영향력

과학자의 평판은 논문의 출판을 촉진한다. 그렇지만 과학자의 평판이 발견의 장기적인 영향력에도 영향을 미칠까? 심사위원들의 의견이 잠깐 일치하면 논문은 수락되지만, 그 영향력에 관해서는 과학계의 넓은 합의가 필요하다. 학계 구성원은 해당 연구를 더 발전시킬 수도 있고 무시할 수도 있다. 잘 알려진 과학자가 쓴 논문은 그 영향력에서도 혜택을 누릴 수 있을까?

그런데 평판은 어떻게 측정할까? 새로운 논문의 출판 이전에 저자 i가 쓴 모든 논문이 받은 총 피인용 수 $c_i(t)$가 아마 좋은 시작점일 것이다.[65,66] $c_i(t)$를 참고하면 생산성(저자가 쓴 논문의 수)과 영향력(그 논문들이 얼마나 자주 인용되는지)을 종합해, 연구 분야에서 저자의 인지도를 합리적으로 추산할 수 있다.

한 논문이 새로이 인용될 확률은 그 논문이 이미 얼마나 많이 인용되었는지에 비례한다.[67,68] 실제로 많이 인용된 논문은 더 많이 읽히기에 다시 인용될 가능성이 크다. 선호적 연결(preferential attachment)이라 불리는 이 현상은 17장에서 더 자세히 논의할 예정이다. 저자의 평판이 어떻게 저자의 논문에 영향을 미치는지 보기 위해, 잘 알려진 저자가 누리는 초기 인용 혜택을 측정할 수 있다.[65] 예컨대 잘 알려진 물리학자 집단이 낸 논문은 선호적 연결이 작동하기 전에 약 40회($c_x \approx 40$) 인용되었다(그림 3.1). 반면에 물리학 조교수와 같이 비교적 젊은 교수진의 경우 c_x는 40에서

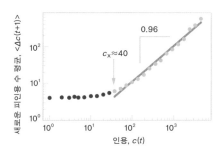

그림 3.1 명성이 인용에 미치는 교차 효과. $c < c_x$에서 선형 부착률은 성립하지 않는다. 즉 추가적인 작용이 인용을 촉진해, 선호적 연결 메커니즘으로만 예측했을 때보다 $c(t)$를 더 증가시킨다. 가장 많이 인용되는 물리학자 100명과 가장 활발히 논문을 발표하는 다른 물리학자 100명을 포함한 데이터이다.[65]

10으로 떨어졌다. 즉, 출판 직후 원로 저자의 논문이 인용될 가능성은 젊은 저자의 논문보다 4배 더 높았다.

그림 3.1에 따르면 평판은 피인용 수가 적은 초기(즉, $c<c_x$)에 중요한 역할을 한다. 하지만 시간이 지나면서 평판의 효과는 점점 사그라들고, 논문의 장기적 영향력은 논문의 **저자**보다 주로 **논문 자체**로 인한 메커니즘으로 동력을 얻는다. 즉, 잘 알려진 저자의 작업은 학계의 주목을 받아 초기 인용 혜택을 누린다. 하지만 시간이 지나면서 평판 효과는 사라지고, 주로 발견 자체의 가치에 대한 집단적 인식으로 인한 선호적 연결이 자리를 잡는다.

평판이 가진 위력은 새로운 논문에만 국한하지 않는다. 명성은 앞선 연구에도 여파를 미쳐 과거 연구의 영향력도 증대시킨다. 노벨상같이 갑작스러운 인정을 받았을 때 이러한 효과를 정량화할 수 있다. 예를 들어, 전기 분무 이

온화(electrospray ionization, ESI) 기술 개발로 2002년 노벨화학상을 받은 존 펜을 생각해 보자. 구글학술검색에 따르면, 1989년《사이언스(Science)》에 발행된 그의 원본 논문은 펜의 논문 중 가장 많이 인용된 것으로, 2018년도까지 8,500회 가까이 인용되었다. 그런데 획기적인 논문이 출판되고 피인용 수가 급격히 늘어나기 시작하자, 펜의 예전 논문 중 몇몇 편의 피인용 수는 더 빠르게 증가하기 시작했다. 124명의 노벨상 수상자를 분석한 결과에 따르면 이는 흔히 나타나는 현상이다.[70] 중대한 발견이 발표되면 해당 저자가 이전에 출간한 논문이 인용되는 속도도 증가한다. 흥미롭게도, 이전 논문의 주제가 반드시 새로운 발견과 관련되지 않았더라도 마찬가지였다. 즉, 평판으로 인해 연구자는 학계의 관심을 받는다. 결과적으로 어떤 저자가 과학의 한 분야에서 두각을 나타내면 그와 관련이 없는 분야에까지 평판의 영향력이 확장될 수 있다.

어떤 사람이 중대한 돌파구를 발견하면 그의 과거와 미래의 모든 연구가 학문적 관심을 얻는다. 그렇다면 논란은 경력에 어떤 영향을 미칠까? 과학자도 당연히 실수할 수 있고 과학계는 이런 중대한 실수나 부정 문제를 정기적으로 겪는다. 사건이 발생하면, 철저한 검토를 받는 상위 학술지[71]에서 논문이 철회된다. 과학자의 경력은 여기에 얼마나 영향을 받을까? 저명한 저자가 젊은 연구자보다 더 치명적일까, 그 반대일까? 문제 있는 논문이 철회되면 다른 연구자들이 잘못된 가설을 버릴 수 있으므로 학계에는 다행스러운 일이지만, 저자에게는 결코 좋은 일이 아니다. 철회의 여파로 이전에 했던 연구의 상당수 역시 인용을 잃게 된다.[72-74] 그러나 부정적인 효과는 균등하게 퍼지지 않는다. 철회가 사기나 위법 행위 때문일 때, 유명한 과학자는 잘 알려지지 않은 동료가 철회를 겪을 때보다 더 가혹한 불이익을 받는다.[74] 즉 '순전한 실수'로 논문이 철회되는 경우, 지위 고하와 불이익의 정도는 무관하다.[74]

그러나 원로 과학자와 신생 과학자가 함께 이름을 올린 논문이 철회되면 불이익 양상은 상당히 달라진다.[75] 원로 저자는 대부분 큰 어려움을 겪지 않고 위기를 모면하는 반면에 후배 공저자는 책임을 지며 어떤 경우에는 경력이 끝나기도 한다. 협력의 이득과 문제점을 탐구할 13장에서 다시 논의하기로 하자.

3.3 마태 효과는 실재할까?

위대한 과학자가 세상을 한 번만 놀라게 하는 경우는 드물다.[60, 76] 뉴턴이 대표적인 예이다. 뉴턴은 뉴턴역학을 넘어 중력, 미적분, 운동 법칙, 광학, 최적화 등에 관한 이론을 발전시켰다. 잘 알려진 과학자들은 여러 가지 발견에 관여하는데, 이 현상을 마태 효과로 설명할 수 있을지도 모른다. 초기의 성공은 과학자에게 정당성을 부여하고, 동료들의 평가를 높이고, 어떻게 점수를 따고 성공하는지 알려 주며, 사회적 지위를 높이고, 자원과 우수한 협력자들을 끌어모은다. 덕분에 또 다른 업적을 이룰 가능성이 커진다. 그러나 여기 또 다른 흥미로운 설명이 있다. 위대한 과학자가 여러 번의 히트를 기록하며 과학적으로 계속 성공하는 이유는 단순히 그들이 유난히 재능이 있기 때문이다. 즉, 미래의 성공이 앞서 성공했던 사람에게 돌아가는 이유는 앞선 성공으로 유리해졌기 때문이 아니라 앞선 성공이 숨겨진 재능의 증표이기 때문이다. 마태 효과는 성공 그 자체로 미래에 성공할 확률을 높인다고 상정한다. 그럼 지위가 결과를 좌우할까? 지위는 단순히 근원적인 재능이나 우수함을 드러내는 것 아닐까? 정말 마태 효과가 있긴 한 것일까?

　결과가 어차피 같다면 어떤 설명이 더 그럴듯한지 신경 쓸 필요가 있을까? 사실 어떤 원리이든지 관계없이 이전에 성공했던 사람은 장래에 성공할 가능성이 크다. 그렇지만 오로지 타고난 재능 때문에 누군가는 성공하고 누군가는 성공하지 못한다면, 시작부터 다른 이들의 희생으로 몇

몇 사람에게만 유리한 상황이라는 의미이다. 반면 마태 효과가 실재한다면, 각각의 성공으로 미래에 더 나은 기회를 얻을 수 있다. 운이 좋아 초기에 승기를 잡는다면 성공은 눈덩이처럼 불어나 (아인슈타인이 될 수는 없을지언정) 아인슈타인급의 동료와 당신의 격차를 줄일 수 있을 것이다.

아쉽게도 이 두 대립하는 이론을 구별해 내기란 쉽지 않다. 둘 중 어느 쪽이든 실제 나타나는 상황이 유사하기 때문이다. 프랑스아카데미(French Academy)의 신화적인 '41번째 의자'에 영감을 받아 대립하는 두 가설에 대해 시험해 보려 한 적도 있었다. 아카데미는 일찍이 좌석을 40개로 정해 이들 40명의 회원 자격은 이른바 '불멸'하도록 제한을 두고, 신규 회원 공천이나 신청은 회원의 사망으로 자리가 공석이 되었을 때만 검토하기로 했다. 이러한 제한으로 자격을 갖춘 많은 사람이 아카데미에 선출되지 못했고, 대신 가상의 41번째 의자에 위임될 수밖에 없었다. 이 의자는 불후의 명성을 남긴 르네 데카르트, 블레즈 파스칼, 장 바티스트 몰리에르, 장 자크 루소, 클로드 앙리 드 루브루아 생시몽, 드니 디드로, 스탕달, 귀스타브 플로베르, 에밀 졸라, 마르셀 프루스트와 같은 이들로 붐빈다.[60] 한편 존경받는 아카데미의 좌석을 차지한 사람들은 (안타깝게도) 오늘날 우리와 전혀 관련이 없다. 시간이 흘러 41번째 의자는 해당 분야의 거인으로 인정받아야 했으나 그러지 못했던 많은 재능 있는 과학자들을 가리키는 상징이 되었다.

그런데 정식으로 인정받는지가 정말 중요할까? 비슷한 성과를 냈지만 공식적으로 인정받지 못한 과학자들과,

주요 상 수상자에 대한 사후 인식을 비교하면 어떨까? 다른 말로 하면, 41번째 의자를 차지한 사람이 프랑스아카데미에 선출되었더라면 경력이 어떻게 달라졌을까? 수상자에게 높은 지위가 주어지는 주요 상의 영향력을 탐구한 연구에서 이에 대한 답을 얻을 수 있다.[77]

생물의학 연구를 위한 미국의 유명 민간 재단인 하워드휴즈의학연구소(HHMI)는 '프로젝트가 아닌 사람'을 뽑는다. 동료 평가를 거친 구체적인 연구 제안서에 따라 지원금을 주기보다는 과학자들을 아낌없이 지원한다. HHMI는 각 연구자에게 매년 약 100만 달러를 지원해, 자유롭게 직감을 따르고 필요하다면 연구 방향을 바꿀 수도 있는 장기적이고 유연한 자금을 제공한다. HHMI 연구자로 임명되는 것은 금전적 자유를 넘어 매우 명예로운 일로 여겨진다. 그 영향력을 측정하려면, 최종 경쟁자였지만 선정되지 않은 과학자들로 대조군을 구성해 그들의 과학적 성과를 HHMI 연구자들과 비교하는 과제를 수행해야 한다.

대조군을 구성할 과학자들을 알아보고, HHMI 연구자들이 더 영향력이 있다는 증거를 찾아냈다고 해 보자. 그 차이가 오로지 새로이 생긴 지위 덕분이라는 것을 어떻게 알 수 있을까? 매년 100만 달러의 지원금이라는 든든한 자원 덕분일 수도 있는데 말이다. 이 문제를 해결하기 위해 수상자로 선정되기 전에 쓴 논문에만 집중하는 방법이 있다. 그렇다면 두 집단의 피인용 수 차이가 단순히 수상자에게 제공된 우월한 자원 때문은 아닐 것이다. 아니나 다를까, 분석에 따르면 HHMI 연구자 선정 후에 이전 연구의 피인용 수가 증가했다. 과학계에서 가진 자가 가지지 못한 자보다 더 풍요로워질 가능성이 크다는 증거다.

성공이 성공을 부르는 효과는 HHMI 연구자에게만 국한하지 않는다. 과학자가 유력 후보에서 노벨상 수상자가 되면, 노벨상을 받을 만한 연구이든 아니든 이전에 했던 연구도 훨씬 많은 피인용 수를 모은다.[78] 다시 한번 강조하자면 앞서 논의한 존 펜의 경우와 마찬가지로, 어떤 사람이 HHMI 연구자가 되든지 노벨상 수상자가 되든지 이전에 했던 일은 변하지 않는다. 하지만 새로운 포상이 어떤 사람의 공로에 따스한 빛을 비추면 그 사람이 한 일은 더 관심받는다.

그러나 흥미롭게도, 엄격하게 통제된 한 실험에 따르면 지위가 영향력에 미치는 역할은 미미할 뿐만 아니라 그 역할이 짧은 시간으로 제한된다고 시사한다. 논문의 수준이 불확실하고 수상자가 수상 당시 (상대적으로) 낮은 지위를 가지고 있을 때 훨씬 더 큰 효과를 가진다는 점은 마태 효과 이론과 일맥상통한다. 종합하건대 지위가 성과에 미치는 효과를 추정하려는 연구들은 그 효과를 과장하는 경향이 있지만, 명망 있는 과학자의 연구 결과는 확실히 큰 관심을 끌며 마태 효과가 실재한다는 증거를 보탠다.

임의의 실험을 통해 재능 등의 개인별 차이와 지위의 역할을 구분해 낼 수 있다. 대조군과 실험군을 선발해 임의로 일부에게만 유리한 점을 부여하고 나머지에게는 부여하지 않는다. 이전의 성공이나 지위와 관계없이 성공을 할당했을 때, 이점을 얻은 자와 얻지 못한 자 간의 후속 이익 불일치는 오직 외인적으로 배당된 초기 성공에 기인한다.

인생을 뒤바꿀 만한 상이나 연구 지원금을 임의로 수여할 수는 없지만,[79] 개입으로 인한 손해가 미미한 실제 실험을 통해 현상을 탐험할 수 있다. 아르나우트 판 더 레이트(Arnout van de Rijt)와 동료들이 이 실험을 시행했다.[80, 81] 상위 1%의 위키피디아 편집자 중에서 가장 생산적인 기여자들을 임의로 골라 두 그룹 중 하나에 임의로 할당했다. 실험군에게는 '반스타(barnstar, 위키피디아에서 두드러지는 편집자의 공로를 인정하는 상)를 나눠 주었고, 대조군에게는 주지 않았다. 그림 3.2에 나타나듯, 생산적인 편집자 표본에서 임의로 추출했으므로 개입이 있기 전에는 두 집단의 활동이 구분되지 않았다. 하지만 실험군에게 가짜 반스타가 수여되고 나자, 수상자들은 대조군의 동료들보다 더 많이 참여하고 더 활발히 생산했으며, 편집 활동을 중단할 가능성은 줄었다. 나아가 반스타를 받자 실험 그룹의 생산성 중간값은 대조군보다 60% 증가했다. 가장 중요한 것은, 실험군이 더 많은 **진짜** 반스타를 다른 편집자들에게 받기 시작했다는 점이다. 단순히 생산성이 올랐기 때문에 상을 더 받았다고 할 수는 없다. 진짜 반스타를 받지 않은 실험군 사람들보다 더 활발하지는 않았기 때문이다. 이처럼 성공이 성공을 부르는 현상은 크라우드 펀딩, 지위, 홍보 및 평판의 영

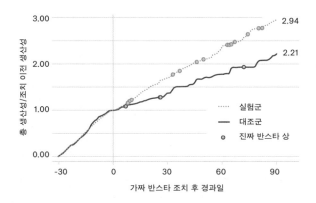

그림 3.2 현장 실험으로 얻은 마태 효과의 증거. 연구자들은 위키피디아 편집자들을 무작위로 두 그룹으로 나누어 실험군에게는 반스타를 수여하고 대조군에게는 아무것도 하지 않았다. 동그라미는 가짜 반스타 조치 후에 편집자가 진짜 반스타를 받은 때다. 실험군에서 12명의 피험자가 총 14개의 상을 받았고, 대조군에서는 단 2명이 도합 3개의 상을 받았다.[80]

역에 걸쳐 반복적으로 관찰된다.[81] 이는 임의적인 것이라고 해도 초기의 성공이 개인의 성공에 지속적인 차이를 만들어 낼 수 있다는 점을 뒷받침하는, 마태 효과의 인과적 증거이다.

4장. 나이와 과학적 성취

2002년 엘리아스 제르후니(Elias Zerhouni)는 미국국립
보건원 원장으로 임명되면서 극복하기 몹시 어려워 보이
는 위기를 맞닥뜨렸다. 기관이 지원하는 연구자들의 급속
한 고령화였다. 예를 들어 개인 연구자를 위한 NIH의 가장
일반적인 연구보조금인 R01을 살펴보자. 1980년 당시에
R01 수혜자의 18%는 36세 이하의 젊은 과학자들이었고,
66세 이상의 원로 연구자는 수령인의 1% 미만을 차지했다.
그러나 이후 30년 동안 놀라운 반전이 일어났다(그림 4.1).[82]
2010년까지 연장자는 10배 늘어났고, 젊은 연구자의 비율
은 18%에서 7%로 곤두박질쳤다. 다시 말해 1980년 NIH
는 원로 연구자 1명당 18명의 젊은 연구자를 지원했는데,
2010년도가 되자 원로 연구자가 이제 막 연구를 시작한 사
람의 2배로 늘어났다. 제르후니는 이러한 경향을 '미국 과
학계가 가장 먼저 해결해야 할 과제'로 선언했다.[83]

    NIH 원장은 이러한 경향이 왜 그리도 염려되었을까?
어쨌든 원로 연구자는 입증된 실적이 있고, 프로젝트 관리
에 능숙하며, 위험 요소를 이해하고, 다음 세대 과학자들에

게 멘토 역할을 할 텐데 말이다. 엄격한 동료 평가를 거쳐 원로 연구 책임자가 새로이 등장한 젊은 과학자를 누르고 올라선다면, 우리의 세금이 안전한 손에 맡겨지는 것이니 안심할 일이 아닌가?

인구학적 변화가 미국 과학계의 생산성과 우수성에 미치는 위협을 이해하기 위해, 수 세기 동안 과학자들의 마음을 사로잡은 질문을 살펴볼 필요가 있다. 과학자는 몇 살의 나이에 인생에서 가장 중요한 과학적 공헌을 만들어 내는가?

4.1 과학자는 인생의 어느 시점에 가장 위대한 일을 할까

사람의 나이와 뛰어난 업적을 연관 지으려는 최초의 연구는 1874년으로 거슬러 올라간다. 조지 밀러 비어드(George Miller Beard)는 과학과 창작 예술에서 개인별 최고의 성과는 35~40세에 발생한다고 추정했다.[84] 그다음에는 하비 크리스천 리먼(Harvey Christian Lehman)이 약 30년간 이 문제에 몰두한 후 1953년에 그의 연구를 요약해 『나이와 성취(*Age and Achievement*)』라는 책을 출간했다.[85] 이후로도 수십 편의 연구가 폭넓은 창의적 영역에서 나이의 역할을 분석했는데, 놀랍게도 확고한 패턴이 드러났다. 어떠한 창의적인 분야를 살펴보든지 혹은 성취를 어떻게 정의하든지 상관없이 한 사람의 최고의 작업물은 경력의 중반 즈음

그림 4.1 과학의 고령화. 1980~2010년 동안 36세 이하와 66세 이상 NIH R01 수여자 비율의 변화.[82]

또는 30에서 40세 사이에 나타나는 경향이 있다.[2,66,85-87]

그림 4.2는 20세기의 노벨상 수상자와 기술 혁신가를 포함해 특징적인 업적을 이룬 나이의 분포를 보여 준다.[88] 이 그림은 세 가지 주요 메시지를 전한다.

(1) 나이에 관해서는 큰 편차가 있다. 30대에 대단한 혁신을 이룬 사람이 많지만(42%), 40대의 비율도 높고 (30%), 14%는 50세를 넘어서도 혁신을 만들어 냈다.

(2) 19세보다 어린 나이에 큰 성과를 이룬 사람은 없다. 아인슈타인이 26세의 어린 나이에 기적의 해를 맞이했고, 심지어 뉴턴은 더 이른 23세에 기적의 해를 누렸다. 전 세계에서 아인슈타인이나 뉴턴 같은 경우는 아주 드물다. 표본의 7%만이 26세 혹은 그 전에 인생의 가장 위대한 업적을 성취했다.

(3) 노벨상 수상자와 발명가는 두 독립적인 데이터 출처

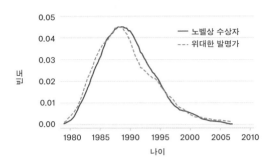

그림 4.2 위대한 혁신을 이룬 나이 분포. 도표는 20세기 모든 관찰을 종합해, 혁신가들이 인생에서 가장 위대한 성취를 이룬 나이를 보여 준다.

에서 왔고, 7%만 중복된다. 그러나 이 두 표본의 나이 분포는 놀라울 정도로 유사하다.

따라서 그림 4.2는 중간 나이일 때 과학적 성과가 최고조에 이른다는 점을 입증한다.[2, 66, 85-87] 과학자의 생애 주기는 흔히 주요한 창의적인 산출이 없는 배움의 시기부터 시작한다. 그 뒤로 창의적 결과물이 빠르게 증가해 30대 후반과 40대에 정점을 찍고, 말년으로 갈수록 점차 감소한다. 놀랍도록 보편적인 패턴이다. 연구자들은 이러한 패턴을 다방면으로 탐구했고, 노벨상 수상자, 백과사전에 이름을 올린 자, 왕립학회(Royal Society)를 비롯한 엘리트 그룹의 회원 자격 등으로 주요 과학자들을 식별했다. 데이터를 어떻게 나눠도 그림 4.2에 나타난 패턴은 본질적으로 변하지 않았다. 따라서 두 가지 질문이 떠오른다. 왜 창의성은 20대와 30대 초에는 발휘되지 않을까? 그리고 왜 말년에는 감소할까?

4.2 과학자의 생애 주기

4.2.1 생애 초기

과학자의 경력에서 주목할 만한 특징은, 생애 초기에는 과학에 기여하는 바가 없다는 점이다.[89] 간단히 말하면 18세에는 누구도 노벨상을 받을 만한 무엇을 만들어 내지 못했다. 생애 초기는 학교에서 교육을 받는 시기로, 이때 이례적으로 우수한 결과를 내지 못하는 데에는 교육의 필요성이 그 이유가 될 수 있음을 시사한다. 이런 분석은 창의성에 관한 이론과도 일치한다. '창의성'은 종종 기존 지식으로 흥미로운 조합을 찾아내는 능력으로 정의되곤 한다.[90-92] 만약 지식을 레고 조각이라고 하면, 새로운 발명 및 아이디어는 이 조각들을 조합하는 새로운 방법을 생각해 내는 데에 달려 있다. 그렇다면 뭐라도 의미 있는 것을 쌓아 올리기 전에 먼저 조각을 충분히 모을 필요가 있다.

　　제1·2차 세계대전을 자연적인 실험으로 간주했을 때, 생애 초기에 발견과 혁신이 부재하는 것이 이 훈련 과정 때문이라는 실제 증거가 있다.[88] 세계대전은 훈련 단계를 중단시켰다. 노벨상 수상자들이 20~25세에 세계대전을 겪었을 경우, 25~30세 사이에 혁신적인 작업을 만들어 낼 확률은 심지어 전쟁이 끝났을지라도 상당히 감소했다. 즉, 과학자는 특정 나이가 되자마자 마법처럼 혁신을 만들어 내는 것이 아니다. 중단된 훈련 기간은 반드시 채워져야 한다. 이 발견은 심리학에서 많이 논의된, 광범위한 영역에서 우수한 성과를 달성하기 위해서는 대략 10년의 신중한 훈련이 필요하다고 추정하는 '1만 시간의 법칙'과 일맥상통한다.[93-95]

4.2.2 생애 중기와 말기

훈련 단계를 완수하면, 그림 4.2에서 눈에 띄는 봉우리가 보여 주듯이 생산적인 과학자 경력이 펼쳐질 것이다. 하지만 역시 그림에서 볼 수 있듯 과학적 돌파구를 만들어 내는 경향은 정점을 지나 중년 즈음부터 감소한다. 생애 초기의 가파른 상승에 비하면 이 감소세는 상대적으로 느리다.

　이 감소세에 대해서는 기술 노후화에서부터 건강 저하까지 여러 설명이 가능하다. 하지만 그중 어떤 것도 어째서 감소가 그렇게 일찍(생물학적으로는 늙었다고 여겨지기 훨씬 전인, 대개 50세가 되기 전에) 일어나는지는 설명하지 못한다. 이러한 이유로 가족 구성원으로서의 책임과 늘어나는 행정 업무 등 연구 과정의 현실을 고려하는 설명이 더 타당해 보인다. 다른 말로 하면 과학자는 나이가 들수록 위대한 발견을 해 낼 능력을 가지고 있을지 모르나, 그렇게 할 시간이 부족하다는 것이다. 연구실을 운영하고, 연구 사업에 지원하고, 논문이나 종신 재직 여부를 심사해야 하기 때문이리라. 흥미롭게도 은퇴에 앞선 '두 번째 정점'이 과학자의 경력을 특정하기도 한다. 남아 있는 아이디어와 미처 출판하지 못한 연구들을 발표하려고 서두르기 때문이라고 이해할 수 있다.[89,96-98]

　이러한 결과를 염두에 두고 미국 과학계가 마주한 위

기로 돌아가 보자(그림 4.1). 원로 연구자들이 더 경험이 많을지언정, 과학자는 젊은 나이에 인생 최고의 일을 해내는 경향이 있다. 나이가 많은 연구자를 더 많이 지원하다 보면 혁신이 억제될 수 있다. 예를 들어, 1980~2010년 96명의 과학자가 NIH가 지원했던 연구로 노벨생리의학상이나 노벨화학상을 받았다. 그러나 그 연구들은 평균 41세의 나이에 수행되었다.[99] 오늘날 NIH에서 지원받기 시작하는 평균 나이보다 딱 1살 어린 나이이다.

4.3 무엇이 전성기를 결정할까

창의력이 빛을 발하는 시기는 무엇이 결정할까? 어떤 분야는 '젊고' 어떤 분야는 '오래되었'기 때문에 과학자가 속한 분야가 핵심 요소라고 믿는 사람이 많다. 실제로 추론과 직관에 집중하는 학문을 연구하는 사람일수록 이른 나이에 위대한 업적을 달성하는 경향이 있다는 것이 지배적인 가설로, 의학보다는 수학이나 물리학에서 최고의 성과가 더 일찍 나타나는 이유가 그 때문이라고 주장한다.[85, 100-102]

　　하지만 조숙한 물리학자와 노쇠한 의사라는 고정관념은 갈수록 이견을 낳는다. 연구자들은 문헌 조사를 통해 각각 다른 분야에서 전성기 나이를 표로 정리했다. 이 모든 숫자를 종합해 보니 전성기 나이는 전체 범위에 걸쳐 있었다.[89] 확실하게 소위 젊거나 나이 든 영역은 없었으며 '물리학 대 의학'이라는 고전적인 예시조차 성립하지 않는 듯했다. 예를 들어 노벨물리학상 수상자는 1920~1930년대에는 다른 모든 분야의 과학자보다 젊은 편이었지만, 1985년도부터는 다른 분야의 과학자에 비해 늦은 나이에야 수상할 만한 업적을 남겼다.[103]

분야가 아니라면 무엇이 결정적인 요인일까? 뒤이어 논의하겠지만, 여기에는 두 가지 설득력 있는 학설이 부각되고 있다. 지식의 부담과 연구의 본질이다.

4.3.1 지식의 부담

그림 4.2를 다시 검토하면 흥미로운 패턴이 드러난다.[88] 노벨상 수상자와 위대한 혁신가 들의 데이터를 모아 20세기를 세 개의 시기로 나누어 나타내면, 분포가 전체적으로 이동하는 양상이 관측된다(그림 4.3). 즉 위대한 인물이 전성기를 맞는 나이는 시간이 지날수록 증가한다. 실제로 노벨상 수상자 선정 초기에는 수상자의 3분의 2가 40세 이전에 한 연구로, 수상자의 20%는 30세가 되기 전에 한 연구로 노벨상을 받았다. 가장 젊은 노벨물리학상 수상자 윌리엄 로런스 브래그(William Lawrence Bragg)는 놀랍게도 25세에 상을 받았다. 오늘날 25세의 물리학자라면 어떤 전공으로 박사 과정에 등록해야 할지 이제 막 결정했을 것이다. 1980년도부터 물리학에서 노벨상을 받을 만한 업적을 이룬 평균 나이는 48세로 옮겨 갔다. 20세기가 흘러가면서 노벨상 수상자와 발명가 들이 이룬 위대한 업적은 전반적으로 점점 늦은 나이에 일어나, 전성기의 나이는 총 평균 6년이 미뤄졌다.

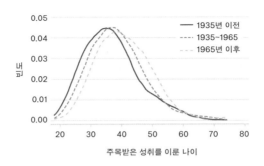

그림 4.3 위대한 혁신을 만들어 낸 나이 분포의 이동. 노벨상 수상자와 위대한 혁신가들을 포함하는 데이터이다. 20세기는 1900~1935년, 1935~1965년, 1965년~현재의 세 가지 연대기적 시기로 나뉜다.[88]

이 변화에는 두 가지 그럴듯한 설명이 있다. 첫 번째 가설은 혁신의 생애 주기가 바뀌었기 때문에 위대한 인물들이 경력의 더 늦은 단계에 혁신을 만들어 낸다는 것이다. 교육에 필요한 기간이 늘어나 혁신가가 활발한 경력을 시작하는 시기를 늦추기 때문일 수 있다. 두 번째 가설은 증가하고 있는 나이가 단순히 인구학적 변화를 반영한다는 것이다. 즉 지구상의 모든 사람이 늙어 가므로 과학을 직업으로 하는 사람도 예외는 아니라는 뜻이다.

그렇지만 인구학적 효과를 제어하더라도 전성기 나이의 상당한 변화, 특히 혁신가들이 왕성한 경력을 시작하는 생애 주기 초기의 지연은 여전히 설명되지 않는다.[88] 20세기 초반에는 과학자들이 23세의 나이에 '활발히 연구'했지만, 20세기가 끝날 무렵에는 이 시기가 31세로 옮겨 갔다.

이 변화를 이해하기 위해, 벤저민 존스(Benjamin Jones)는 '지식의 부담(burden of knowledge)' 이론을 제안했다.[88,104,105] 첫째, 혁신가들은 지식의 경계에 닿기 위해 충분한 교육을 받아야 한다. 둘째, 과학이 급격히 성장했기 때문에 지식의 경계에 닿기 위해 개인이 숙달해야 할 지식의 양이 점점 증가했다. 이 이론에 따르면 '거인의 어깨에 올라선다'라는 뉴턴의 명언이 새로이 보인다. 거인의 어깨에 올라서려면 그의 등을 타고 올라야 한다. 지식의 양이 많을수록 등반은 오래 걸린다.

분명 교육은 혁신의 중요한 전제 조건이다.[88] 그러나 만약 과학자가 젊을 때 혁신하는 경향이 있다면, 훈련하는 1분이 과학을 진전시키는 데 사용할 1분을 줄일 테고, 이는 과학자 개개인의 총 성과를 감소시킬 수 있다. 개개인이 혁신할 시간이 줄어들면 사회 전체적인 혁신도 줄어든다.[89] 간단한 계산에 따르면 현재의 전형적인 연구 개발(R&D) 근로자는 20세기 초반의 연구자보다 30%가량의 시간만 총 생산성 향상에 기여한다. 지식의 부담으로 인한 변화일 수 있다. 요컨대 최고의 성과를 내는 나이가 증가하면, 특허 건수와 생산성을 비롯한 연구 개발 근로자의 1인당 산출량이 감소하는 경향이 있을 수 있다.[106]

4.3.2 실험적 혁신가 대 개념적 혁신가

1920년 하이젠베르크가 뮌헨 대학교에 입학할 당시, 닐스 보어와 아르놀트 조머펠트(Arnold Sommerfeld) 등이 원자에 관한 가장 앞선 이론을 개발했다. 이 이론은 특정 영역에서는 성공적이었지만 근본적인 문제점을 안고 있는 상태였다. 1923년, 하이젠베르크는 뮌헨 대학교에서 조머펠 발견뿐 아니라 공로에 대한 인정도 늦춰졌다.[107] 실제로 과학자가 노벨상을 받을 만한 발견을 하는 시기와 노벨상을 받는 시기 사이의 시간 간격이 점점 길어지고 있다. 1940년 이전, 발견 후 공로를 인정받기까지 20년 이상 기다린 수상자의 비율은 물리학에서 11%, 화학에서 15%, 생리의학에서 24%였다. 1985년부터는 20년 이상을 기다린 수상자가 각각 60%, 52%, 45%였다. 발견 후 공식적인 인정을 받기까지 걸린 시간은 대략 지수함수로 증가하며, 21세기 말 무렵에는 수상자들이 상을 받는 평균 나이가 수명의 기댓값을 넘어설 가능성이 크다. 후보자 대부분이 노벨상 시상식에 참여할 만큼 충분히 오래 살지 못한다는 것이다. 노벨상은 살아 있는 과학자에게만 수여되므로, 수상까지의 간격이 점점 길어지면 가장 신망 있는 과학계의 제도가 약화될 수도 있다.

트의 지도로 박사학위를 받은 후 괴팅겐 대학으로 적을 옮겼고, 1925년에 막스 보른(Max Born)과 함께 행렬역학(matrix mechanic)을 개발했다. 다음 해에 그는 코펜하겐에서 닐스 보어의 조수가 되었고, 25세에 불확정성의 원리(uncertainty principle)를 제안했다. 지난 세기의 역사학자들은 하이젠베르크의 박사학위 지도교수였던 조머펠트의 말을 빌려, 그의 "수학적 장치를 능숙하게 통제하고 대담한 물리학적 통찰을 해내는 비범한 능력"을 반복적으로 기록했다.[108]

그러나 하이젠베르크가 박사학위 심사에 불합격할 뻔했다는 점은 잘 알려져 있지 않다. 1923년 7월 23일, 21세의 하이젠베르크는 뮌헨 대학교 교수 4인 앞에 섰다. 조머펠트의 질문과 더불어 수학과 관련된 질문은 수월하게 다루었지만, 천문학 문제는 더듬거리며 대답했고, 실험물리학에서는 심하게 낙제했다.[108] 결국에 그는 C등급으로 통과했다. 다음 날 아침 하이젠베르크는 이미 그를 내년도 조교로 채용한 막스 보른의 연구실에 찾아가 소심하게 물었다. "여전히 저를 고용하실 건지 궁금합니다."

당신은 이렇게 물을지도 모른다. 어째서 놀라울 만큼 훌륭한 물리학자가 그 분야의 기초를 다루는 시험에 낙제할 수 있단 말인가? 그가 만들어 내는 혁신의 종류 때문이었을 테다. 거칠게 나누자면 학문적 창의성에는 '개념적(conceptual)' 그리고 '실험적(experimental)'이라는 양극단이 있다.[109] 실험적 혁신가는 경험으로부터 지식을 축적하며 귀납적으로 일한다. 이 유형의 연구는 다른 이들의 연구에 상당히 의존하며, 실증적이다. 반면에 하이젠베르크는 추상적인 원리를 적용하며 연역적으로 일하는 개념적 혁신가였다. 그의 연구는 이론적이었고, 선험적인 논리로부터 유도되었다. 실험적, 개념적 창의성의 구별은 과학자가 하는 일의 성격에 따라 경력의 정점 시기가 달라진다는 점을 시사한다. 개념적 혁신가는 실험적 혁신가보다 이른 시기에 인생에서 가장 중요한 연구를 하는 경향이 있다.

서로 구별되는 두 유형의 과학자의 생애 주기를 분석하기 위해, 연구자들은 발견의 성격에 기반해 노벨상을 받은 경제학자들을 개념적인지 실험적인지 평가하고, 각 집단이 생애 최고의 연구를 발표한 나이를 조사했다.[109] 차이는 극명했다. 개념적 연구로 수상한 이들은 평균 35.8세의 나이에 인생에서 가장 중요한 과학적 공헌을 했다. 반면 실험적 연구로 수상한 이들은 평균 56세였는데, 놀랍게도 20.2세나 차이가 난다. 실제로, 개념적 연구로 노벨경제학상을 받은 이들의 75%는 생애 최고의 업적을 경력의 초반 10년 이내에 발표했는데, 실험적 연구로 노벨경제학상을 받은 이들 중에는 그런 경우가 **없었다**.

경험적(empirical) 또는 이론적(theoretical)이라는 분류로 연구의 성격을 파악할 수도 있다. 개념적 또는 실험적 구별과는 다르다는 점을 주의하라. 개념적 혁신은 이론적인 경향이 있지만, 개념적 혁신가도 경험적 연구에 뿌리를 둘 수 있다. 마찬가지로 실험적 혁신가도 이론적 공헌을 할 수 있다. 그런데도 노벨상 수상자들을 경험적 또는 이론적 범주로 분류하니 비슷한 패턴이 드러났다(그림 4.4).[89] 경험적 연구자는 노벨상을 받은 연구를 이론적 연구자보다 평균 4.6년 후에 했다(각각 39.9세와 35.3세).

어째서 개념적 연구는 경력 초기에, 실험적 연구는 경력 후반에 일어나는 경향이 있는지에는 여러 이유가 있다.[89] 첫 번째로, 하이젠베르크와 같은 개념적 혁신가는 많은 양의 경험을 축적할 필요가 없다. 반면에 실험 연구를 한 찰스 다윈은 이론을 전개하는 데 필요한 증거를 모을 시간이 필요했다. 물론 그는 뛰어난 박물학자였지만, 세계 일주를 위해 비글호에 승선하지 않았다면 그의 연구도 없었을

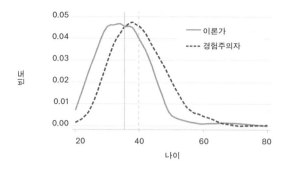

그림 4.4 노벨상 수상자 중 이론가와 경험주의자. 노벨상 수상자들의 프로필을 분리해, 상을 받은 연구가 이론적인 경우와 경험적인 경우를 비교했다. 두 집단은 창의성의 생애 주기에서 분명한 차이를 나타낸다.[89]

것이다. 모든 증거를 모아 숨어 있는 연관성을 찾아내는 데는 시간이 걸린다. 다윈의 경우 여행만 5년이 걸렸다.『비글호 항해기(*The Voyage of the Beagle*)』를 쓰는 데 필요한 원자재를 갖추는 데만 그만큼이 필요했다는 의미이다.

　두 번째로, 일부 중요한 개념적 연구는 기존의 패러다임을 급진적으로 탈피하기 때문에 패러다임에 노출된 지 얼마 지나지 않았을 때 즉, 과학자가 일반적인 지식에 의존한 연구 결과를 만들어 내기 전에 더 쉬울 수 있다. 그러므로 실험적 혁신가에게는 경험이 도움이 되지만 개념적 혁신가에게는 어떤 분야를 새로이 접하는 것이 더 유익하다. 하이젠베르크는 박사 시험에 떨어질 뻔했지만 획기적인 연구를 했다. 오히려 그 때문에 위대한 발견을 해 냈을지도 모른다. 너무 많이 아는 것은 당신의 창의성을 '죽일' 수도 있으니 말이다.[110,111]

　어떻게 보면 개념적 혁신가와 실험적 혁신가는 각각

그림 4.5 미켈란젤로와 피카소의 두 명화. (a) 미켈란젤로, <아담의 창조>(1511~1512). (b) 피카소, <머스타드 그릇과 여인>(1910). 어느 쪽이 일찍 전성기를 누리고 어느 쪽이 오랜 시간이 걸려 성숙할지 맞힐 수 있겠는가?

퀼시(Kölsch) 맥주와 빈티지 와인 같다. 전자는 신선할 때 가장 좋지만, 후자는 묵을수록 부드러운 탄닌이 만족스럽게 입안을 채운다. 과학이 아닌 창의적인 활동에 대해서도 이러한 대조적 접근이 유효하다. 근대의 중요한 개념적 혁신가 중 알베르트 아인슈타인, 파블로 피카소, 앤디 워홀 그리고 밥 딜런은 24~36세에 가장 주요한 공헌을 만들어 냈다. 반면 찰스 다윈, 마크 트웨인, 폴 세잔, 프랭크 로이드 라이트, 로버트 프로스트 같이 위대한 실험적 혁신가들은 48~76세에 가장 위대한 업적을 이뤘다.[112,113] 연구의 성격은 혁신가가 언제 전성기를 누릴지 예측하는 강력한 변수이며, 때로는 데이터를 살펴볼 필요조차 없다. 예술을 예로 들어 보자. 그림 4.5는 미켈란젤로와 피카소의 그림을 나란히 둔 것이다. 누가 퀼시 맥주이고 누가 빈티지 와인인지 맞출 수 있겠는가?

보통 젊은 연구자가 급진적으로 관습에서 벗어나는 경향이 크다고들 생각한다. 막스 플랑크(Max Planck)는 이렇게 표현했다. "새로운 과학적 사실은 반대파를 설득하고 빛을 보게 되면서 성공한다기보다는, 반대파가 죽은 후 그에 익숙한 새로운 세대가 자라나기 때문에 성공한다." 이 학설은 나이가 과학적 진척을 이끄는 데 중요한 요소라고 주장한다. 다시 말해 만약 젊은 과학자와 나이 든 과학자가 새로운 아이디어를 받아들이는 정도가 다르다면, 나이 든 과학자들이 점차 사라진 후에야 과학의 발전이 이루어질 것이다. 그러나 또 다른 학설에 따르면 새로운 아이디어는 경쟁 가설보다 더 많은 실제 증거가 있을 때 성공한다고 한다. 과학에서는 근거, 주장, 증거가 모두 중요하며, 나이 요소는 우리가 생각하는 것만큼 중요하지는 않을지도 모른다. 그렇다면 플랑크가 과학에 대해 말한 것이 사실일까?

　사람들은 오랫동안 젊은 과학자가 기존 이론에서 더 급진적으로 탈피한다고 생각해 왔지만, 전통적으로 플랑크의 원리를 지지하는 증거는 제한적이다. 데이비드 헐(David Hull)과 그의 동료들은 나이 든 과학자들이 젊은 과학자들만큼이나 다윈의 이론을 신속히 받아들였다는 것을 발견했다.[114] 이러한 연구는 과학적 진보가 오직 사실만이 이끄는 자기 교정의 과정이라는 관점을 지지한다. 그러나 전성기에 갑자기 세상을 떠난 452명의 저명한 생명과학자에 주목한 연구는 플랑크 원리를 실증적으로 지지한다.[115] 저명한 과학자가 예기치 않게 죽음을 맞이하면, 그와 논문을 공저한 젊은 연구자들의 생산성은 종종 갑작스럽게 저하되곤 한다.

동시에 그 분야에 신예들의 논문이 눈에 띄게 증가하며, 이 논문들이 상당히 많이 인용되는 경향이 있다. 그 분야의 아웃사이더였던 젊은 연구자들이 쓴 것으로 추정된다.

이러한 관찰과 일맥상통하는 또 다른 연구가 있다. 논문에 새로운 단어를 얼마나 사용했느냐로 새로운 관념에 대한 수용도를 측정했는데, 젊은 연구자가 나이 든 과학자보다 흥미롭고 혁신적인 주제들과 씨름하려는 경향이 훨씬 크며 그렇게 할 때 결과물의 영향력이 높아진다는 것이다.[111] 과학의 '골리앗의 그늘(Goliath's shadow)' 현상을 뒷받침하는 연구들이다. 한 분야의 주도적인 사상가가 살아 있을 때 아웃사이더들은 그에게 도전하지 않다가, 그가 죽으면 그 분야에 뛰어들어 지도력을 장악한다.

NIH 사업에 지원하는 과학자가 개념적 혁신가든 실험적 혁신가든, 엘리아스 제르후니가 한 가지는 옳았다. 어떤 과학자에게는 지금 당장 혁신하기 위해, 어떤 과학자에게는 몇십 년 후에 돌파구를 만들어 낼 증거를 모으기 위해 지원금이 필요하다는 점 말이다. 이 장에서는 나이와 과학적 업적 사이의 긴밀한 연결 고리를 밝혔다. 과학자의 성과는 상대적으로 이른 나이에 최고조에 달하며, 잔인할 정도로 급격한 감소세가 뒤따른다. 고점을 지나면 돌파구에 대한 희망이 희미해지기 시작한다.

어쨌든 겉으로는 그렇게 보인다고 해 두자. 지금까지 논의한 연구들은 신뢰할 만하지만, 나이 든 과학자에게도 희망이 있다. 다음 장에서 계속 논한다.

5장. 무작위 영향력 규칙

지금까지 논의한 나이와 성취에 관한 대부분의 연구에는 한 가지 공통점이 있다. 바로 우리가 천재라 칭하는 유명한 과학자에 중점을 둔다는 점이다. 그렇다면 우리 같은 보통 사람에게도 같은 결론이 적용될까?

유명한 과학자를 중심으로 하는 오랜 방식은 방법론적으로 타당하다. 지구상에 존재하는 지식 대부분은 손으로 작성되었다. 주요한 연구의 날짜를 메모하고, 그 일을 끝마친 과학자의 나이를 추정하는 식이다. 그 증거는 도서관의 깊은 책꽂이에서 찾아내곤 한다. 유명한 과학자들의 정보는 전기와 찬사로 남아 있기 때문에 상대적으로 수월하게 얻을 수 있다는 점도 중요하다.

오늘날 컴퓨터 덕분에 데이터를 모으고 정리하기 쉬워졌지만, 1장에서 논의한 이름 중의성 문제(상자 1.1) 등으로 개개인의 경력을 연구하기란 여전히 어려운 과제이다. 그러나 데이터마이닝과 머신러닝의 발전 덕분에 연구 주제, 저자의 소속 기관, 인용 패턴 등의 정보를 활용해 이름을 정확히 구분하는 기술은 지난 10년간 상당히 개선되었

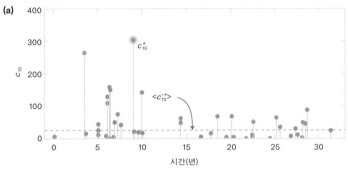

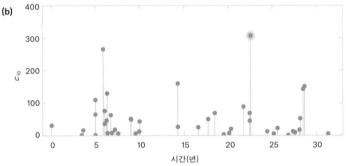

그림 5.1 케네스 윌슨의 논문 출판 이력. (a) 가로축은 윌슨이 첫 번째 논문을 낸 이후에 몇 해가 지났는지 나타낸다. 각각의 세로 선은 논문에 해당하는데, 세로 선의 높이는 논문이 10년 후에 얻은 총 피인용 수(c_{10})를 나타낸다. 가장 높은 영향력을 가진 윌슨의 논문은 첫 논문 이후로 9년이 흐른 1974년에 출판되었고, 48개의 논문 중에서 열일곱 번째였다. 따라서 $t^*=9$, $N^*=17$, $N=48$이다. (b) 윌슨의 경력에서 핀의 위치는 고정하고 각 논문의 영향력을 뒤섞어, 경력에서 최고 성과를 거두는 시간 순서를 깨뜨렸다.[116]

다. 결과적으로 천재뿐 아니라 주변에서 흔히 볼 수 있는 그 분야에서 묵묵히 걸어가는 개개인 과학자의 경력도 훨씬 큰 규모로 연구자들이 이용할 수 있게 되었다. 기술의 발전으로 새로운 기회가 열린 것이다. 이번 장에서 살펴보겠지만, 데이터는 기존 이론과 체계를 확인하고 검증하는 데 그치지 않으며 개별 과학자의 경력에 대해 생각하는 방식을 완전히 뒤집는다.

5.1   경력 뒤섞기

그림 5.1a는 1982년 노벨물리학상을 수상한 케네스 게디스 윌슨(Kenneth Geddes Wilson)의 과학 경력을 나타낸다. 그의 첫 번째 논문을 학문적 연대기의 시작으로 삼고, 또 다른 논문을 발표할 때마다 상응하는 시기(학문적 나이)에 새로운 핀을 추가했다. 각 핀의 높이는 논문의 영향력을 나타내며, 논문이 출판된 지 10년 후에 얻은 피인용 수로 근사했다.

이렇게 '핀을 꽂으면' 모든 과학자의 경력을 같은 방식으로 나타낼 수 있다. 모든 분야의, 수많은 과학자의 경력으로 이와 같은 과정을 반복한다면, 천재들을 다룬 광대한 문헌을 봐도 오랫동안 답을 찾을 수 없었던 간단한 문제의 답을 얻을지도 모른다. **보통**의 과학자는 언제 최고의 연구를 발표하는가?

이 질문에 답하기 위한 초기의 연구들은《피지컬리뷰》에 논문을 낸 물리학자 23만 6,884명 중 최소한 20년의 출판 기록을 가진 2,856명에 주목했다.[116] 데이터를 통해 물리학자 각자의 히트, 즉 발표한 논문 중 가장 많은 피인용 수를 얻은 논문을 식별할 수 있었다. 언제 과학자가 가장 높은 영향력을 가진 연구를 발표하는지 이해하기 위해 과

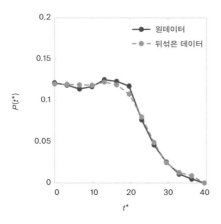

그림 5.2 무작위 영향력 규칙. 과학자의 실제 경력(검은색 원)에서, 그리고 무작위로 뒤섞은 경력(붉은색 원)에서 가장 높은 영향력을 가진 논문의 출판 시기 t^*의 분포. 두 곡선 사이에 별다른 차이가 없는 것으로 보아 과학자의 논문 발행 순서에 따른 영향력은 무작위임을 추측할 수 있다.[116]

학자가 히트 논문을 발표한 학문적 나이 t^*를 측정했다. 예를 들어 알렉산더 플레밍에게 t^*는 푸른곰팡이(*Penicillium chrysogenum*) 논문을 발표한 시기, 마리 퀴리에게는 방사능 논문을 발표한 시기이다. 이들보다 훨씬 적게 인용되는 평범한 연구자이더라도, 그의 논문 중 가장 많이 인용된 것으로 적용하면 된다.

그림 5.2는 가장 높은 영향력을 가진 논문이 과학자의 첫 논문으로부터 t^*년 후 출판될 확률 $P(t^*)$를 나타낸다. 0~20년의 높은 $P(t^*)$를 보면 대부분의 물리학자는 가장 높은 영향력을 가진 논문을 경력 초중반에 출판한다는 점, 이 시기가 지나면 그럴 확률이 상당히 하락한다는 점을 알 수 있다. 슬프게도 경력의 중반을 지난 과학자는 돌파구가 될

연구를 만들어 내기가 어렵다는 것이다.

그러나 자세히 살펴보면 이 곡선의 해석은 앞에서 봤던 것처럼 간단하지는 않다. 이제 이런 질문을 던져 보자. 만약 가장 영향력 있는 연구의 시기가 완전히 우연에 의존한다면 이 같은 그래프가 어떻게 보일까?

경력에서 창의성이 순전히 무작위적이라면 어떨지 잠시 상상해 보자. 그러한 경력이 어떻게 보일지 알기 위해 두 개의 핀을 무작위로 골라 그 둘을 뒤바꾸는 일을 무수히 반복한다. 그렇게 하다 보면 각 과학자의 경력이 뒤섞인 상태에 도달한다(그림 5.1b). 뒤섞은 경력은 실제 경력과 무엇이 다를까? 개인의 총 생산성은 변하지 않았다. 핀 높이의 총합을 바꾸지 않았기 때문에 논문들의 총 영향력도 역시 변하지 않았다. 저자가 논문을 발표한 시기도 바꾸지 않았다. 유일하게 바꾼 것은 논문이 출판된 순서이다. 평생의 논문을 카드 한 벌, 당신의 가장 영향력 있는 논문을 다이아몬드 에이스라고 해 보자. 그러면 우리는 에이스를 포함한 카드들의 순서를 섞을 뿐이다. 당신의 다이아몬드 에이스는 위, 중간, 아래 어디서든 나타날 수 있다.

다음으로 뒤섞은 경력의 $P(t^*)$를 측정해 무작위 추출한 $P(t^*)$와 실제 $P(t^*)$를 함께 그려 보았다. 놀랍게도 그림 5.2의 두 곡선은 서로 거의 일치한다. 뒤섞은 경력에서 최고의 논문을 발표하는 시기는 원래 데이터와 구분되지 않는다. 무슨 의미일까?

5.2 무작위 영향력 규칙

그림 5.2의 두 분포가 거의 일치하는 것은, $P(t^*)$의 변화가 경력 동안의 **생산성 변화에 크게 영향받기 때문**이라고 설명할 수 있다. 실제로 무작위 곡선은 과학자의 경력 동안 생산성 변화를 측정한다. 표본의 경우 경력의 15년 차에 생산성이 최고조에 달한 뒤, 20년 차에 급격히 떨어지는 식이다. 그러나 이는 젊음과 창의성의 연관성 때문은 아니다. 젊은 과학자는 그저 가장 생산적인 시기에 있으므로 유난히 많은 수의 돌파구를 경력 초반에 만들어 내는 것이다. 생산성 변수를 통제한다면 높은 영향력의 연구는 이런저런 시기에 무작위로 나타날 것이다. 이를 무작위 영향력 규칙(random impact rule)이라 한다.[116]

카드 비유로 돌아가 보자. 당신은 카드 묶음에서 한 번에 하나씩, 그러나 매번 다른 빈도로 카드를 뽑는다. 경력 초기에는 열의에 차 있고 기대감으로 들떠 있다. 에이스를 바라며 연달아 카드를 뽑아 들듯 계속 연구를 발표한다. 이러한 열성적인 시기가 지나면 완만한 감소세에 접어들어 카드 묶음에 손을 뻗는 빈도가 줄어든다. 카드 묶음이 사전에 잘 뒤섞여 있었고 처음 20년 동안 그 이후보다 훨씬 많은 카드를 뽑는다면, 언제 에이스를 뽑을 가능성이 클까? 당연하게도 처음 20년이다. 즉, 경력 초기의 20년이 더 창의적이기 때문이 아니다. 더 열심히 시도하기 때문이다.

무작위 영향력 규칙을 직접 확인하기 위해, 카드 묶음의 어디에서 에이스가 등장하는지 살펴보자. 과학자의 논문

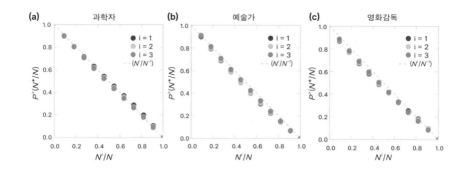

그림 5.3 창의적 영역에서의 무작위 영향력 규칙. N^*/N이 경력에서 가장 높은 영향력을 가진 논문 N^*의 순서를 나타내고, $1/N$에서 1까지 변할 때, 누적 분포는 $P^>(N^*/N)$이다. N^*/N의 누적 분포는 기울기가 -1인 직선이며, 이는 N^*이 발생할 확률이 개인의 작업 시기 어디서든 같다는 것을 의미한다. 그림은 (a) 과학자 2만 40명, (b) 예술가 3,480명, (c) 영화감독 6,233명 경력의 $P^>(N^*/N)$를 보여 준다.[112] 각 작업자의 가장 영향력 있는 작업(논문, 미술품, 영화) 3개를 식별하고, 경력에서 상대적인 위치(인용수, 경매가, IMDb 평점)를 측정했다. 그래프에 따르면, 세 분야에 속한 작업자의 경력에서 가장 영향력이 높은 작업 3개는 생산 시기와 무관하다.[117]

N개를 순서대로 나열했을 때 가장 높은 영향력이 있는 논문 N^*가 어디에 위치하는지 계산하고 $P(N^*/N)$, 즉 가장 많이 인용된 논문이 초기(N^*/N이 작다)에 출간되었을 확률 또는 후기($N^*/N \approx 1$)에 출간되었을 확률을 구하면 된다. 무작위 영향력 규칙이 참이라면 $P(N^*/N)$는 균일 분포를 따라야 한다. 어떤 N^*/N에서라도 동일한 확률로 히트 논문을 발견할 수 있어야 한다는 뜻이다. 전문 용어로 말하자면 누적 분포 $P^>(N^*/N)$가 $(N^*/N)^{-1}$을 따라 일직선으로 감소해야 한다. 그림 5.3a가 보여 주듯이, 데이터는 무작위 영향력 규칙이 예측하는 바를 정확히 따른다.

가장 영향력 있는 논문만 그럴까? 두 번째, 그리고 세 번째로 영향력 있는 논문은 어떨까? 짐작대로 같은 패턴이 나타난다(그림 5.3a). 누적 분포는 명확한 직선을 따른다. 즉 가장 큰 대박은 경력의 어느 시점에든 올 수 있으며, 다른 대박들도 마찬가지로 무작위이다.[117] 이런 무작위 영향력 규칙은 과학자의 경력뿐만 아니라 예술가와 영화감독 등 다른 창의적인 영역에도 적용된다(그림 5.3).[117]

무작위 영향력 규칙의 문헌학적 역사는 깊다. 딘 키스 사이먼턴(Dean Keith Simonton)은 1970년대에 '일정한 성공 확률(constant probability of success)' 모형을 제안했다.[2, 118-121] 연구자들은 이 규칙이 문학적, 음악적 창의성에도 적용되리라고 오랫동안 추측했는데,[118] 적절한 데이터를 모아 정식으로 확인하기까지는 40년 이상 걸렸다.

무작위 영향력 규칙은 개개인의 경력에서 언제 돌파구가 생겨나는지에 관한 통념을 뒤집는다. 수십 년의 연구에 따르면 과학자는 경력 초기에 중요한 발견을 한다. 이는 대중문화에 뿌리 깊이 배어든 신화, 젊을 때 더 창의적이라는 견해로 이어졌다. 그러나 무작위 영향력 규칙은 나이와 창의성이 서로 독립적이며, 최고의 성취는 작업 시기와 완전히 무관함을 알려 준다. 모든 프로젝트는 개개인의 최고의 일이 될 동등한 가능성이 있다. 다만 생산성이 중요하다. 젊은 연구자는 열심을 다해 계속 시도하며, 논문을 잇달아 내놓는다. 작업 시기와 작업물의 영향력이 무관하다면, 최고의 일이 생산성이 높은 개인의 경력 초기에 일어나는 것은 통계적으로 불가피하다.

4장에 따르면, 노벨상 수상자들에게 상을 안겨 준 연구는 그들 경력 초기의 연구인 경향이 있었다. 반면 이번 장에 따르면, 평범한 과학자의 경력은 무작위 영향력 규칙에 좌우된다. 무작위 영향력 규칙이 노벨상 수상자에게도 적용될까?[122] 이를 알아보기 위해 노벨상을 받기 전에 발표한 논문 목록에서 노벨상을 받은 연구와 가장 많이 인용된 연구가 어디에 위치하는지 측정했다. (가장 많이 인용된 논문의 51.74%는 노벨상을 받은 연구이기도 했다.) 두 경우 모두 논문 목록의 초기에 발생했다(그림 5.4a). 보통의 과학자와 비교했을 때, 노벨상 수상자들은 경력 초기에 최고의 성취를 하는 경향이 유난히 강하다.

그러나 수상자 선정 방식에 따른 효과를 고려해야 한다. 과학 분야의 노벨상은 사후에 수상된 적이 없으므로 조기에 획기적인 연구를 한 사람이 인정받을 가능성이 크다. 이 가설을 확인하기 위해 선택 편향의 대상이 되는 노벨상 수상 논문을 제거하고 수상자들의 나머지 논문 중 가장 영향력이 높은 3편의 시기를 측정했더니, 모두가 경력 여기저기에 무작위로 분포했다(그림 5.4b). 노벨상 수상자의 경력에서 수상작을 제외한 다른 업적은 무작위 영향력 규칙을 따른다는 뜻이다. 한편 선택 편향을 제거하자 노벨상을 받을 만한 논문이 경력 후반에 나왔기 때문에 인정받지 못한 '잃어버린 수상자'의 존재가 드러난다. 연구와 수상 사이의 간격이 점점 길어지고 있다는 점을 고려하면 특히나 유의해야 할 결과다(상자 4.1 참고).

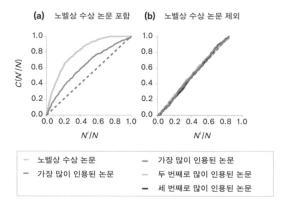

(a) 노벨상 수상 논문 포함   **(b)** 노벨상 수상 논문 제외

C(N'/N)

1.0
0.8
0.6
0.4
0.2
0.0

0.0 0.2 0.4 0.6 0.8 1.0
N'/N

1.0
0.8
0.6
0.4
0.2
0.0

0.0 0.2 0.4 0.6 0.8 1.0
N'/N

— 노벨상 수상 논문   — 가장 많이 인용된 논문
— 가장 많이 인용된 논문   — 두 번째로 많이 인용된 논문
                          — 세 번째로 많이 인용된 논문

그림 5.4 노벨상 수상자들의 경력 패턴. (a) 노벨상을 받기 전 모든 논문의 순서 중 노벨상을 받은 논문과 가장 많이 인용된 논문의 상대 위치 N'/N의 누적 분포. 점선은 무작위 영향력 규칙의 예측이다. (b) 수상 연구 시기에 있을지 모르는 선택 편향을 제거하기 위해 수상 전에 출판된 모든 논문 중 수상 논문을 제거하고 가장 많이 인용된 논문 3편의 상대 위치를 계산했더니, 이 3편의 논문은 무작위 영향력 규칙을 따랐다.[122]

    따라서 무작위 영향력 규칙은 생산성의 역할에 새로운 시각을 제공한다. 기다려 마지않던 돌파구를 찾는 데는 계속해서 시도하는 것이 중요하다는 점이다. 계속해서 시도하는 사람들에게는 손에 닿는 거리에 돌파구가 있다. 멋진 예로 존 펜이 있다(그림 5.5). 그는 예일 대학교에서 강제로 은퇴할 무렵, 공식적인 학문 경력의 마지막 순간에 새로운 전기 분무 이온 원천을 발견했다. 그는 단념하지 않고 예일을 떠나 버지니아코먼웰스 대학교에서 새로운 교수직을 맡아 연구를 계속했고, 결국 15년 후에 노벨상을 받은 전기 분무 이온화의 발견으로 이어진다. 무작위 영향력 규칙과

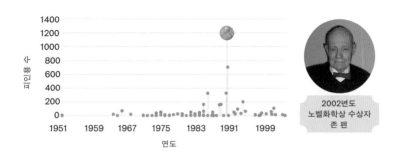

2002년도
노벨화학상 수상자
존 펜

그림 5.5 2002년도 노벨화학상 수상자인 존 펜의 학문 경력

그의 일화를 살펴봤을 때, 경력의 후반부에 높은 생산성을 유지하면 영향력이 시들지 않는다는 것을 알 수 있다.

무작위 영향력 규칙으로 과학자 경력의 근본적인 패턴을 이해할 수 있었다. 이제 새로운 의문이 생긴다. 가장 큰 성취를 이루는 시기가 무작위적이라면, 경력에서 무엇이 무작위가 아닐까?

상자 5.2 젊은 사업가에 관한 오래된 미신

젊으면 창의적이라는 도그마는 과학에만 국한되지 않는다. 기업가 정신의 세계에도 깊숙이 배어 있다. 실제로 실리콘밸리에서 테크크런치상을 받은 이들은 평균 31세이며,《인크(Inc.)》와《앙트러프러너(Entrepreneur)》가 '최고의 창업가'로 선정한 이들의 평균 나이는 29세이다. 이와 유사하게 아주 잘 알려진 벤처 투자 회사인 세쿼이아캐피탈이 투자하는 회사의 창립자들은 평균 33세이며, 매트릭스벤처가 투자하는 경우에는 평균 36세이다. 젊음이 실리콘밸리에서의 성공을 의미할까?

세금 신고 데이터와 미국 인구 조사 정보 및 다른 연방 데이터를 종합해, 연구자들은 270만 명의 회사 설립자 목록을 만들었다.[123] 그들의 분석에 따르면, 통념과 달리 최고의 기업가는 중년의 나이인 경우가 많았다. 가장 빠르게 성장하고 있는 신기술 기업의 창업 당시 창업자 평균 나이는 45세였다. 게다가 50세의 기업가는 30세의 기업가보다 약 2배 더 큰 성공을 거둘 가능성이 있다.

이러한 결과에 따르면 기업가의 능력은 나이와 더불어 급격히 좋아진다. 만약 당신이 나이 외에 아무것도 모르는 두 사업가를 앞에 놓고 있다면, 일반론과는 반대로 나이가 많은 사람에게 거는 것이 평균적으로 더 낫다(그림 5.6).

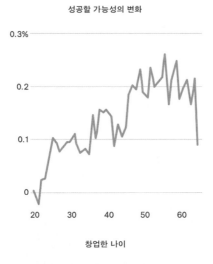

성공할 가능성의 변화

창업한 나이

그림 5.6 나이 든 사업가가 성공할 가능성이 더 크다. 스타트업이 성공할 확률은 최소한 50대 후반까지는 올라간다. *y*축은 나이 변수에 대한 최소제곱법 회귀 계수로, 20세 창업자와 비교해 극적으로 성공할 가능성의 변화를 측정한다. '극적으로 성공한 스타트업'이란 5년 동안 고용 증가 측면에서 상위 0.1%를 기록한 스타트업으로 정의한다.[123, 124]

6장. *Q* 인자

성공적인 과학자는 동료들과 어떤 점이 다를까? 성공적인 경력의 근원을 찾아내려는 여러 시도는 생산성, 영향력, 운 등이 밀접하게 얽혀 있는 한계에 부딪힌다. 경력에서 최고의 돌파구를 만들어 내는 시기가 정말 무작위라면, 행운, 재능 또는 열심히 일하는 것에는 어떤 연관성이 있을까? 과학자의 타고난 재능과 능력을 그의 행운으로부터 분리해 낼 수 있기는 할까? 이 질문들을 이해하기 위해 사고 실험을 하나 해 보자. 아인슈타인의 이례적인 성과가 순전한 우연으로 발생할 가능성은 얼마나 될까?

6.1 운이 영향력을 결정한다면

무한대의 시간이 주어졌다고 해 보자. 침팬지가 타자기를 무작위로 내리치다 보면 언젠간 분명히 셰익스피어의 희곡을 써낼 것이다. 그렇다면 세상에 충분히 많은 수의 과학자가 있다면, 우연만으로도 어떤 사람이 아인슈타인만큼 영향력을 갖출 수 있다고 봐야 하지 않을까?

이 질문에 답하기 위해 5장에서 논의한 무작위 영향력 규칙에 따라 과학자 경력의 '영(null)' 모형을 세울 수 있다. 과학자에게 한 편의 논문은 복권을 하나 뽑는 것과 같다고 잠시 가정해 보자. 다시 말해 재능은 아무런 역할도 하지 않는다고 가정하면, 우리는 다음과 같은 질문을 던질 수 있다. 순전히 운으로만 꾸려 나가는 경력은 어떤 모양일까?

임의의 경력에서 각 논문의 영향력은 순전히 운으로 결정된다. 우리의 과학자가 출판하는 논문에는 단순히 주어진 분포에서 뽑힌 임의의 수만큼의 영향력이 부여된다. 이러한 절차는 순전히 운으로 만들어진 '인조' 경력 모음집을 만들어 낸다. 편의를 위해 이 과정을 무작위(random) 모형, 또는 R 모형이라 부르자.

어떤 면에서 이러한 무작위 경력 모음집은 실제 경력과 꽤나 비슷하게 보일 수 있다. 임의의 수를 뽑을 때 다른 이들보다 운이 좋은 과학자가 있을 것이므로 어쩔 수 없이 경력의 영향력에서 개개인의 차이가 나타난다. 게다가 각각의 경력은 무작위 영향력 규칙도 따른다. 모든 논문의 영향력을 임의로 부여하기 때문에, 가장 높은 영향력의 작업은 각 과학자가 출판한 논문의 순서에서 무작위일 것이다. 과연 실제 과학자들의 경력은 이러한 상상의 경력과 다르기는 할까?

각 논문의 영향력을 동일한 영향력 분포에서 임의로 뽑는다면, 생산적인 과학자가 더 많은 복권을 뽑을 것이므로 높은 영향력의 논문에 얻어걸릴 가능성이 크다. 다시 말

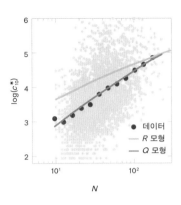

그림 6.1 과학자의 경력은 무작위적이지 않다. 과학자의 경력 중 발표한 논문의 수 N에 대해 가장 영향력이 높은 논문의 피인용 수 c_{10}^*의 산포도. 각각의 회색 점은 과학자에 해당한다. 원은 퍼져 있는 데이터를 로그 규모로 구간화(binning)한 결과이다. 하늘색 선은 R 모형의 예측인데, 전체적으로 데이터와 편차를 보인다. 붉은색 선은 Q 모형의 해석적인 예측이다.[116]

해, R 모형은 생산적인 과학자일수록 돌파구를 만들어 낼 가능성이 크다고 예측한다. 이 효과를 확인하기 위해, 과학자의 가장 많이 인용된 논문의 평균적인 영향력, $\langle c_{10}^* \rangle$가 과학자의 생산성, N에 어떻게 의존하는지 측정했다. 실제로 과학자가 더 많은 논문을 발표할수록 가장 높은 영향력의 논문의 영향력 수치가 더 높다는 것을 발견했다. 그러나 R 모형의 예측은 충분하지 않았다. 실제 경력에서 가장 영향력 있는 논문의 영향력은 R 모형의 예측 이상으로 N에 따라 더 빠르게 증가했다(그림 6.1). 다시 말하면 과학자가 생산적일수록 그의 최고 논문은 훨씬 더 영향력 있다. 영향력이 임의로 배정되는 복권과 같을 것이라 가정하고 예상한 결과 이상으로 말이다. 이는 우리의 기본 모형에 무언가 빠졌다는 것을 나타낸다. 그것이 무엇인지 가늠하기란 어렵지 않다. 높은 영향력이 있는 연구를 해내는 데 필요한 재능, 능력 등 여러 특성이 과학자마다 선천적으로 다른 것이다. 이는 생산적인 과학자가 생산성 하나에서만 두드러지는 것이 아니라는 점을 시사한다. 그들은 낮은 생산성의 과학자들이 갖지 않은 무언가를 가지고 있기 때문에 높은 영향력의 연구를 해 낼 수 있다. 다음으로 모든 과학자가 서로 비슷하지 않다는 점을 반영하게끔 모형을 수정해 보자.

6.2 Q 모형

과학 프로젝트는 아이디어로 시작한다. 머릿속에 전구가 켜진 과학자는 "이 아이디어가 통할지 궁금하군" 하고 생각한다. 그러나 아이디어가 가진 본질적인 중요성이나 참신함을 미리 평가하기란 어렵다. 진정한 가치가 무엇인지 알지 못한 채로, 아이디어가 어떤 임의의 값 r를 가진다고 해보자. 어떤 아이디어는 직접 연관된 분야에서 소수의 흥미를 끌며 보통 수준의 r를 가지다가 서서히 중요해진다. 간혹 우리는 (잘 발전시킨다면) 변화를 일으킬 아이디어를 우연히 발견한다. 더 나은 아이디어는 r 값이 더 크고, 그럴수록 높은 영향력을 미칠 가능성이 크다.

그러나 좋은 아이디어로는 충분하지 않다. 프로젝트의 최종 영향력은 그 아이디어를 진정으로 영향력 있는 결과물로 만들어 내는 과학자의 능력에 달려 있다. 누군가는 엄청난 착상에서 시작할지 몰라도, 아이디어의 잠재력을 끌어내는 데 필요한 전문 지식, 경험, 자원 또는 철저함 등이 부족하면 최종 결과는 난항을 겪을 것이다. 이런 상황을 고려해 r만큼의 영향력을 가진 아이디어가 있을 때, 연구를 진행하는 개개인의 역량을 변수 Q로 두자.

즉, 발표하는 논문 각각의 영향력 c_{10}^*가 운(r)과 개별 과학자 i에 고유한 변수 Q_i라는 두 가지 요인으로 결정된다고 가정하자. 두 요소는 복잡한 함수로 얽혀 있을 수 있지만, 단순함을 위해 간단한 선형함수를 가정해 다음과 같이 쓸 수 있다.

$$c_{10} = rQ_i \tag{식 6.1}$$

식 6.1에는 여러 가정이 담겨 있다.

(1) 새로운 프로젝트를 시작할 때, 가능성의 주머니에서 임의의 아이디어 r를 고른다. 우리 모두 동일한 문헌과 동일한 지식의 바다에 접근할 수 있으므로, 과학자들은 동일한 분포 $P(r)$에서 각자의 r를 뽑을 수도 있다. 혹은, 어떤 과학자들은 다른 이들보다 좋은 아이디어를 잘 뽑기 때문에 서로 다른 $P(r)$에서 r를 뽑을 수도 있다.

(2) 과학자마다 Q 변수가 다르다. Q는 같은 아이디어라도 다른 영향력을 가진 일로 만들어낼 수 있는 개개인의 능력을 반영한다. Q 인자가 낮은 과학자가 막대한 r 값의 아이디어를 떠올린다고 해 보자. 잠재력이 큰

아이디어지만 과학자의 제한적인 Q 때문에 결과물 rQ는 보통의 영향력밖에 갖지 못할 것이다. 반면 Q가 높은 과학자라도 빈약한 아이디어(낮은 r)로 시작한다면 설득력이 없거나 보통인 결과를 내놓을 것이다. 모든 것이 맞아떨어져 높은 Q의 과학자가 아주 훌륭한 아이디어(높은 r)를 떠올렸을 때 최상급 영향력의 논문이 탄생한다. 즉, '실현되지 않은 아이디어의 잠재력'과 '이를 실현할 과학자의 능력'의 곱이 논문의 최종 영향력이라고 가정한다.

(3) 마지막으로 생산성도 중요하다. N이 큰 과학자는, Q와 $P(r)$이 같아도 r가 높은 프로젝트를 발견해 높은 영향력(c_{10}^{*})의 논문으로 만들어 낼 기회가 더 많다.

문제는 이 요소들이 서로 독립적이지 않다는 것이다. Q 값이 큰 사람은 잠재력이 높은 프로젝트를 알아보는 데에도 재능이 있을 수 있고 그러면 이들의 $P(r)$ 분포는 높은 r 쪽으로 편향되어 있을 것이다. 또한 영향력이 큰 논문을 출판한 사람은 논문을 발표하는 데 필요한 자원이 더 넉넉해 생산성이 높을 수 있다. 즉, 모형 식 6.1의 결과는 결합 확률 $P(r, Q, N)$과 더불어 r, Q, N 사이의 알려지지 않은 상관관계로 인해 결정된다. 실제 경력이 어떻게 생겼는지 이해하기 위해서 세 변수 사이의 상관관계를 측정할 필요가 있다. 측정 결과 공분산 행렬은 다음과 같으며 이를 토대로 개인의 경력에 관해 두 가지를 짐작할 수 있다.[116]

$$\Sigma = \begin{pmatrix} \sigma_r^2 & \sigma_{r,Q} & \sigma_{r,N} \\ \sigma_{r,Q} & \sigma_Q^2 & \sigma_{Q,N} \\ \sigma_{r,N} & \sigma_{Q,N} & \sigma_N^2 \end{pmatrix} = \begin{pmatrix} 0.93 & 0.00 & 0.00 \\ 0.00 & 0.21 & 0.09 \\ 0.00 & 0.09 & 0.33 \end{pmatrix} \quad \text{(식 6.2)}$$

(1) $\sigma_{r,N} = \sigma_{r,Q} \cong 0$에 따르면, 애초의 아이디어($r$)는 과학
     자의 생산성 N이나 Q 인자와 대체로 무관하다. 따라
     서 모든 과학자는 동일한 $P(r)$ 분포에서 아이디어를
     얻으며, 과학자 개인적 역량과는 무관한 보편적인 행
     운 요소가 영향력 이면에 있다.

(2) $\sigma_{Q,N}$ 값이 0이 아니므로 숨겨진 변수 Q와 생산성 N은
     상관관계가 있다. 하지만 그 값이 작으므로 높은 Q 값
     과 높은 생산성은 약간만 관련되어 있다.

아이디어의 r 값과 (Q, N) 사이에 상관이 없으므로 가장 영
향력이 높은 논문의 c_{10}^*가 생산성 N에 따라 어떻게 변할지
해석적으로 계산할 수 있다. 그림 6.1에서 보듯이, Q 모형의
예측은 데이터와 훌륭하게 일치하고, R 모형의 단점을 수정
한다. 생산성과 더불어 R 모형에는 반영되지 않은 Q 인자의
차이가 경험적으로 관찰된 과학자들 사이의 영향력의 차이
를 설명한다.

     운 외에 과학자의 경력을 결정짓는 다른 변수가 필요
하다는 점은 타당하다. 개별 과학자 사이에는 당연히 차이
가 존재하며, 실제 경력을 정확히 서술하려면 이 점을 고려
해야 한다. 그렇지만 운 이외의 추가적인 변수가 단 하나 필
요한 것으로 보이는 점은 놀랍다. Q 인자를 포함하는 것만
으로 과학자들 사이에 영향력의 차이를 설명하기에 충분해

보인다.

정확히 어떤 지점을 R 모형은 놓치고, Q 모형은 반영할까? R 모형의 실패는 성공적인 경력이 우연으로만 만들어지지 않는다는 것을 말해 준다. 실제로 Q 인자는 경력의 대단히 중요한 특징을 정확히 짚어 낸다. 바로 위대한 과학자는 프로젝트 전반에 걸쳐 **한결같이** 위대하다는 점이다. 과학자 대부분에게 자신을 알린 중요한 논문이 한 편 있을 것이다. 그러나 그 논문은 우연으로 등장하지 않았다. 위대한 과학자라면 두 번째 가장 좋은 논문, 세 번째 좋은 논문 등도 인용이 많이 된다. 두드러지는 논문을 꾸준히 만들어 낼 수 있는 연구자에게는 어떤 특별한 점이 있으리라는 의미이다. 그 특별한 점을 포착하는 것이 Q의 목표이다. 다른 말로 하면, 행운이 중요하기는 하지만 그것만으로는 멀리 가지 못한다. Q 인자는 행운의 기회를 잡아 경력이 꾸준히 영향력을 갖도록 해 준다.

6.3 당신의 Q는?

Q 모형은 영향력 있는 경력과 관련한 요소들을 분석하는 데 도움이 될 뿐 아니라, 과학자들의 논문 출판 순서를 기반으로 과학자 각각의 Q 인자를 계산할 수 있게 해 준다. Q의 정확한 해는 수학적으로 다소 복잡하지만, 충분한 수의 논문을 발표한 과학자라면 보다 간단한 형태로 Q를 근사할 수 있다.[116] 과학자 i가 출판한 논문 j가 10년 동안 $c_{10,ij}$

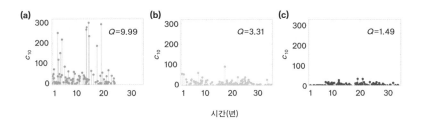

그림 6.2 각기 다른 Q 인자를 가진 경력들. 비슷한 생산성($N \approx 100$)을 가진 과학자 3명의 경력. 각기 다른 Q 인자 때문에 발행한 논문들 사이에 눈에 띄는 차이가 있다.

의 피인용 수를 모으는 경우를 생각해 보자. 먼저 각 논문의 $\log c_{10,ij}$를 계산하고, 모든 로그 피인용 수의 평균을 구한다. Q_i는 이 평균의 지수함수로, 다음과 같이 표현한다.

$$Q_i = e^{<\log c_{10,i}> - \mu_p} \qquad \text{(식 6.3)}$$

μ_p는 정규화 인자로, 모든 과학자의 경력 산출물에 의존한다. $\log c_{10,ij}$의 평균에 의존한다는 것은, Q 값이 영향력이 높거나 낮은 한 가지 발견에 좌우되지 않으며 프로젝트를 높거나 낮은 영향력의 논문으로 만들어 내는 과학자의 일관된 능력을 포착한다는 뜻이다. Q를 더 잘 이해하기 위해 예를 들어보자.

그림 6.2에 나온 세 과학자는 모두 $N \approx 100$의 논문을 발행했고, 비슷한 생산성을 지녔다. 그러나 그들의 경력은 눈에 띄게 다른 영향력을 가지고 있다. 식 6.2를 이용해 각자의 Q 인자를 계산하면 각각 $Q = 9.99$, 3.31, 1.49이다. 그림 6.2가 보여 주듯이, Q 인자는 과학자의 연속적인 논

문 발표 전반에 걸친 지속적인 영향력의 차이를 포착한다. $Q=9.99$의 연구자는 영향력이 높은 논문을 잇달아 발표한다. 반면에 $Q=1.49$의 과학자는 꾸준히 아주 많지는 않은 영향력을 끌어모은다. 중간에 있는 사람은 운이 좋을 때 그의 일반적인 논문보다는 주목도가 높은 논문을 발표하기도 한다. 그러나 왼쪽에 있는 연구자가 성취해 낸 것에 비하면 왜소하다. 즉, Q는 임의의 프로젝트 r를 체계적으로 높거나 낮은 영향력의 논문으로 만들어 내는 과학자들의 서로 다른 능력을 설명한다. 어떤 프로젝트는 운에 영향을 받았을 수도 있지만, 모든 프로젝트를 살펴보면 과학자의 진정한 Q가 드러나기 시작한다.

식 6.3에는 많은 장점이 있다. 우선 경력의 예상 영향력을 추정할 수 있게 해준다. 예를 들어 어떤 과학자가 출간한 논문 한 편이 특정 수준의 영향력에 도달하기까지 얼마나 많은 수의 논문을 써야 할까? 식 6.3에 따르면, 그림 6.2c의 경우처럼 Q가 1.2로 낮은 과학자는 어떤 논문이 10년 동안 30번 인용되려면 최소한 100편의 논문을 써야 한다. 반면 생산성은 같으나 $Q=10$인 과학자는 같은 10년 동안 한 편의 논문이 최소 250번 인용되리라 기대할 수 있다.

다음으로 두 과학자의 생산성을 늘리면 어떻게 될지 생각해 보자. Q에 관계없이, 높은 생산성은 엄청난 아이디어를 우연히 발견할 가능성, 즉 높은 r를 뽑을 가능성을 높인다. 따라서 두 과학자 모두 가장 영향력 있는 논문의 영향력 값이 커지리라 예상할 수 있다. 그런데 Q가 낮은 과학자가 생산성을 2배로 늘려도 최고 논문의 영향력은 피인용 수

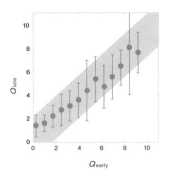

그림 6.3 Q 인자는 경력 내 비교적 안정적이다. 50편 이상의 논문을 쓴 과학자 823명의 Q 변수를 초기(Q_{early})와 후기(Q_{late}) 경력 단계에서 비교했다. 발행된 논문의 첫 절반과 나중 절반을 이용해 두 Q 변수를 측정했다. 측정은 실제 데이터(붉은 원)와 논문의 순서를 무작위로 뒤섞은 경력(음영 영역)에서 수행했다. 대부분(95.1%) 전기와 후기 경력 단계에서의 Q 변화는 경력 뒤섞기로 예측되는 변동 범위 안에 있기에, Q 변수는 경력에 걸쳐 비교적 안정적이라 할 수 있다.

가 단지 7회 증가하는 정도로 커질 뿐이다. 반면 Q가 높은 과학자는 피인용 수가 50회 넘게 증가한다. 즉, 제한된 Q를 가진 과학자는 생산성을 늘려도 돌파구를 만들어 낼 행운이 그렇게까지 개선되지는 않는다. 열심히 일하는 것만으로는 충분하지 않다.

　Q 인자가 나이와 경험에 따라 증가할까? 과학자로서 우리는 경력을 쌓을수록 아이디어를 높은 영향력의 논문으로 잘 번역할 수 있게 된다고 생각하고 싶어 한다. 경력 전반에 걸쳐 Q 변수의 안정성을 확인하기 위해 최소한 50편의 논문을 가진 경력을 표본으로, 그들 경력의 첫 절반과 나중 절반에서 식 6.3을 이용해 초기와 후기의 Q 값 즉, 각각 Q_{early}, Q_{late}를 측정했다. 그림 6.3에서 보듯이 Q_{late}는 Q_{early}에 비례하며, 이는 Q 변수가 경력 동안 체계적으로 증

가하거나 감소하지 않음을 가리킨다. 즉, 과학자의 Q 인자는 경력 동안 비교적 안정적이다. 이즈음에서 아주 흥미로운 질문이 떠오른다. Q 변수가 과학자의 경력이 가지게 될 영향력을 예측할 수 있을까?

6.4 영향력 예측하기

Q 인자가 연구자 개개인의 전반적인 영향력을 측정하는 데 얼마나 더 효과적일지 가늠하기 위해, 이 책에서 지금까지 논의한 측정법들을 일종의 경마에 출전시켜 각각의 측정값들이 노벨상 수상자를 얼마나 잘 예측하는지 확인해 보자.[116] 우선 생산성 N, 총 피인용 수 C, 가장 높은 영향력을 가진 논문의 피인용 수 c_{10}^*, h 지수와 Q 값으로 물리학자들의 순위를 매긴다. 지표들의 성능을 비교하기 위해, 각 지표의 상위권 순위에서 노벨상 수상자들의 비율을 측정하는 수신자 조작 특성(receiver operating characteristic, ROC)* 그래프를 이용한다. 그림 6.4는 과학자가 쓴 가장 영향력 있는 논문의 피인용 수나 경력 전체에서의 피인용 수와 같은 누적 피인용 수 측정값이 전반적으로 꽤 잘 작동함을 보여 준다. h 지

---

* 수치를 기반으로 한 이진 분류에서 기준 값에 대한 판정 정확도를 판단하는 방법이다. ROC 곡선을 그릴 때는 허위 양성 비율(본문의 경우, 노벨상 수상자가 아닌데 노벨상 수상자라고 판단한 비율)을 x축으로, 참 양성 비율(노벨상 수상자를 노벨상 수상자로 판단한 비율)을 y축으로 나타낸다. 허위 양성 비율은 낮고 참 양성 비율은 높을 때, 좋은 판정 기준이라고 할 수 있다. 따라서 ROC 곡선 아래 면적이 높을수록 좋은 판정 기준이다.

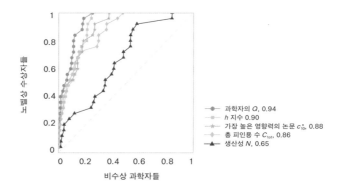

그림 6.4 노벨상 수상자 예측하기. 과학자의 Q, 생산성 N, 총 피인용 수 C, 가장 영향력 있는 논문의 피인용 수 c_{10}^*, h 지수로 매긴 과학자의 순위를 나타내는 ROC 곡선. 각각의 곡선은 주어진 순위 문턱 값에서 비수상 과학자의 비율에 대한 노벨상 수상자의 비율을 나타낸다. 점선은 무작위로 순위를 매긴 경우다. 각 곡선 아래의 면적이 넓을수록 노벨상 수상자의 순위를 매기는 정확도가 높은 지표다(범례에 기록되어 있는 대로 최댓값은 1이다).[116]

수는 피인용 수 측정값보다 더 효과적이며, 상당한 정확도로 노벨상을 받은 경력에 높은 순위를 매긴다. 최악의 예측 변수는 흥미롭게도 과학자가 발표한 논문의 수로 나타낸 생산성이다. 즉, 단순히 많이 발표하는 것은 노벨상을 향한 경로가 아니다.

h 지수와 다른 피인용 수 기반 측정치들의 강점에도 불구하고, 그림 6.4에서처럼 Q 인자는 다른 측정치보다 노벨상을 받는 경력을 더 정확히 예측한다. h 지수도 과학자가 가진 전반적인 영향력을 훌륭하게 측정하지만 Q 인자의 예측력이 더 낮다. h가 놓친 무엇을 Q는 포착할까?

Q와 h의 차이를 이해하기 위해, 경제학자들이 서로의 이력서(*Curriculum Vitae, CV*)를 평가하는 방법을 조사

한 무작위 현장 실험을 살펴보자.[125] 세계 상위 **10%**의 연구 중심대학에서 무작위로 교수들을 선발했고, 총 **44**개 대학에 속한 교수들이 선정되었다. 이 교수들은 논문 이력을 기반으로 가짜 *CV*를 평가하도록 요구받았다. 우수한 학술지에 발행된 논문들만 나열한 가짜 *CV*, 우수한 논문과 더불어 하위 학술지에 실린 추가 발행물까지 나열한 가짜 *CV* 등이 있었다. 경제학 학술지의 명망에 상당히 안정적인 위계가 있는 만큼(어떤 학술지가 상위이고 하위인지는 경제학자 사이에 합의가 잘 이루어져 있다) 경제학은 이러한 검사에 적합하다. 높은 등급의 학술지에 발행한 논문뿐 아니라, 잘 알려져 있고 훌륭하지만 비교적 낮은 등급의 학술지에 발행한 논문을 *CV*에 포함하는 것이 더 경쟁력 있을까? 그렇다면 경쟁력이 얼마나 더 생길까?

설문 응답자에게 *CV*의 점수를 1에서 **10** 사이로 매기도록 했다. 1점은 최악, 10점은 최고를 뜻한다. 상위 학술지에 발행한 논문만 담은 짧은 *CV*는 평균 8.1점을 받았다. 상위 학술지에 발행한 논문과 더불어 낮은 수준의 논문도 포함한 긴 *CV*는 평균 7.6점을 받았다. 둘 다 우수한 논문 이력을 특징으로 하지만 짧은 *CV*가 체계적으로 선호된 것이다. 하위 학술지에 실린 추가적인 논문을 싣는 것은 도움이 되지 않을 뿐만 아니라, 전문가가 내리는 평가에 부정적으로 작용한다.

직관적이면서도 어리둥절한 결과다. 이 결과는 하위 학술지에 너무 자주 논문을 내면 불리하게 작용할 수 있다는 흔한 추측의 증거가 된다. 그러나 과학적 성취를 평가하는 데 사용하는 측정치의 관점에서 생각해 보면 이 결과는 말이 안 된다. 생산성에서부터 총 피인용 수, h 지수까지 우리가 논의한 모든 측정값은 논문의 수와 더불어 점차 커진다. 그러므로 논문의 영향력이 크지 않더라도 또 다른 논문을 발표하는 것이 언제나 타당하다. 총 논문의 수가 늘어난다는 것이 첫 번째 이유이고, 논문이 명망 있는 학술지에 발표되지 않더라도 점차 누적되는 피인용 수가 전반적인 영향력에 이바지할 뿐 아니라 h 지수에도 반영된다는 점이 두 번째 이유이다. 적어도 해가 되지는 않을 테다.

그렇지만 앞의 실험 결과에 따르면 해가 된다. Q 인자의 관점에서는 이해가 된다. 다른 측정값들과는 달리 Q는 논문 목록이 늘어난다고 단순히 증가하지 않는다. 대신 새로운 논문이 기존 논문보다 평균적으로 더 좋은지 혹은 나쁜지에 영향받는다. 다른 말로 하면, Q의 목표는 경력의 과정에서 높은 영향력을 가진 논문을 꾸준히 만들어 내는 과학자의 능력을 정량화하는 것이다. 높은 영향력을 가진 논문뿐만 아니라 모든 논문을 고려했을 때 말이다. 따라서 논문 실적이 이미 훌륭한 상태에서 몇 편의 논문을 더 발표한다면, 이 추가적인 논문들이 다른 지표는 향상하겠지만 Q 인자를 반드시 키우지는 않는다. 이전에 발표한 논문과 동등한 수준이 아니라면 새로운 논문이 실제로 Q를 낮추기도 한다.

경력의 영향력을 내다보는 Q 인자의 우수한 예측력에 따르면 경력의 일관성이 중요하다. 그림 6.3에서 제시된 Q 변수의 안정성과 더불어 이러한 결론은 경력의 단조로운 흐름을 묘사한다. 우리는 모두 높든지 낮든지 주어진 Q로 경력을 시작한다. 그 Q 인자는 우리가 발표하는 논문의 영향력을 좌우하고, 은퇴할 때까지 우리와 함께한다. 하지만 이것이 과연 사실일까? 기계 같은 단조로움을 깰 수 있기는 할까? 그래서 과학자로서 우리가 하는 일을 정말로 잘하는 때가 올까?

7장. 승승장구

물리학에서 1905년은 기적의 해로 알려져 있다. 아인슈타인은 그해에 물리학을 영원히 바꿀 네 가지 연구를 공표했다. 여름이 지나기 전에 원자와 분자의 존재를 가리키는 브라운운동을 설명했고, 양자역학에 이르는 중추 단계인 광전효과를 발견해 15년 후 노벨상을 받는다. 우리가 시간과 공간에 대해 생각하는 방식을 완전히 바꾼 특수상대성이론도 개발했다. 그 해가 끝나기 전, 아인슈타인은 세계에서 가장 유명한 방정식, $E=mc^2$을 휘갈겨 썼다.

아인슈타인에게 1905년은 뛰어난 업적이 폭발한 '승승장구(hot streak)'의 해라고 할 수 있다. 승승장구, 혹은 연타는 스포츠나 도박에서 익숙한 현상이다. 농구에서 골대의 가장자리에 닿지 않고 두 번의 슛을 성공시켰다면, 세 번째 성공은 전혀 놀랍지 않다. 신비하고 마법 같은 추진력을 '느낄' 수도 있을 것이다. 수십 년 동안 연타 현상은 당연하게 여겨졌지만, 여러 번 인용된 1985년의 심리학 연구는 그 존재에 의문을 제기했고,[126] 농구가 동전 던지기보다 더 연타 가능성이 없다고 결론 내렸다. 이 연구는 이 개념이 우리의 심리적 편견에 기반한 오류임을 시사했다. 계속해서 잘 풀리고 있다고 **느낄** 뿐이지, 실제로 행운의 연속은 우연에 기댄다는 것이다. 1985년도 연구로 인해 일어난 심리학자와 통계학자 사이의 논쟁은 지금까지도 진행되고 있다.[127-130] 최신 통계학 논문들에서는 오류도 있지만 스포츠에서 승승장구 또는 연타가 어쨌든 존재한다고 주장한다.[127,131] 그러나 스포츠, 도박, 금융 시장에서 논쟁이 이어지면서, 흥미로운 질문이 제기된다. 과학자가 만들어 내는 논문의 순서로 과학자의 경력을 정의한다면, 과연 우리는 경력에서 승승장구를 경험한 적이 있을까?

7.1 폭발적인 성공

과학자, 예술가, 영화감독의 경력을 통틀어, 각 경력에서 가장 중대한 성공 세 가지는 작업 발표 순서와 무관하게 나타남을 확인했다. 이 발견으로 창의성은 무작위적이고 예측할 수 없으며, 주요 성과가 나오는 시기에 우연이 예상외로 큰 역할을 한다는 점을 알 수 있다. 다른 말로 하면 과학적 경력에서 승승장구가 나타날 가능성은 적다. 그러나 무작위 영향력 규칙을 보면 알쏭달쏭한 질문이 떠오른다. 마침내 돌파구를 만들어 내고 나면, 어떤 일이 일어날까?

마태 효과는 승리가 승리를 낳는다고 말한다. 시기는 알 수 없을지언정 일단 큰 성공을 이뤄 내면 뒤이어 더 많은 성공을 이루리라는 것이다. 그러나 무작위 영향력 규칙에 따르면 그 반대가 사실인 것 같다. 경력에서 각 작업의 영향력이 순전히 무작위라면, 히트작 다음의 작업은 평균으로 회귀해 화려하다기보다는 평범할 것이다. 돌파구를 찾고 나면 우리는 정말로 평범함으로 돌아갈까?

이 질문에 답하기 위해, 경력에서 히트 업적의 **상대적인** 시기를 조사했다.[117] 구체적으로는 다음과 같은 질문을 던졌다. 누군가가 최고의 일을 해내는 시기가 주어지면, 그 사람 인생에서 두 번째 최고의 일은 언제 일어날까? 경력에서 두 가지 최고 성과를 올리는 시기(즉, N^* 과 N^{**}) 사이의 상관관계를 계산하기 위해, 두 사건이 동시에 발생할 결합 확률 $P(N^*, N^{**})$를 계산하고, N^*와 N^{**}가 각각 알아서 무작위로 일어나리라는 영가설과 비교했다. 수학적으로 이는 정규화된 결합 확률 $\varphi(N^*, N^{**})=P(N^*, N^{**})/P(N^*)P(N^{**})$로 표현하며, 이 값은 행렬로 가장 잘 나타낼 수 있다(그림 7.1). 만약 $\varphi(N^*, N^{**})$가 대략 1이라면, 최고의 히트와 두 번째 히트가 경력에서 연이어 발생할 확률은 두 사건이 무작위로 발생하리라 예상한 정도이다. 그러나 만일 $\varphi(N^*, N^{**})$가 1을 넘어서면, N^*와 N^{**}는 가까이에 붙어 있을 가능성이 크고 무작위 영향력 규칙으로 예상하기 어려운 상관관계를 가진다. 그림 7.1은 과학, 영화, 예술 전반에 걸친 경력에서의 $\varphi(N^*, N^{**})$를 보여 주며, 여기에서 세 가지 중요한 결론을 얻을 수 있다.

- 첫 번째, $\varphi(N^*, N^{**})$는 행렬의 대각 성분에서 확연히 높게 나타난다. 이는 N^*와 N^{**}가 우연으로 예상되는

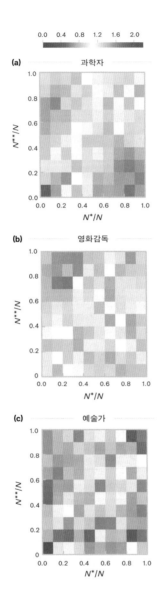

그림 7.1 과학, 문화, 예술 경력에서 승승장구. 색으로 구분된 $\phi(N^*, N^{**})$는 (a) 과학자, (b) 영화감독 그리고 (c) 예술가의 경력에서 가장 높은 영향력을 가진 두 업적의 결합 확률을 측정한다. $\phi(N^*, N^{**})>1$(대각선을 따르는 붉은색)은 두 성공이 연달아 일어날 가능성이 우연보다 큼을 가리킨다.[117]

것보다 서로 공존할 확률이 높음을 의미한다. 다른 말로 하면, 최고의 업적이 경력의 어느 순서에 있는지 알면 두 번째 큰 성공이 언제 찾아올지 상당히 잘 알 수 있다는 의미이다. 이는 바로 최고의 업적 코앞이다. 어떤 과학자의 최고의 작업 두 가지가 연이어 일어날 확률은 우연으로 그럴 확률보다 1.57배 더 높다.

- 두 번째, φ는 대각선을 따라 대략 균등하게 분할되어 있으며, 이는 가장 큰 성공이 두 번째 성공의 전후에 찾아올 가능성이 비슷하다는 의미이다.

- 세 번째, 위치 병렬 패턴은 경력에서 가장 영향력 있는 두 작업에만 국한되지 않는다. N^*와 N^{**}이거나 N^{**}와 N^{***} 등 다른 성공으로 쌍을 지어 분석을 반복해도 같은 패턴이 발견된다. 최고의 두 가지 성공만 서로 가까이 나타나는 것이 아니다. **세 번째** 성공도 첫 두 성공 근처에 있다.

이 결과는 과학자의 경력을 더 섬세하게 묘사한다. 가장 영향력이 높은 일을 해내는 시기는 무작위일지언정, **개인의 경력에서 상위 논문들의 상대적인 시기**는 상당히 예측 가능한 패턴을 따른다. 즉 개개인 경력의 궤적은 진정 무작위적이지는 않다. 오히려 성공작들은 시간 축에서 상당히 가까이 모여 있으며, 높은 영향력의 연구들을 잇달아 발표하는 일종의 '폭발(burst)' 시기가 있다. 이러한 패턴은 과학 분야 경력에만 국한되지 않는다. 예술가와 영화감독의 히트작들도 비슷한 시간 패턴을 보인다. 성공적인 작업의 시기가 모여 있는 현상이 창의적인 경력에서 흔하게 발견되는 것이다. 이 주목할 만한 패턴의 원인이 되는 메커니즘은 무엇일까?

7.2 승승장구 모형

경력이 진행되면서 성공작이 잇달아 폭발적으로 나타나는 현상을 이해하기 위해, 앞 장에서 논의한 Q 모형에서 시작해 보자. 한 과학자가 논문을 발표할 때마다 연구의 영향력이 주어진 분포로 생성된 임의의 수로 결정되고, 그 분포는 모두에게 같다고 하자. 피인용 수가 로그 정규분포로 잘 근사되므로, 편의를 위해 평균 Γi의 정규분포에서 피인용 수의 로그 값이 추출된다고 가정해 보자. 이러한 영 모형으로 만들어진 경력은 무작위 영향력 규칙을 잘 따른다. 즉, 최고의 성공을 포함해 각각의 성공은 경력의 시간적 순서에서 무작위로 발생한다.[2,116] 모든 것은 운에 따르며, '복권 당첨금'은 난수 분포에서 추출된다.

　　그러나 이 영 모형은 그림 7.1에 묘사된 시간적 연관을 모사하는 데 실패한다. 주요 원인은 그림 7.2a~c에서 확인할 수 있다. 예시로 보여 주기 위해 세 영역에서 각각 한 사람을 뽑아 그 사람의 경력에서 Γi의 역학을 측정했다. 이 예들은 Γi가 일정하지 않다는 점을 보여 준다. Γi는 경력의 어떤 시점까지는 기준치 성능(Γ_0)을 유지하다가, 그 이후로는 더 높은 값 $\Gamma_H(\Gamma_H > \Gamma_0)$로 올라가는 특징을 보인다. 향상된 수행 능력은 일정 시간 지속하다가 결국 Γ_0와 비슷한 수준으로 떨어진다. 이 관찰 결과에 기반해 흥미로운 질문을 던질 수 있다. 누구나 Γ_H와 같은 짧은 기간을 겪으리라 가정하는 간단한 모형이 그림 7.1에 나타난 패턴을 설명할 수 있을까?

이 새로운 모형은 Q 모형에서 '영향력이 향상된 짧은 시기'라는 간단한 변형을 도입한다는 점을 기억하자. 그러나 흥미롭게도 이 작은 변화는 무작위 영향력 규칙이나 Q 모형이 포착하지 못했던 실증적 관찰(그림 7.1)을 설명할 수 있다. Γ_H가 작동하는 동안 특정 개인은 원래의 수행 능력(Γ_0)보다 높은 수준으로 과제를 수행해 낸다. 이 모형을 **승승장구 모형**이라 부르며, Γ_H 기간이 승승장구에 해당한다.

승승장구 모형의 진정한 가치는 경력 데이터에 적용했을 때에 드러난다. 우리는 개별 과학자가 승승장구하는 시기와 규모를 특정하는 계수를 얻을 수 있으며, 몇 가지 중요한 관찰에 도달한다.

(1) 측정값에 따르면 승승장구는 창의적인 경력 전반에 걸쳐 나타난다. 과학자의 **90%**가 최소한 한 번의 승승장구를 경험하며, **91%**의 예술가와, **82%**의 영화감독도 그러하다. 즉, 1905년에 아인슈타인이 겪었던 승승장구는 그에게만 일어난 기적이 아니다. 영화감독 피터 잭슨의 승승장구는 '반지의 제왕' 시리즈를 제작한 3년간 이어졌고, 빈센트 반 고흐의 경우, 파리에서 프랑스 남부로 이주한 1888년에 승승장구가 시작되어 이 시기에 〈노란 집〉, 〈반 고흐의 의자〉, 〈아를의 침실〉, 〈밤

의 카페〉, 〈별이 빛나는 밤〉, 〈해바라기〉 등을 그렸다.

(2) 승승장구는 흔하지만, 보통 단 한 번 나타난다. 최대 세 번의 승승장구까지 허용하도록 알고리듬을 완화하자, 영향력이 큰 과학자의 **68%**가 단 한 번의 승승장구를 경험함을 발견했다(그림 7.2d). 두 번째 승승장구는 발생할 수 있지만 가능성이 적고, 두 번 이상은 드물다.

(3) 승승장구는 경력에서 무작위로 발생하며 이는 무작위 영향력 규칙에 더 잘 들어맞는다. 경력 중 생산한 작업물 순서에서 승승장구가 무작위로 나타나고 가장 영향력 있는 작업이 승승장구 기간에 나타날 확률이 통계적으로 높다면, 가장 영향력 있는 작업물의 시기 역시 무작위로 나타날 것이다.

(4) 승승장구는 상대적으로 짧은 기간 이어진다. 승승장구의 지속 기간 분포는 과학자의 경우 3.7년 근처에서 최고조에 달한다. 경력 초기든 후기든, 과학자의 승승장구는 대부분 4년밖에 이어지지 않는다. 예술가와 영화감독의 경우에는 약 5년 정도이다.

(5) 승승장구 중인 사람은 영향력이 큰 작업을 생산하지만, 흔한 예상과 달리 그 기간에 더 생산적이지는 않다. 만들어 낸 결과물이 나머지 작업보다 상당히 더 나을 뿐이다.

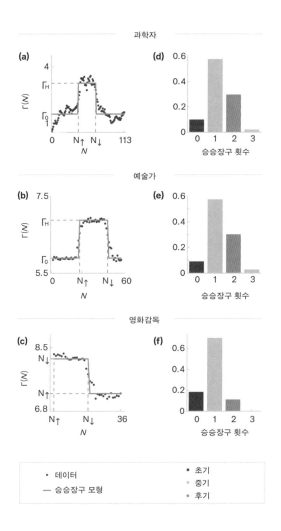

그림 7.2 승승장구 모형. (a~c) 예시로 뽑은 한 명의 과학자(a), 예술가(b), 영화감독(c)의 $\Gamma(N)$. 실제 경력은 시간에 따라 극명한 변화를 경험하며, 짧은 시기 동안 영향력이 유난히 높은 특징이 있다. (d~f) 한 사람의 경력에서 승승장구의 횟수를 나타낸 히스토그램에 따르면 승승장구 현상은 만연하지만, 한 사람의 경력에서 대개 유일하다. 대부분 승승장구를 경험하는데 대개 단 한 번 경험한다는 뜻이다.[117]

애초에 우리는 왜 승승장구를 겪을까? 몇 가지 그럴듯한 가설이 있다. 그중 하나는 혁신가들이 획기적이거나 시대적 요구에 부응하는 아이디어를 우연히 발견해, 그로부터 영향력이 높은 논문을 여럿 발행한다는 것이다. 주로 팀 단위에서 영향력이 높은 결과물을 만들어 내는 경향이 있으므로, 생산적 협업이 여러 번 짧게 이루어진 결과라는 가설도 있다. 혹은 종신 재직권과 같은 제도적 요인 변화와 연관되어 있을 수 있다. 그러한 기회가 오면 특정 기간 영향력이 커지기도 한다. 실제 경력을 분석하면 이 그럴듯해 보이는 가설 중 어떤 것도 단독으로 승승장구 현상을 설명할 수 없다. 그렇지만 과학자의 경력에 대한 앞선 분석에 따르면, 연구 전략의 특정한 조합, 즉 탐구에 뒤따르는 탐구가 승승장구의 시작을 예측하는 데 특별히 효과적이었다. 더 많은 개인의 경력 데이터를 이용할 수 있게 되면, 승승장구의 동인과 도화선을 알아내어 다음과 같은 여러 새로운 질문에 답할 수 있을 것이다. 승승장구의 시작과 끝을 예측할 수 있을까? 승승장구의 시작에 불을 붙이고, 때가 왔을 때 그것을 확장하는 환경을 구축할 수 있을까?

7.3 승승장구는 우리에게 어떤 의미일까?

고용, 승진, 연구 지원을 비롯한 여러 결정에서 과학자의 미래 영향력은 매우 중요하다. 그러나 승승장구 효과는 성과 생산력이 향상되는 짧은 기간은 창의적인 성취에만 국한하지 않는다. 폭발성은 광범위한 인간 활동에서 관찰된다. 예를 들어, 전화를 건다든가 하는 특정한 인간 활동의 발생 시점은 무작위라고 여겨지곤 한다. 실제로 그렇다면 연속적인 사건 사이의 시간 간격은 지수함수를 따라야 하는데, 측정 결과는 다른 방향을 가리킨다. 대부분 인간 활동에서 사건 간 시간 간격은 거듭제곱함수 분포에 가깝다.[132-134] 이는 일련의 사건들이 상대적으로 짧은 기간 동안 일어나다가 때때로 두 사건 사이에 긴 시간 간격을 두는, 이를테면 활동의 폭발성을 특징으로 한다는 의미이다. 인간 행동의 '폭발적인' 패턴은 이메일에서부터 전화, 그리고 성적인 접촉까지 다수의 활동에서 기록되었다. 폭발성과 승승장구는 다른 방식으로 측정되지만, 이러한 예에 따르면 승승장구는 인간 활동에서 관측된 폭발성과 공통점이 있다. 즉, 승승장구 현상은 인간의 창의성 너머에서도 일어나는 듯하다.

가 고르지 않을 수 있다는 점을 보여 준다. 과학자는 승승장구 기간에 상당히 높은 수행력을 발휘한다. 승승장구의 시기와 정도는 연구 경력의 영향력에 지대한 영향을 미치며, 이는 연구자의 모든 논문이 받은 총 피인용 수로 측정된다. 이처럼 승승장구의 존재와 독특한 특성을 무시하면 경력의 미래 영향력을 체계적으로 과대 혹은 과소평가할 수 있다.

예를 들어 승승장구가 경력의 초반에 찾아온다면, 정점에 달하는 높은 영향력의 시기가 초반에 나타날 것이다.

그러나 두 번째 승승장구가 나타나지 않으면 그 영향력은 줄어들 것이다. 반면에 아직 승승장구를 겪지 않은 사람의 경력을 현재의 영향력으로 판단하면 미래 가능성을 과소평가하게 될 수 있다. 연구비 지원 사업이 승승장구와 마찬가지로 약 4년간 이어짐을 고려하면 승승장구는 연구비 지원 기관에도 상당히 의의가 있는 현상으로, 지원 사업이 개개인 경력에 미치는 영향력을 어떻게 극대화할 수 있을지 질문을 던지게 한다.

그러나 승승장구 현상에 맞춰 변화를 시도하는 것은 어려운 일임을 인정할 수밖에 없다. 젊은 과학자가 종신 재직권 심사단에게 "나의 승승장구가 오고 있습니다!"고 주장하며 지금까지의 그저 그런 경력을 정당화하는 것은 어불성설이다. 나이 제한이 있는 상의 위원회도 비슷한 혼란에 직면한다. 수학계 최고의 상인 필즈상(Fields Medal)은 40세 미만의 수학자에게만 수여한다. 중국에서 성공적인 과학적 경력을 쌓는 데 중요한 초석으로 여겨지는, 중국국가자연과학기금위원회(NSFC) 선정 유망한 젊은 과학자는 45세가 넘은 지원자를 제외한다. 승승장구의 무작위성을 고려하면 임의로 나이에 제한을 두는 방식 때문에 충분한 자격을 갖춘 지원자들 가운데 큰 성공을 늦게 경험하는 상당수는 기회를 놓치게 된다.

더 나아가 앞선 분석에 따르면 승승장구를 연구비 결정에 포함하는 것도 그리 직관적이지 않다. 예를 들어 NIH의 연구 지원을 받기 시작하는 때와 연구자의 승승장구가 시작되는 시기 사이의 관계를 조사하면, 연구자가 첫 번째

R01 사업을 따내리라 예상되는 시기 **이전에** 승승장구가 시작될 가능성이 크다. 즉, 과학자의 승승장구는 연구 지원금을 따라가지 않는다. 대신에 연구 지원금이 승승장구를 따라간다. 즉 앞선 결과들을 지지하는 NIH의 의견처럼, 승승장구를 겪은 사람은 높은 (따라서 지원금을 받을 만한) 영향력을 가지는 경향이 있으므로 기금 제공자의 관점에서도 합리적이다. 그러나 동시에 기금 제공자가 연구자들의 더 창의적이고 중요한 시기를 놓칠 수 있을지도 모른다는 의문이 떠오른다. 기금 수여 결정이 과거의 성공과 결부되는 데다, 승승장구는 개인의 경력에서 보통 단 한 번 발생하기 때문이다.

종합해 보자. 각 분야에서 오랫동안 영향력을 가질 가능성이 있는 인재를 식별하고 길러 내는 것이 목적이라면, 승승장구라는 개념을 반드시 계산에 넣어야 한다. 그렇지 않으면 우리는 극도로 중요한 기여를 놓칠 수 있다. 예일 대학교는 비싼 값으로 이 교훈을 얻었다.

앞에서 존 펜과 그의 늦은 발견을 언급했다. 새로운 전기 분무 이온 공급원을 찾아낸 연구를 발표했을 때 그는 67세였다. 그것은 진정한 혁신이었다. 최소한 펜은 그렇게 여겼다. 그러나 예일대는 그를 문밖으로 밀어냈다. 조사를 이어 갈 연구실을 제공한 버지니아코먼웰스 대학교로 마지못해 옮긴 후 그는 전형적인 승승장구에 올라탔다. 1984년에서 1989년까지 그는 연이어 연구를 발표했고, 궁극적으로 전기 분무 이온화를 통한 질량분석법을 개발했다. 이는 큰 분자와 단백질의 빠르고 정확한 측정을 가능하게 했고,

암 진단 및 치료의 다양한 혁신에 박차를 가했다. 펜이 은퇴를 강요받으며 시작된 그 5년의 승승장구는, 결국 그의 경력을 정의하며 2002년 노벨화학상을 안겨 주었다. 그림 5.5를 슬쩍 보기만 해도 그의 선명한 승승장구를 바로 알아차릴 수 있다. 가장 많이 인용된 펜의 논문은 언제 나왔을까? 그리고 두 번째 많이 인용된 논문은? 세 번째는? 모두 그 5년 사이였다.

세상에 이름을 남기고자 분투하는 과학자라면 펜을 통해 승승장구의 가장 중요하고 고무적인 함의를 얻을 수 있다. 3장에서 깊이 있게 논의한 기존의 시각을 되새겨 보자. 우리의 최고 업적은 경험을 견고한 기반 삼아 열정과 에너지로 높은 생산성을 유지하는 30~40대에 발생할 가능성이 크다. 즉 경력의 중반을 지나면 새로운 돌파구의 희망은 사그라지기 시작한다. 그러나 승승장구 현상은 무작위 영향력 규칙과 결합해 이를 부인한다. 승승장구는 경력의 어떤 단계에서도 등장할 수 있으며, 그 결과로 높은 영향력을 가진 작업들이 우수수 만들어진다.

그러니 희망을 품자. 말 그대로 또는 비유적으로, 흰머리가 한 가닥씩 난다고 해서 그 자체로 우리가 구식이 되는 것은 아니다. 펜처럼 세상에 계속해서 결과물을 내놓는다면, 행운의 에이스를 찾기 위해 덱에서 카드를 뽑을 때처럼 우리의 승승장구가 코앞에 있을지도 모른다.

모두가 아인슈타인이나 펜만큼의 영향력을 가지지는 못할지언정, 계속 시도한다면 우리 자신만의 기적의 해는 눈에 보이지 않을 뿐 우리 앞에 놓여 있을 수 있다.

2부. 협업의 과학

The Science of Collaboration

2015년 마르코 드라고(Marco Drago)는 독일 하노버의 알베르트아인슈타인연구소(Albert Einstein Institute)의 박사 후 연구원으로 레이저간섭계 중력파관측소(LIGO, 라이고)의 실험에 참여하고 있었다. 이 프로젝트의 목표는 중력파를 탐지하는 것이었다. 중력파란 두 개의 블랙홀이 합쳐지고 충돌하면서 시공간에 생겨나는 물결 같은 파장이다. 라이고 탐지기가 특이한 신호를 감지해 전송하면 파이프라인(pipeline)이라는 컴퓨터 시스템이 데이터를 정제하는데, 드라고는 네 개의 데이터 파이프라인 중 하나를 주로 감독했다. 그는 2015년 9월 14일 점심시간 바로 직전 동료와 통화를 하다가, 아주 민감한 레이저 빔을 초고진공 상태로 보관하고 있는 4km 길이의 터널이 방금 진동했다는 내용의 자동 이메일이 도착했다는 알림을 받았다. 이런 경우는 드물긴 했지만, 드라고는 이메일을 열었을 때 이번은 좀 다르다는 것을 알아챘다. 라이고가 보고한 이 사건은 라이고의 기준에서는 **아주 큰** 사건이었다. 진동은 1조 분의 1인치보다 작았지만, 일반적인 진동의 2배 이상이었다. 사실 처음에 드라고는 너무 큰 이 진동을 바로 무시했다. 사실이라기에는 너무 큰 신호였기 때문이다.

9월 14일 사건이 진실임이 공식적으로 확인되기까지 5개월 이상이 걸렸다. 2016년 2월 12일에 발표된 것처럼, 자동 이메일에 기록된 이 사건은 진짜였다. 이 작은 신호는 13억 년 전 우주 건너편에서 두 개의 블랙홀이 충돌해 태양의 62배 정도로 무거운 새로운 블랙홀을 형성했음을 알렸다. 그 충돌로 우주의 모든 별이 결합하는 것보다 100배 이상 큰 에너지가 방출되어 모든 방향으로 퍼져 나가는 중력파를 발생시켰다. 중력파가 빛의 속도로 우주를 통과하면서 점차 약해지던 중, 2015년 9월의 조용한 어느 아침에 지구에 도달해 양성자 지름의 1000분의 1만큼 탐지기를 흔든 것이다. 그 진동은 알베르트 아인슈타인의 일반상대성이론이 예측하는 바를 입증했고, '21세기의 발견'이라고도 불린다.

드라고는 그 신호를 처음으로 발견한 운 좋은 사람이었지만, 이 신호를 **그가** 발견한 것은 아니었다. 40년 이상의 시간을 들여 실험을 만들어 낸 것은 과학자들로 이루어진 국제 팀이기 때문이다. 중력파의 탐지를 보고한 논문이 발표되었을 때 그 논문에는 전 세계 1,000명이 넘는 저자들의 이름이 기록되었다.[135] 그 프로젝트의 실현을 꿈꾸며 타당성을 계산한 물리학자들과 터널을 설계한 공학자들, 그리고 매일매일의 운영을 감독해 온 행정가들이 있었다. 라이고는 11억 (미국) 달러 규모로, 미국국립과학재단이 지원한 기금 중 가장 크고 야심 찬 프로젝트였다.

이와 반대로, 1915년 11월 프로이센과학원(Prussian Academy of Science)이 보고 받은 '20세기의 발견'이 될 연구 논문의 저자는 알베르트 아인슈타인 혼자였다. 정확히 100년의 거리를 두고 일어난 일이지만, 이 두 사건은 한 세기 동안 과학이 어떻게 변화했는지를 보여 준다. 과학은 흔히 아인슈타인, 다윈, 그리고 스티븐 호킹(Stephen Hawking) 같은 과학자가 '유레카!' 순간을 향해 조금씩 나아가는 혼자만의 여정으로 여겨진다. 하지만 오늘날 대부분 과학은 팀으로 이루어진다.[136, 137] 실제로 전체 과학과 공학 관련 발행물의 90%는 복수의 저자가 저술했다. DNA의 구조를 밝힌 제임스 왓슨(James

Watson)과 프랜시스 크릭(Francis Crick)처럼 두 명으로 이루어진 팀도 있지만, 유럽입자물리연구소(CERN)에서 진행되는 프로젝트나 맨해튼프로젝트(Manhattan Project), 아폴로프로젝트(Project Apollo)처럼 거대 규모의 협력으로 이루어지기도 한다. 과학계 팀은 단독 연구로는 이루지 못했을 해결책을 만들고 있다. 이러한 거대 규모의 팀 프로젝트는 과학계만이 아니라 경제와 사회까지 상당한 영향을 끼치기도 한다. 인간유전체프로젝트(Human Genome Project)를 예로 들어 보자. 이 프로젝트는 유전적 혁명을 활성화하기만 한 것이 아니다. 약 38억 달러를 직접비로 지출해 7960억 달러 규모의 경제적 성장을 일으켰고 31만 개의 직업을 창출했다.[138] 하지만 이런 거대 협력은 과학자들에게 독특한 형태의 새로운 도전대다. 팀 간의 의사소통부터 조직화까지 다양한 문제가 도사리고 있으며, 이러한 부분들이 충분히 조율되지 않으면 프로젝트의 성공이 위태로워질 수 있다.

영향력 있고 성과도 좋고 오래가는 협업도 있는데, 왜 어떤 협업은 (어떨 때는 폭삭) 실패할까? 어떤 요인이 팀의 효율성을 돕거나 저해할까? 어떻게 높은 생산성을 갖는 팀을 조직할 수 있을까? 최적화된 팀 규모가 있을까? 시간이 흐르면 팀은 어떻게 진화하고 어떻게 흩어질까? 어떻게 팀 멤버십을 유지하면서 다양화할 수 있을까? 2부에서는 과학자들이 어떻게 협력하고 팀으로서 함께 일하는지를 탐구하는, 팀 과학의 과학(science of team science, SciTS) 영역의 풍부한 문헌에 집중하고자 한다. 다음의 단순한 질문에서 시작해 보자. 과학에서 팀이 중요할까?

8장. 팀 과학의 우세

21세기 과학 생산에 팀은 어느 정도 기여할까? 약 210만 개 특허 및 1990만 개의 연구 논문의 저자를 대상으로 한 연구에서 그 답을 찾아보자.[136] 이 연구는 거의 모든 분과에서 팀 과학으로의 이동이 이루어지고 있음을 보여 준다(그림 8.1a). 한 예로 1955년에는 전체 과학·공학 출판물의 절반 정도를 단독 저자가 작성했으나, 2000년까지 단독 저자가 쓴 논문은 급격히 감소했고, 동시에 팀 저자의 논문이 전체 출판물의 80%를 차지하고 있다.

중요한 것은 팀 과학으로의 이동이 단순히 실험 규모 확장과 연구의 복잡성, 비용 증가 때문이 아니라는 사실이다. 지필을 위주로 하는 수학이나 사회과학도 같은 패턴을 보인다. 1955년에는 사회과학 논문 중 17.5%만 팀이 저술했는데, 2000년에는 팀 기반의 논문이 다수가 되어 51.5%에 다다랐다. 자연과학에서 수십 년 전에 관찰된 것과 같이 팀 기반 연구로 이동하는 현상이다.

하지만 이러한 동향보다 더 흥미로운 것은 팀 기반으로 생산된 연구가 어떤 것인가 하는 점일 것이다. 팀은 과

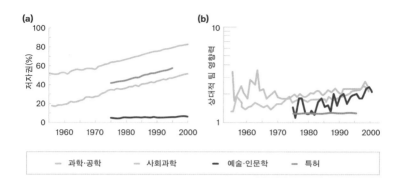

그림 8.1 증가하는 팀 우세성. (a) 지난 50년간 팀으로 작성된 논문과 특허의 비율 변화. 각 선은 해당 연도마다 모든 하위 분야를 고려한 산술평균을 분야별 다른 색으로 나타낸 것이다. (b) 상대적 팀 영향력(relative team impact, RTI)은 동일 분야에서 팀 기반 저작물이 받은 평균 피인용 수를 단독 저작물의 평균 피인용 수로 나눈 것이다. 이 비율이 1이라면 팀 저자와 단독 저자의 저작물이 비슷한 영향력을 갖는다는 뜻이다. 각 선은 주어진 해의 모든 분야에서의 RTI 산술 평균을 나타낸다.[136]

학을 더 많이 생산하는 것만이 아니라 점점 더 영향력 있는 발견들을 감당하고 있다.[136] 실제로, 팀 저자의 논문은 단독 저자의 논문보다 같은 시간당 모든 면에서, 그리고 모든 영역의 연구 분야에서 평균 피인용 수가 크다(그림 8.1b).*

가장 영향력 있는 최상위 논문들에 초점을 맞추어 살펴보면 팀의 영향력은 더 흥미롭다. 팀은 과학적으로 아주 인기 있고 중요한 연구를 만들어 내고 있다. 1950년대 초

---

* 자기 홍보를 위해 영향력이 더 큰 팀 기반 논문에 이바지하는 것이 더 매력적일 수 있다. 저자들은 자신의 논문을 인용하고자 하기에 많은 저자가 논문에 참여할수록 피인용 수가 많이 보장된다. 하지만 팀 기반 논문들의 큰 영향력은 자기 인용을 제외하더라도 변함이 없다.[139, 140]

반에는 한 분야에서 가장 많이 인용된 논문이 주로 단독 저자의 것이었지만, 수십 년 후에는 반대의 경향을 보인다.[139] 오늘날의 과학·공학에서 팀 기반 논문은 단독 저자의 논문보다 인용될 확률이 6.3배 높고, 최소 1,000번 인용된다. 예술, 인문학, 특허 분야에서도 1950년대 이래로 **항상** 팀이 개인보다 더 영향력 있는 결과물을 만들어 냈다.

8.1 팀 과학의 대두

왜 과학에서 팀이 이 정도까지 중요해졌을까? 한 가지 가설은 팀이 새로운 아이디어를 만들어 내는 데 뛰어나다는 것이다. 다양한 분야에서 전문가들을 모으기 때문에, 팀원은 다른 개인 협업자가 가질 수 있는 것보다 넓은 지식에 접근할 수 있다. 다양한 방법론과 다수의 연구를 이용해 점점 더 혁신적인 아이디어와 개념의 조합을 생성한다는 것이다. 뒤에서 논의하겠지만(17장 참고), 전통적인 생각에 뿌리를 두고 새로운 조합을 소개하는 연구들이 2배 이상 유명해질 가능성이 컸다.[92] 또한 팀은 익숙한 분야에 새로운 조합을 추가하는 경향이 단독 저자보다 약 **37.7%** 높았다.[92] 현대 과학의 가장 어려운 문제들은 다양한 학문 분야의 전문가를 요구하기 때문에, 팀은 미래의 돌파구를 만들기 위한 혁신 엔진의 핵심으로 떠오르고 있다.

　　팀에 속해 일할 때 개인 연구자들이 누리는 이점도 있다.[141] 함께 일하는 동료들끼리 아이디어를 주고받고, 서로의 작업을 확인하면서 혁신성과 엄밀성을 보탤 수 있다. 협동 연구는 연구자의 출판물을 새로운 공저자나 학문 분과에 알려 넓고 다양한 청중을 확보함으로써 연구자가 더 잘 발견되도록 한다. 팀워크는 독자층을 확장할 뿐 아니라 진행할 연구에 쓰일 자금을 얻을 수 있게도 해 준다. 스탠퍼드대학교의 교수 2,034명을 표본으로 15년 동안 수행한 연구에 따르면 협동 연구가 더 많은 연구 과제 제안서를 작성했고, 연구 과제를 수주할 가능성도 더 컸으며, 실제 지원받은 금액도 더 많았다.[142]

그러므로 최고이자 가장 똑똑한 과학자는 기꺼이 협력하고자 하는 과학자라고 할 수 있다. 1963년 사회학자 해리엇 주커먼(Harriet Zuckerman)은 독보적인 과학자들이 어떻게 일하는지 알아보고자 55명의 노벨상 수상자 중 당시 미국에 살고 있던 41명을 인터뷰했다. 그녀는 그들 모두에게서 팀워크를 지향하는 특성을 발견했다. 노벨상 수상자들은 덜 알려진 동료들보다 더 기꺼이 협력하고자 했고, 이 점이 그들이 과학을 하는 데 있어서 분명하고 장기적으로 유리하게 작용했다.[101]

창의적 분야에서의 협력은 현대에 새롭게 만들어진 개념이 아니다. 『영락대전(永樂大典)』 혹은 『영락성리대전(永樂性理大全)』(영락제 시대의 대정본)은 세계에서 가장 큰 종이에 기록된 백과사전으로, 2만 2,937개의 두루마리와 1만 1,095권의 장으로 이루어졌다. 중국 명 왕조 1403년 영락제의 명으로 작성되었는데, 5년이 넘도록 2,000여 명의 학자가 협동해 집필했다.

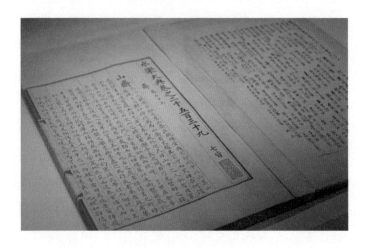

그림 8.2 2014년 중국국립도서관에 전시된 『영락대전』.

8.2 팀 과학의 동인

최근에 나타나고 있는 팀워크의 폭발적 증가는 두 가지 중요한 동향 때문이다. 첫째로, 과학이 복잡해지면서 지식의 한계를 확장하는 데 필요한 도구의 정확도와 규모가 상당히 커졌다. 예를 들어, CERN에 있는 세계에서 가장 큰 입자 충돌기인 강입자충돌기(LHC)는 입자물리학의 진보에 핵심적인 도구이다. 하지만 이러한 도구는 개인 연구자나 기관에서는 구하기 어렵다. 강입자충돌기는 개념적으로나 금전적으로나 팀워크가 아니고서는 생각하기가 어려운 것이다. 전 세계 100여 국에서 온 1만 명이 넘는 과학자와 공학자가 이 프로젝트에 참여하고 있다. 협동 연구는 유익하기만 한 것이 아니라 **필수적**이며, 연구 집단의 과학적 이해를 증진하기 위해 함께 자원을 모은다.

둘째로, 현재까지 확장되어 온 지식이 너무 방대해서 개인이 모든 것을 알기가 불가능하다. 아주 극소수만 참여하는 분야라 할지라도 과학자들이 세대를 거듭하며 축적한 지식의 부담은 지속적으로 증가하고 있다. 이를 해결하기 위해 과학자들은 전문화를 통해 집중 분야를 좁혀 지식의 필요를 관리하고, 최전선의 지식에 빨리 도달하고자 한다. 이러한 전문화로 인해 과학에서 '르네상스적 인간의 죽음'이 일어났는데, 이 현상은 발명의 맥락에서 잘 정리가 되어 있다.[104] 실제로 개인 발명가의 연속적인 특허 출원을 살펴봤을 때, 개인은 특정 기술 영역에 남는 경향이 있으며 새롭고 상관성이 적은 발명에 이바지하는 역량은 점점 감소하고 있다. 따라서 분야를 넘나들기 위한 지식의 부담은 압도적으로 커지며, 협동 연구는 개인의 전문화된 분야를 넘어설 수 있도록 해 주는 하나의 방법이다.[105] 다시 말해, 과학자들은 단지 협력하기를 원하는 것이 아니라 **그렇게 해야만 한다.** 전문성이 늘었다는 것은 개인이 하나의 퍼즐을 풀 수 있는 아주 훌륭한 조각을 갖고 있음을 의미한다. 하지만 현대 과학이 마주한 복잡한 문제를 풀기 위해서는 이 조각들을 하나로 모아 다양한 기술과 지식으로 혁신을 만들어 나가야 한다.

8.3 거리의 소멸

세계에 뻗어 있는 인터넷과 저렴해지는 교통 덕분에, 전통적인 지리적 제한을 극복하고 국경을 넘어 협력하는 것이 지금만큼 쉬웠던 적은 없다(그림 8.3). 그림에서 볼 수 있듯, 1900~1924년에 다른 기관들 사이의 협동 연구는 미국에서만 두드러지게 나타나는데, 주로 영국과의 협업이다. 하지만 그마저도 드물다. 1925~1949년에 인도와 영국, 그리고 호주와 미국 사이에 국제 공동 연구가 시작되었다. 제2차 세계대전으로 유럽 내의 공동 연구는 이 기간 줄었지만, 미국의 중서부에서 협력 관계가 급속히 증가했다. 1950~1972년에 이스라엘과 일본이 국제적 팀워크를 맺기 시작했다. 같은 시기, 미국 남부와 서부 해안 지역은 과학적 협력의 허브가 되었다. 1975~1999년에 아프리카는 유

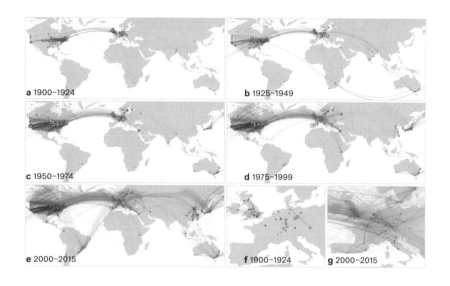

그림 8.3 과학적 협력 국제화의 간략한 역사. 그림은 두 가지 형태의 협력을 보여준다. 국가 내 기관 간 협력(파랑/초록)과 서로 다른 나라의 기관 간 협력(빨강)이다. 원으로 표시된 곳은 전 세계에서 가장 많은 인용을 받는 상위 200개의 기관이다. 원의 크기는 해당 기관이 받은 피인용 수의 비율에 비례한다.[4]

있는 대학 교원 간의 공동 연구가 가장 빠르게 증가했고, 유일하게 꾸준히 증가했다. 연구에서 분석한 30년의 기간 동안, 기관 간 협력은 과학·공학 분야에서 4배 증가하면서 출간된 전체 논문의 32.8%를 차지했다(그림 8.4a). 사회과학도 비슷한 추세를 보였는데, 대학 간 협력으로 작성된 논문이 동기간 더 빠르게 증가해 34.4%에 달했다(그림 8.4b).

　　오늘날의 팀들은 이보다 더 국제적이다. 1988년부터 2005년까지 다양한 국가의 저자로 이루어진 발행물이 차지하는 비율은 8%에서 20%로 늘었다.[144] 1981년부터 2012년 사이에 발표된 논문에 대한 또 다른 연구는 여러 국가를

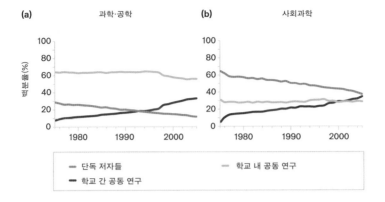

(a) 과학·공학   **(b)** 사회과학

백분율(%)

─ 단독 저자들
● 학교 간 공동 연구

─ 학교 내 공동 연구

그림 8.4 대학 간 공동 연구의 성장. 서로 다른 저자권의 조합으로 출판된 논문의 비율을 비교하면, 1975년과 2005년 사이에 대학 간 공동 연구의 비율이 증가함을 확인할 수 있다. 특히 과학과 공학(a)과 사회과학(b)에서 강하게 나타나는 경향이다. 반면에 예술과 인문학에서는 이러한 경향이 약하며, 모든 형태의 공동 연구가 드물게 나타난다.[143] 학교 내 공동 연구의 비율은 거의 변함없이 유지되고 있으며, 단독 저자 논문의 비율은 과학·공학, 사회과학 분야에서 급격히 감소하고 있다.[143]

대상으로 국가 내 공동 연구와 국제 공동 연구의 균형을 계산했다.[145] 그림 8.5에서 확인할 수 있듯, 전체 연구 성과는 갈수록 상당히 증가하는데 국가 내 성과물은 미국과 서유럽 국가 등에서 비슷한 수준을 유지하고 있다. 이 시기에 국제 공동 연구가 이 국가들의 과학적 성장을 견인했다는 뜻이다. 반면 신흥 경제에서는 국제 공동 연구가 국내 협력만큼 성과가 두드러지지 않고 아직 중요한 자리를 차지하지 않음을 알 수 있다. 중국, 브라질, 인도, 한국에서 1981년에는 연간 1만 5,000개가 못 되는 논문을 출판했는데, 2011년에는 30만 개가 넘는 논문이 출판되면서 총량은 20배 증가했다. 하지만 이 네 국가에서 출판하는 연구 성과물의 75%는 전적으로 국내에서 이루어진다(그림 8.5의 오른쪽 열).

앞에서 확인한 국제 공동 연구의 성장은 몇 가지 추론을 가능케 한다. 이미 알고 있듯이 인용의 영향력은 단독 저자보다 팀 저자일 때 더 강력하다. 그 이점은 국제 공동 연구팀,[145] 학교 간 연구팀일 때 더 강해진다.[143] 영국과 미국에서 국제 저자 팀이 출판한 논문의 비율은 국내 저자들로만 이루어진 논문들보다 더 많이 인용되었다. 이 '영향적 특권'은 2001년과 2011년 사이에 두 국가에서 약 20% 증가하는 등 점점 커지고 있는 것으로 보인다. 대학 간 협력도 이와 유사한 수준의 이득을 주었다.[143] 전체 팀원이 같은 대학 출신이면 그들이 작성한 논문이 평균 이상의 인용을 받을 확률은 과학·공학에서 32.7%이고, 사회과학에서는 34.1%이다. 공동 연구에 다른 기관이 포함되어 있으면 그 확률은 분야마다 2.9% 혹은 5.9% 증가한다.

지역의 경계를 넘어 이루어지는 공동 연구의 이점은 분명하지만, '거리의 소멸(death of distance)' 때문에 현대 과학에서 영향력과 자원 접근의 불평등성이 커지고 있다는 점도 중요하다.[12,141,146] 실제로 과학자들은 공동 저자를 선택할 때 대학의 경계를 넘나들지만, 대학의 특권 수준을 넘어서는 일은 거의 없다. 엘리트 대학의 연구자들은 다른 엘리트 대학의 과학자들과 협력하는 경향이 크고, 특권적 순위가 낮은 대학의 과학자들은 비슷한 순위의 기관에 속한 연구자들과 협력할 가능성이 크다.[143] 따라서 지리적 거리의 중요성은 감소하고 있지만 사회적 거리의 역할은 증가하고 있다. 이러한 기관 간 계층성 때문에 개별 과학자가 느끼는 불평등은 더 심화할 것이다.

숫자로 살펴본 영향력

선진국에서 국제 공동 연구의 성장은 국내 성과를 넘어선다.
하지만 신흥 개발국에서는 그렇지 않다

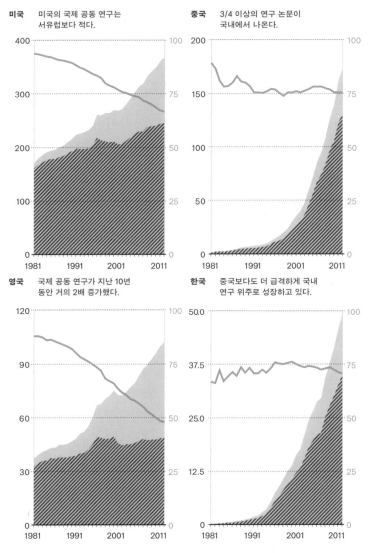

미국 미국의 국제 공동 연구는
서유럽보다 적다.

중국 3/4 이상의 연구 논문이
국내에서 나온다.

영국 국제 공동 연구가 지난 10년
동안 거의 2배 증가했다.

한국 중국보다도 더 급격하게 국내
연구 위주로 성장하고 있다.

그림 8.5 국제 공동 연구의 역할 증대. 논문의 저자들이 속한 기관이 국내로만 이루어
져 있다면 그 국가의 성과물로 계산했다. 왼쪽과 오른쪽 패널의 비교를 통해 선진국에
서 국제 공동 연구의 성장이 국내 성과물의 성장을 넘어선다는 것을 알 수 있다. 하지만
신흥 개발국에서는 그렇지 않다.[145]

나아가, 공동 연구의 이점은 협력 네트워크에서 해당 과학자가 차지하는 위치에 따라 크게 달라진다. 한 예로, 임의의 아프리카 국가가 미국에 기반한 연구자들과 자국 연구자들의 협력을 돕기 위한 특별 기금을 할당했다고 하자. 어떤 미국 대학이 가장 먼저 연락을 받게 될까? 아이비리그 대학일까, 작은 리버럴 아츠 칼리지일까? 당연히 엘리트 기관의 유명한 연구자들이 연락을 받을 것이다. 이는 특권적 대학의 성공적인 과학자들이 세계적 협력 네트워크에서 제공하는 자원으로부터의 이득을 더 많이 누린다는 뜻이다. 대학 간 발행물이 학내 발행물보다 영향력이 크다는 점, 엘리트 대학의 연구자들은 대학 간 협력에 참여할 확률이 크다는 점을 고려할 때, 뛰어난 과학적 성과의 생산도 점점 더 엘리트 기관에 집중될 것이다.[141,143]

비록 팀 과학이 개별 과학자들과 기관이 경험하는 불평등을 강화하긴 하지만, 전 세계를 아우르는 그 이점은 무시할 수 없다.[146] 오늘날 미국과 유럽의 특권적 기관의 성공적인 과학자들은, 노동집약적인 연구를 저렴하게 진행할 수 있는 중국 등의 신흥 개발국과 공동 연구를 수행하려고 한다. 상호 이익을 증대시키고, 국가 간 지식 격차를 줄이는 데 도움을 주는 협력이다.

반면, 과학의 세계화는 '두뇌 유출(brain drain)'이라는 심각한 결과도 동반한다.[145] 이로 인해 국제, 국내 연구 사이의 격차가 커질 수 있다. 과학이 더 국제화될수록 모든 국가는 같은 수준의 국제적 지식 베이스에 더 쉽게 연결될 수 있기에, 자국의 촉망받는 과학자가 다른 곳에서 연구를 지속할 수 있게 된다. 국제적 협력의 증가가 개별 국가의 과학 인재 양성을 위협하는 것이다. 능력 있는 연구자들의 유출을 막으려면 국가는 팀 과학의 미묘한 동역학을 이용해 국제적 재능을 보존하고 끌어들이면서 경쟁력을 유지해야 할 것이다.

이 장에서 살펴보았듯이, 팀은 난제 해결뿐 아니라 전반적인 지식 생산에 있어 점점 더 중요한 역할을 하고 있다. 한때는 드물었으나 이제 팀 과학은 과학의 주도적 세력이 되고 있으며, 과학자들과 정책 결정자들, 기금 지원 기관에서도 이 현상을 무시할 수 없다. 하지만 팀워크가 제공하는 많은 이점에도 불구하고, 팀이 새로운 발견에 최적화되어 있지 않다고 믿는 여러 요인이 있다.[137,141,147] 예컨대 공동 연구가 아이디어에 대한 정당성을 준다고 해도, 결국에는 모든 팀원이 이 프로젝트가 추구할 만한 가치가 있다고 믿어야만 한다.[147] 연구를 더 이어 가기 전에 팀은 합의에 도달해야만 하고, 이 과정에서 그룹이 앞으로 나아가지 못할 수도 있다. 또 공동 연구가 서로 다른 학과의 경계를 이으며 연구자들에게 새로운 통찰과 가설을 형성하도록 할 수도 있지만, 조정과 소통에 들어가는 시간과 노력이 지나치게 커지다 보면 협력의 이점을 상쇄할 수 있다. 협력 작업의 결과물에 대한 공로를 누가 받아야 하고, 받았는지를 결정해야 하는 어려운 문제도 있다. 전략적으로 이러한 복잡한 교환의 균형을 맞추는 일이 성공적인 과학팀을 만드는 데 실제로 필수적이며, 바로 그 점을 다음 장에서 살펴보겠다.

9장. 보이지 않는 대학

분야에서 최고인 사람들과 어깨를 마주하면 우리도 훌륭해지리라고 믿곤 한다. 동료들이 우리를 지금보다 나은 과학자로 만들어 줄까? 앞 장에서 어떻게 공동 연구가 프로젝트의 영향력을 좌우하는지 살펴보았다. 그렇다면 공동 연구가 개별 과학자들의 생산성과 영향력에 어떤 역할을 할까? 이 질문은 경제학에서 '동료 효과(peer effects)'라 일컫는 현상에 관한 질문을 포함한다.[148-151] 동료 효과가 얼마나 강력할 수 있는지를 살펴보기 위해 다트머스 대학교의 기숙사를 찾아가 보자.[149]

다트머스 대학교에 입학한 신입생들은 기숙사와 룸메이트를 무작위로 배정받는다. 그런데, 한 연구에서 성적 평균(GPA)이 낮은 학생이 더 높은 점수의 학생과 방을 함께 쓰도록 배정되었을 때 성적이 낮은 학생들의 성적이 향상됨을 발견했다. 서로 다른 전공의 학생들이 함께 지내기 때문에, 공통 수업 활동에서 점수가 낮은 학생이 성적이 좋은 룸메이트의 도움을 받아 성적이 향상된다고 설명할 수는 없다. 오히려, 성적이 낮은 그룹 학생들이 더 나은 학생이

된 것은 성과가 좋은 학생들에 **둘러싸여 있었기 때문**일 것이다.

동료 효과는 사람들이 같은 목표를 위해 함께 일할 때 나타난다. 실제로 지난 20년 동안 수많은 연구가 과일 따는 사람부터 슈퍼마켓 계산원과 물리학자, 외판원 등 다양한 직업군에서의 동료 효과를 정리해 왔다.[151] 한 예로, 국가적인 슈퍼마켓 체인을 살펴본 연구에서는 덜 생산적인 계산원이 더 생산적인 계산원으로 교대됐을 때, 동일 교대 근무 시간에 근무하는 다른 계산원들이 더 빨리 물건을 계산한다는 것을 발견했다.[150] 이러한 행동의 변화는 직관에 반한다. 최고의 계산원이 느린 계산원 대신 투입되면, 다른 계산원들은 여유를 부리면서 소위 말하는 '무임승차'에 동참할 수도 있지 않은가. 하지만 계산원들은 정확히 반대 방향으로 움직였다. 생산적인 동료의 존재가 성과를 높이도록 은근히 부추긴 것이다.

우리가 타인들로부터 어떻게 영향을 받는지를 이해하는 것은 중요한데, 이를 통해 사회적 승수효과(social multiplier effect)가 촉발되고, 결국 모든 사람의 성과를 향상할 수 있기 때문이다. 다시 기숙사의 예를 생각해 보자. 몇몇 학생의 학문적 성과가 향상되었다면, 그들의 향상된 성과는 그들과 가까운 동료 그룹들의 성과를 다시 향상할 것이고, 이렇게 계속 더 많은 학생에게 영향이 흘러갈 것이다.

동료 효과는 과학에서도 실제로 존재할까? 그렇다면 어떻게 학생, 과학자, 행정가, 정책 입안자 들이 그 효과에서 이득을 얻을 수 있을까?

상자 9.1 맹모삼천지교

중국의 철학자 맹자(기원전 372~289)는 공자 이후로 가장 유명한 유학자이다. 중국의 유명한 사자성어 중 맹모삼천(孟母三遷)은 '맹자의 어머니가 세 번 이사 갔다'라는 뜻으로 동료 영향의 오랜 예시이다. 이 사자성어에 따르면 맹자의 어머니는 아이를 양육하기에 적합한 장소를 찾아서 세 번이나 이사했다. 맹자의 아버지는 맹자가 어릴 때 돌아가셔서, 맹자의 어머니 장 씨가 맹자를 홀로 키웠다. 가난했기 때문에 그들의 첫 번째 집은 묘지 근처에 있었는데, 묘지에서 사람들은 죽음을 슬퍼하며 크게 울곤 했다. 얼마 지나지 않아 맹자의 어머니는 아들이 전문 곡소리꾼을 따라한다는 것을 알아챘다. 섬뜩한 마음에 그녀는 마을의 시장이 가까운 곳으로 이사했다. 얼마 지나지 않아서 어린 맹자는 상인들이 소리치는 것을 따라하기 시작했다. 초기 중국에서 상인은 좋은 직업으로 여겨지기 않았기에, 심란해진 맹자의 어머니는 학교 옆으로 이사했다. 그곳에서 맹자는 학생, 학자 들과 함께 시간을 보냈고, 그들의 습관을 따라하면서 학업에 더 집중하게 되었다. 아들의 이런 모습이 보기 좋았던 맹자의 어머니는 이러한 변화가 학교 가까이에 살기 때문이라고 생각하고 학교 옆에 자리 잡음으로써 지금의 맹자를 만들었다.

9.1 비상한 기운

노벨상 수상자들과 수많은 인터뷰 후에 로버트 머튼은 스타 과학자들이 만들어 내는 '비상한 기운(bright ambiance)'에 관해 기록했다.[60] 즉, 스타 과학자들은 탁월할 뿐 아니라 다른 사람들 안에서 탁월함을 끌어내는 역량도 갖고 있다는 것이다. 이러한 역량을 측정하기 위해 새로운 스타 과학자가 어느 학부에 임용된 후에 일어난 변화를 살펴보자. 한 연구에서 연구자들은 스타 과학자가 임용된 후 해당 학부 구성원들의 출판 수와 피인용 수의 변화를 추적했다. 255개 진화생물학부를 대상으로 했으며, 해당 학부의 구성원들은 1980~2008년 14만 9,947개의 논문을 작성했다.[152] 연구에 따르면 스타 과학자가 도착한 후 학과 단위의 성과(발행 수로 측정했고, 발행 수는 피인용 수에 따라 가중치를 주었다)는 54% 올랐다. 스타 과학자의 발표만으로는 설명되지 않는 결과다. 스타 과학자의 직접적인 공헌을 제거한 후에도 **여전히** 학과의 성과는 **48%** 올랐기 때문이다. 다시 말해, 관찰된 성과 중 다수는 스타 과학자가 있기 전부터 재직했던 동료 연구자들의 생산성 향상으로부터 왔다. 이 생산성이 시간이 지나도 유지되었다는 점도 중요하다. 스타 과학자가 임용된 지 8년이 지난 후에도 동료들의 생산성은 줄지 않았다.

특히 해당 학과에서 스타 과학자와 가장 연관된 연구를 하고, 스타 과학자가 해당 학과로 오기 전에 그의 논문을 인용한 연구자들의 생산성 증가가 가장 돋보였다. 반면 새로운 임용자와 상관성이 아주 낮은 연구를 하는 동료 연구자들의 생산성은 영향을 거의 받지 않았다.

그러나 스타 과학자 고용이 새로운 학과에 한 가장 큰 기여는 생산성 향상이 아니라 장래 고용의 질이었다. 실제로 이후 교원 임용의 질(스타 과학자가 고용될 당시 개별 과학자들의 평균 피인용 수로 측정)이 스타 과학자의 임용 후 **68%** 올랐다. 스타 과학자와 연관된 분야의 고용과 연관되지 않은 고용의 차이를 구분하면, 연관된 분야의 신규 고용의 질이 **434%** 올랐다. 스타 과학자와 관련 없는 분야의 신규 고용의 질도 **48%** 올랐다. 스타 과학자들의 고용은 동료들의 성공을 촉진할 뿐 아니라, 새로운 스타 과학자들이 해당 학과에 합류하도록 이끈다는 뜻이다.

상자 9.2 동료 효과에 대한 인과 추론

결론을 얻기 위해 이미 존재하는 기존 데이터를 활용하는 관찰 연구를 통해서는 동료 효과를 정량화하기 어렵다. 따라서 그러한 데이터에 근거한 연구에서 얻어진 결론은 주의 깊게 다뤄야 한다. 예컨대 스타 과학자가 생산성의 향상을 **불러오는 것**이 아니라, 이미 성장하고 있는 학과에 끌린 것은 아닐까? 아니면 학부 자원의 긍정적인 변화(예를 들어 자선 기부, 정부 기금 자원의 증가, 새로운 건물 증축 등)와 같은 관측되지 않은 변수로 인해 해당 학부가 스타 과학자를 고용할 수 있게 된 것은 아닐까? 그리고 그 긍정적인 영향이 재직자들의 생산성과 장래 고용의 질 향상에 영향을 준 것은 아닐까?

동료 효과의 인과적 증거를 찾아내는 데 따르는 어려움은 사회과학에서 '반사 문제(reflection problem)'[148]라는 이름으로 널리 알려져 있다.[153] 앨런과 마크라는 두 학생을 상상해 보자. 앨런은 더 모범적인 학생인 마크와 어울리기 시작했고, 점차 성적이 올랐다. 마크가 좋은 영향을 **끼쳤기 때문에** 앨런의 성적이 오른 것일까? 반드시 그렇지는 않다. 최소 세 가지 다른 기작이 여기에 관여할 수 있다.

- 앨런이 애초에 좋은 학생이었기 때문에 마크와 어울리기로 했을 수 있다. '선택 효과(selection effect)'라는 현상이다. 보통 스스로 동료 그룹을 선택하므로, 이를 실제 동료 효과와 분리하기는 어렵다.

- 앨런과 마크는 동시에 서로에게 영향을 줄 수 있으므로, 마크의 성과가 앨런의 성과에 준 영향만을 특정하기 어렵다.
- 관측된 앨런의 성적 향상은 관측할 수 없는 일반적인 교란 변수(confounding factor) 때문일 수 있다. 한 예로, 앨런은 새로운 선생님 혹은 더 좋은 방과 후 교육과정 때문에 성적이 올랐을지도 모른다.

위의 요인들을 고려해 동료 효과를 알아내기 위해 무작위적 실험을 고안하곤 한다. 이는 다트머스 기숙사 연구의 배경이 되는 개념으로, 학생들을 무작위로 서로 다른 방에 배정해 대부분의 대안적인 설명을 제거했다. 혹은 시스템 외부에서 온 예기치 못한 충격을 관찰하는 '자연 실험(natural experiment)'을 시행할 수도 있다. 만약 특정 요인에 갑작스러운 변화가 있고 다른 변수들은 그대로라면, 시스템의 반응은 온전히 해당 외부 충격 때문이라고 확신할 수 있을 것이다. 다음 절에서 그러한 예를 하나 다룰 것인데, 여기서 연구자들은 스타 과학자의 예상치 못한 죽음을 통해 그 동료들의 생산성과 영향력에 미치는 스타 과학자들의 영향력을 정량화했다.

9.2   보이지 않는 대학

학생과 계산원의 예를 통해 개인이 동료들과 직접 상호작용할 때 동료 효과가 가장 두드러짐을 알 수 있다. 한 예로, 학생의 GPA 향상은 개별 방 단위에서는 관찰되었지만 기숙사 전체로 봤을 때는 확인할 수 없었다.[149] 다시 말해 특출난 학생이라도 기숙사 아래층에 사는 학생의 성과에는 아무런 영향을 미치지 않는다는 것이다. 이와 비슷하게, 생산적으로 변한 계산원들은 스타급 동료가 해당 시간대에 함께 일하는 것을 볼 수 있었던 사람들이었다. 동일 근무 시간대에 일하더라도 스타급 동료가 참여하는 것을 알아채지 못한 사람들은 평상시 속도를 유지했다.[150] 하지만 과학에서 특별히 흥미로운 점은 관측된 동료 효과 중 다수가 물리적 근접성에만 의존하지 않는다는 점이다. 오히려 그 효과는 물리 공간을 초월해 관념의 세계로 이어진다. 이를 증명하기 위해, 슈퍼스타 과학자가 예기치 못하게 죽음을 맞이했을 때 어떤 일이 일어나는지 살펴보자.

　슈퍼스타 과학자가 갑자기 죽음을 맞이했을 때, 그

와 공동 작업을 한 적 있는 저자들의 생산성과 영향력(출판량과 피인용 수, 미국국립보건원에서 받은 연구 지원금으로 측정)이 어떻게 달라지는지 확인한 연구가 있다.[115] 슈퍼스타의 죽음 후 동료들의 출판률(질적 보정 반영)은 지속적으로 5~8% 감소했다. 흥미롭게도, 이 효과는 사회적 혹은 물리적 근접성보다는 교체될 수 없는 아이디어의 근원이 상실되었기 때문이었다. 실제로 유사한 문제들을 연구하던 공저자들이, 상이한 주제를 연구하던 공저자들보다 급격한 생산성의 감소를 경험했다. 슈퍼스타의 공저자 중 가장 많이 인용된 이의 경우, 덜 알려진 다른 공저자들보다 생산성이 가파르게 감소했다. 이 결과들은 17세기 과학자 로버트 보일(Robert Boyle)이 언급한 과학자의 '보이지 않는 대학(invisible college)', 즉 특정 과학 주제와 아이디어로 결속한 집단이 존재함을 뒷받침한다. 스타 과학자를 잃으면 이 집단은 영구적이고 영향력이 큰 지적 손실을 경험한다.

소비에트 연방이 붕괴한 후 소비에트 과학자들이 대규모로 이주했을 때도 비슷한 효과가 관찰되었다. 어느 연구에서, 공동 연구자가 갑자기 다른 나라로 떠나 버렸을 때 러시아에 남은 수학자들의 성과를 탐구했다.[154] 연구에 따르면 평균 수준의 동료 혹은 공동 연구자의 이주는 남겨진 연구자들의 생산성에 영향을 주지 않았다. 실제로, 남겨진 동료 중 일부는 성과가 약간 향상되기도 했다. 인적 손실로 인해 남겨진 사람들이 오히려 기회를 얻었기 때문일 것이다. 하지만 최고 수준의 공동 연구자들이 준 손실을 해당 분야의 생산성으로 측정하자 중대한 영향을 확인할 수 있었다. 공동 연구자의 수준에 따라 남겨진 연구자의 순위를 매겼을 때, 상위 5%의 저자들은 이주한 공동 연구자가 10% 증가할 때마다 출판량이 8% 감소했다. 이를 통해 평균 수준의 공동 연구자의 손실은 감당할 수 있는 정도이지만, 뛰어난 공동 연구자의 손실은 부정적인 영향을 주는 것을 알 수 있다.

상자 9.3 도움이 되는 과학자

스타 과학자는 개인의 생산성을 비롯해 피인용 수, 논문 수, 특허 수와 연구 기금 같은 결과물로 정의된다.[157] 하지만 이러한 우수성이 특정 기관에서 한 과학자가 갖는 가치를 정확하게 설명할까? 학부에서 어떤 타입의 과학자를 고용해야 할까? 높은 영향력 지수(IF, Impact Factor)를 갖는 논문을 빠르게 이어서 출판하지만 학과 회의에는 거의 보이지 않는 연구자일까, 약간 느리지만 학부가 고민하는 문제를 풀고자 하며 세미나에 잘 참석하고 동료의 발표되지 않은 연구에도 피드백을 제공하는 연구자일까?

두 가지 모두 서로 다른 방식으로 중요하다. 실제로, '스타' 과학자는 동료들의 생산성과 장래 고용에 큰 영향을 줄 수 있음을 확인했다. 하지만 다른 연구들에서 '도움이 되는' 과학자들은 또 다른 도드라지는 특징을 갖는다는 것을 밝혔다. 바로 무언가 주고자 하는 것이다.

한 예로, 논문의 '감사의 말(acknowledgement)' 부분을 분석해 다른 연구자들에게 자주 언급된 과학자를 '도움이 된' 과학자로 분류한 연구가 있다.[158] 이 도움이 되는 과학자들이 갑자기 죽었을 때, 동료들이 출판한 논문의 질(양은 아닐지라도)이 가파르게 감소했다. 반대로 도움이 상대적으로 덜했던 과학자들의 죽음 후에는 그러한 감소가 나타나지 않았다. 또한, 비판이나 조언과 같은 개념적인 피드백을 제공했던 과학자들은 자료 열람, 과학적 도구 제공, 혹은 기술적인 작업 등에서 도움을 주었던 사람들보다 동료들의 성과에 더 큰 영향을 주었다. 성과에 도움을 주는 보이지 않는 사회적 차원이 존재하는 것이다. 도움을 주고 협력하는 것은 그저 좋은 일일 뿐 아니라 동료들의 과학적 성과를 실제로 향상한다.

이 발견은 나치 정부가 1925~1938년에 동료 과학자들을 해고한 후 독일의 과학 분야 교수들의 동료 효과를 탐구한 연구에서도 일관되게 나타났다.[155] 평균 수준인 공저자의 손실은 물리학 교수의 생산성을 약 13% 감소시켰고, 화학에서는 약 16.5% 감소시켰다. 하지만 평균보다 높은 수준의 공저자 손실은 더 큰 생산성의 손실로 이어진 것을 다시 확인할 수 있었다. 분명히 말하지만, 여기서 고려한 공저자들은 동일 대학의 동료일 필요가 없었고, 많은 경우 독일 전역의 도시와 기관에 흩어져 있었다. 최소한 과학에서는 개인이 속한 영역의 '보이지 않는 대학'이 소속 대학만큼 중요함을 다시 한번 알 수 있다.[156]

이 장에서는 과학자들의 생산성과 창의성이 공동 연구자들과 동료들로 이루어진 네트워크에 의존함을 보임으로

써, 과학의 연결된 특성을 설명했다. 과학은 개인의 재능을 강조하고 독립적인 생각에 열광하지만, 그것만큼이나 과학자들은 서로 강하게 의존한다. 실제로 우리의 생산성은 학과 동료들이 우리와 협동 연구를 하든 말든, 또 그들의 연구가 우리의 연구와 직접적 관련이 있든 없든 그들로부터 강한 영향을 받는다. 중요한 것은, 우리가 단순히 옆집 이웃에게 영향을 받는 것이 아니라는 점이다. 공동 연구자가 얼마나 멀리 있는지와 상관없이, 그들의 성과가 아이디어의 네트워크를 통해 전달되어 경력에 오랫동안 남을 영향을 만들기도 한다. 그러므로 외로운 천재라는 개념은 결코 적절하지 않다. 과학에서 우리는 절대 혼자일 수 없다.

10장. 공저자 네트워크

역사를 통틀어 여덟 명의 수학자만이 500개 이상의 논문을 출판했다. 뤼시앵 고도(Lucien Godeaux, 1887~1975)도 그 중 한 명이다.[159] 다작으로 유명한 벨기에의 수학자인 그는 역사상 가장 많이 출판한 인물 5위에 올랐다. 이 목록의 맨 위에는 1장에서 만났던 헝가리 수학자 에르되시 팔이 있다.

그런데 고도와 에르되시 사이에는 근본적인 차이가 있다. 고도는 그가 출판한 644개의 논문 중 643개의 단독 저자였다. 다시 말해 그는 경력 중 **단 한 번**, 수학을 탐구해 나가는 외로운 여정에서 다른 누군가와 함께 논문을 작성 하는 대담한 도전을 한 것이다. 반면 에르되시는 압도적인 생산성뿐 아니라, 500명 이상의 공저자와 협력했다는 점으로 잘 알려져 있다. 실제로 에르되시의 대부분 논문은 공동 연구의 산물이었고, 여기에서 사람들은 '에르되시 수'라는 지표를 생각해 냈다. 에르되시라는 수학계 거물급과 자신 의 거리가 얼마나 떨어져 있는지 궁금했던 이전 세대의 수 학자들에게 유명했던 개념이다.

정의상 에르되시의 에르되시 수는 0이다. 에르되시와

최소 한 편의 논문을 함께 쓴 사람들은 에르되시 수가 1이다. 에르되시의 공저자들과는 함께 논문을 썼지만, 에르되시와는 공동 연구를 해 본 적 없는 사람들의 에르되시 수는 2이고, 계속 이렇게 이어진다. 에르되시 수가 1이라는 것은 비견할 수 없는 영광이다. 에르되시의 많다면 많고 적다면 적은 동료 연구자 중 하나라는 뜻이니 말이다. 그보다는 덜해도, 에르되시로부터 2단계만큼 떨어져 있다는 것도 아주 특별하다. 에르되시 수가 작다는 것은 수학계에서만이 아니라 다른 분야에서도 자랑할 만한 일이다. 실제로 모든 영역의 과학자들은 이 소중한 숫자를 농담을 나눌 때 언급할 뿐 아니라, 이력서나 웹사이트에도 기록한다.

에르되시 수는 과학 공동체가 고도로 상호 연결된 그물을 만들고 있음을 보여 준다. 이 그물에서 과학자들은 공동 연구한 논문을 통해 서로서로 연결되어 있다. 이 그물은 종종 공저자 네트워크(coauthorship network)라 불린다. 그렇다면 공동 연구 방식 기저에 어떤 패턴이 존재할까? 어떤 종류의 과학자들이 가장 많이 혹은 가장 적게 다른 과학자와 공동 연구하고자 할까? 공저자 네트워크를 이해하고, 이 네트워크가 알려 주는 구조와 과학의 진화에 관한 통찰을 얻는 것이 이번 장의 주요 관심사이다.

10.1 공저자 네트워크 살펴보기

2000년대 무렵 디지털화된 방대한 출판 기록에 접근할 수 있게 되면서, 연구자들은 거대한 규모의 공저자 네트워크를 구성해 물리학[160, 164], 수학[161~164], 생물학[164], 컴퓨터과학[165], 뇌과학[163] 분야의 공동 연구에서 나타나는 패턴을 연구했다. 공저자 네트워크를 구성하려면, 개별 출판물을 살펴보고 한 논문에 두 과학자가 함께 등장하면 그들 사이를 연결해야 한다. 그림 10.1은 무작위로 선택된 저자를 둘러싼 공저자 네트워크의 지엽적 구조를 보여 준다. 강조된 중앙 노드가 임의로 선택된 저자이다.[160] 이 네트워크를 빠르게 살펴보면 공동 연구의 몇 가지 중요한 특성을 확인할 수 있다. 첫째로, 이 네트워크는 소수의 연결성이 좋은 노드나 허브(hub)*를 통해 서로 결속되어 있다. 여기서 허브는 에르되시와 같이 고도로 협력적인 개인이다. 둘째로, 이 네트워크는 밀도 높게 연결된 저자들의 클리크(clique) 혹은 공동체로 구성되어 있다. 이 커뮤니티를 강조하기 위해, 클리크를 분별하는 커뮤니티 찾기 알고리듬을 공저자 네트워크에 적용한 후[160] 확실하게 구분되는 클리크에 속해 있는지에 따라 노드에 색을 입혔다. 인식할 수 있는 공동체에 속하지 않은 노드는 검은색으로 나타냈다. 그림이 보여 주는 것처럼,

---

* 중심지, 중추라는 의미의 단어. 특히 노드와 이들의 연결인 링크로 이루어진 네트워크에서 허브는 연결선 수가 압도적으로 많은 노드를 의미한다. 인적 네트워크에서 허브는 마당발 같은 존재라고 이해할 수 있다.

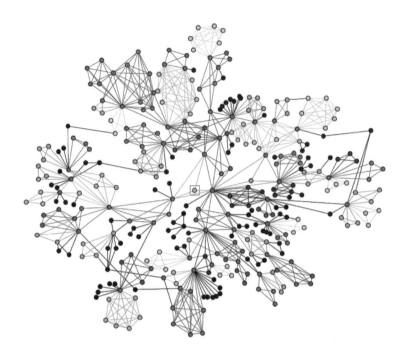

그림 10.1 공저자 네트워크. 그림은 임의의 개인(빨간 사각형)에 인접한 물리학자들의 네트워크로, 물리학 공저자 네트워크의 지엽적인 구조를 보여 준다. 이 네트워크는 코넬 대학교의 기록 보관소 서버(cond-mat)에서 얻은 논문을 기반으로 구성되었다. 이 기록 보관소는 널리 사용되는 arXiv의 전신으로 당시 3만 명이 넘는 저자가 포함되어 있었다. 각 노드는 과학자 1명이며, 링크는 출판물의 공저자로 맺어진 관계이다. 색으로 표현된 공동체는 네트워크 안에서 국소적으로 밀도 높게 연결된 공저자 그룹을 뜻한다. 검은색 노드와 링크는 어느 커뮤니티에도 속하지 않았다.[160]

대다수의 노드는 색을 갖고 있다. 다수의 과학자가 구분이 가능한 1개 이상의 커뮤니티에 속해 있다는 뜻이다.

10.2 공동 연구자의 수

수학계 안에서 500명이 넘는 공저자를 갖는 에르되시는 확실히 예외적인 인물이다. 그렇다면 이것이 수학계에서는 얼마나 특이한 경우일까? 이를 알아보기 위해 생물학, 물리학의 공동 연구 네트워크와 수학의 공동 연구 네트워크를 비교했다.[164] 네트워크에서 노드의 핵심적인 성질은 그 노드의 **이웃 수(degree)**로, 해당 노드가 다른 노드와 연결된 링크를 몇 개 갖는지를 나타낸다.[67, 68] 공저자 네트워크의 맥락에서 노드 i의 이웃 수 k_i는 과학자 i가 갖는 공동 연구자의 수를 의미한다. 이 세 분야 과학자들의 공동 연구자 수 분포 $P(k)$가 그림 10.2에 나타나 있다. 각 분포는 모두 두꺼운 꼬리 분포를 따르며, 이를 통해 분야와 상관없이 거의 모든 과학자가 소수의 공저자와만 일하고, 수많은 공저자와 일하는 경우는 아주 드문 것을 알 수 있다. 하지만 모두 두꺼운 꼬리 분포일지라도 개별 곡선은 서로 다른 패턴을 따른다. 실제로 생물학(검은색)은 꼬리가 길어 더 많은 공저자를 갖는 경향이 있다. 반면에 수학(초록색)은 세 분야 중 가장 감소가 빠르게 일어난다. 공동 연구를 많이 하는 개인은 수학 분야에서 드물다는 것이다. 즉 에르되시처럼 극도로 높은 수준의 협업자는 모든 분야에서 아주 드물다.

중요한 것은 한 과학자가 기존에 같이 일하고 있는 공저자의 수로 그 과학자가 앞으로 만들어갈 협력 관계의 가능성을 예측할 수 있다는 점이다. 3부에서 다룰 '선호적 연결'과 관련된 이 개념에 따르면 우리는 많이 협력하는 사람

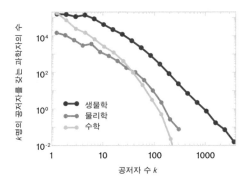

그림 10.2 다양한 형태의 공저자 네트워크. 물리학, 생물학, 수학 분야 학자들의 공저자 수 분포. 모두 두꺼운 꼬리 분포를 따른다.[164]

들과 공동 연구를 할 가능성이 크다. 실제로 어떤 저자가 처음으로 논문을 발표했다면, 그 저자가 그의 지도교수처럼 이미 많은 수의 공저자를 갖고 있는 연륜 있는 저자와 공저자로 출판할 확률이 공동 연구의 연결이 부족한 동료 대학원생의 공저자가 될 확률보다 높다.[163] 이는 공저자 네트워크에 포함된 과학자들 사이의 새로운 공동 연구에 관해서도 동일하게 적용된다. 연결이 적은 저자들 사이에 링크가 생길 확률보다, 많이 연결된 저자들 사이의 링크가 연결될 가능성이 크다. 선호적 연결의 결과 공저자가 많은 연구자일수록 공저자 집단을 더 빠르게 증가시킬 수 있고, 그 결과 과학 공저자 네트워크의 허브로 성장하게 된다.

10.3 좁은 세상

에르되시 수가 퍼져 나가면서, 세계의 수학자들은 소수로 이루어진 수학계의 중심에서부터 자신까지의 거리를 계산하기 시작했다. 미시건 로체스터에 있는 오클랜드 대학교 수학과의 제리 그로스먼(Jerry Grossman) 교수가 그들의 노력을 문서화해 에르되시 수 프로젝트를 진행하고 있다.[166] 프로젝트 웹사이트를 방문해 보면 에르되시 수가 수학계를 넘어 확장되고 있음을 알 수 있다. 수학자들과 함께 기록된 사람들은 경제학자, 물리학자, 생물학자, 컴퓨터과학자 등 에르되시와의 연결성을 가질 만한 사람들이다. 한 예로 빌 게이츠(Bill Gates)도 1979년 크리스토스 파파디미트리우(Christos Papadimitriou)와 함께 쓴 논문 덕분에 그 목록에 포함되었다. 파파디미트리우는 에르되시의 공저자인 파볼 헬(Pavol Hell)과 논문을 쓴 덩 샤오티(邓小铁)와 함께 논문을 출판했다. 즉 게이츠의 에르되시 수는 4이다. 과학 출판에 참여한 적이 거의 없는 누군가와 어떤 헝가리 수학자 사이에 존재하는 거리치고는 짧게 느껴질지도 모른다. 하지만, 앞으로 보게 될 것처럼 과학자들 사이의 거리는 생각보다 짧은 경우가 많다.

멀리 있지만 가깝기도 한 이런 연결과 관련된 것이 '좁은 세상(small world)' 현상이다.[167] '6단계 분리 법칙(six degrees of separation)'이라는 이름으로도 알려져 있다(상자 10.1 참조). 네트워크과학 용어로 말하면, 이 개념은 네트워크에 존재하는 대부분의 노드 쌍 사이에 짧은 경로가 존재한다는 뜻이다. 실제로 공저자 네트워크에 있는 임의의 두 과학자 사이에 가장 짧은 링크 수를 세면 일반적으로 6이다. 이 패턴은 생물학자, 물리학자, 컴퓨터과학자,[165] 수학자, 그리고 뇌과학자[163] 사이에도 존재한다. 즉, 한 과학자가 다른 과학자를 임의로 선택할 때, 선택한 과학자의 이름을 한 번도 들어 본 적이 없더라도 이 두 과학자는 공저자 링크로 5~6단계를 거치면 연결될 수 있다는 것이다. 일반적인 과학자와 공저자 네트워크에서 연결성이 높은 허브 사이의 거리는 이보다도 훨씬 짧다. 예컨대 에르되시 팔과 다른 수학자 간의 거리는 평균 약 4.7로,[166] 네트워크 전체의 일반적인 거리보다 상당히 짧다.

상자 10.1 6단계 분리 법칙

좁은 세상 현상은 1990년 존 구아르의 브로드웨이 연극에서 따와 6단계 분리 법칙으로도 알려져 있다. 연극 속 한 캐릭터의 표현을 보자.

> 이 행성의 모든 사람은 다른 사람들과 딱 여섯 단계 떨어져 있다. 우리와 이 행성의 다른 모든 사람 사이에 딱 여섯 단계다. 미국의 대통령. 베니스의 곤돌라 사공…… 유명한 사람만이 아니다. 누구에게나 적용된다. 열대우림 지역의 원주민, 티에라델푸에고 사람, 이누이트인도 마찬가지다. 나는 이 행성의 모든 사람과 여섯 명의 사람으로 연결되어 있다. 얼마나 심오한가.

연구팀은 공저자 네트워크에 깊이 뿌리박고 있으므로 네트워크의 크기와 모양이 팀의 성과에 영향을 미칠 수 있다. 아주 규모가 크고 멀리 떨어져 있는 네트워크를 이루는 팀이라면 구성원끼리 6단계 이상 떨어져 있을 수 있고, 이 때문에 서로 고립되어 새로운 아이디어를 쉽게 교환하지 못할 수 있다. 반면 협력의 세계가 너무 좁으면 네트워크가 오히려 같은 생각을 반복하는 반향실이 되어 창의적 생각을 막을 수 있다. 이는 협업자들이 창조적인 생각을 육성하는 데 가장 유리한 환경을 제공하는 최적의 상태가 존재할 수 있다는 의미이다.

'좁은 세상 정도(small-worldliness)'가 어떻게 팀의 창의력에 영향을 주는지 알아보기 위해서 브로드웨이 뮤지컬을 창작하는 데 참여한 창의적인 예술가들의 협력 패턴을 살펴보자.[168] 브로드웨이 네트워크에서 두 예술가가 이전에 임의의 뮤지컬 제작에 프로듀서, 감독, 디자이너, 혹은 배우로 함께 참여했다면 이 두 예술가는 연결된다. 그림 10.3은 서로 다른 좁은 세상 특징을 나타내는 세 팀의 네트워크를 보여 준다. 여기서 W는 각 네트워크의 '좁은 세상 정도'를 나타낸다. 그림 10.3의 왼쪽 그림은 예술가들이 서로에게서 고립된, W가 낮은 '큰 세상'을 보여 준다. 이는 서로 다른 팀 사이에 존재하는 링크가 성기기 때문이다. 반면 오른쪽의 그림은 더 밀도 있게 연결된 경우이다(높은 W).

연구자들은 흥행 수익에 기반한 성과(금전적 성공)와 평론가들의 뮤지컬 평가 평균 결과(예술적 성공)를 바탕으로 각 팀의 성과를 측정했고, W가 팀의 성과와 상관성이

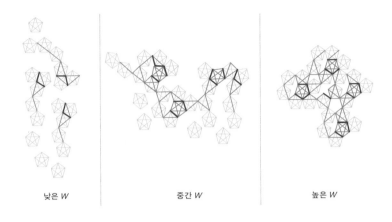

낮은 *W*   중간 *W*   높은 *W*

그림 10.3 좁은 세상과 팀의 성과. 좁은 세상 현상이 팀 성과에 미치는 역할을 설명해 주는 브로드웨이 예술가들의 네트워크 다이어그램. 매개변수 *W*는 네트워크의 '좁은 세상 정도'를 정량화한 것이다. *W*가 낮으면 팀 사이에 링크가 거의 없어 결과적으로 네트워크의 연결성과 결집도가 낮다. *W*가 높으면 팀 사이에 링크가 많고, 네트워크 구조의 연결성과 결집도가 높아진다. 중간 정도의 *W*일 때 좁은 네트워크의 연결성과 결집도가 최적이다.[168]

있음을 확인했다. *W*가 낮은 네트워크에 기반한 팀의 경우, 창의적인 예술가들도 성공적인 쇼를 개발할 가능성이 작았다. 팀 간 연결성이 낮은 조건에서 제작팀은 창조적인 생각을 네트워크에 있는 여러 사람과 교환하기가 어렵다. *W*가 증가하자 네트워크에 속한 예술가들은 더 결속력 있게 연결되었고, 전체 집단에 창조적인 내용의 흐름을 전파할 수 있었다. 이렇게 증가한 정보의 흐름 덕에 유용한 조언이나 전통이 더 잘 퍼져 나갔고, 다양한 피드백이 오가 예술가들이 대담한 시도를 하고 성과를 낼 수 있었다.

하지만 이는 일정 정도까지만 적용되었다. 연결성과 결집도가 너무 높으면(*W*가 높은 네트워크) 창의성에 방해가 된다는 사실을 같은 연구가 밝혔다. 아주 끈끈한 팀은 자신들이 공유하고 있는 이해에 반하는 유용한 정보를 간과하는 경향을 보였다. 요약하자면, 브로드웨이의 데이터에 따르면 팀은 자신들이 속해 있는 네트워크가 너무 크지도 작지도 않을 때 가장 좋은 성과를 냈다.

10.4 연결된 덩어리

빌 게이츠의 에르되시 수(4)가 작다는 사실은 더 근본적인 질문을 제시한다. 왜 게이츠에게 에르되시 수가 있는가? 무엇보다 게이츠가 에르되시 수를 가지려면 게이츠와 에르되시 사이를 잇는 경로가 공저자 네트워크에 존재해야만 한다. 그런 경로가 존재하지 않는다면 게이츠의 에르되시 수는 무한대가 될 것이다. 게이츠가 에르되시 수를 갖는다는 것은 게이츠와 에르되시가 공저자 네트워크에서 같은 '연결된 덩어리(connected component)'에 속해 있다는 뜻이다. **연결된 덩어리**란 근접한 노드로 이루어진 경로들을 통해 서로서로 연결되어 있는 노드의 그룹을 의미한다. 실제 공저자 네트워크의 핵심적인 특징은 이 네트워크의 **연결성**이다. 공동체에 속한 거의 모든 사람은, 중개자 역할을 하는 공저자로 이어지는 몇몇 경로를 통해 대체로 다른 모든 사람과 연결된다. 한 예로, 그림 10.2에서 보았던 세 분야의 네트워크 안에서 연결된 덩어리들의 개수를 세면 가장 크게 연결된 덩어리가 80~90%의 공저자를 포함하고 있음을 알 수 있다. 크게 연결된 덩어리 하나는 '보이지 않는 대학'

역할을 한다. 여러 대학교와 대륙의 과학자들을 연결하고, 가치와 지식을 공유하는 사회적이고 전문적인 공동체를 구성하는 것이다.

상당히 많은 수의 과학자가 같은 덩어리의 구성원이라는 사실을 통해 몇 가지 결론을 끌어낼 수 있다. 첫 번째로 가장 분명한 것은 과학자들이 협력한다는 것이다. 하지만 과학자들이 항상 같은 공저자와만 협력하면 네트워크는 작은 패거리로 조각나 서로 고립된다. 이는 생각이 고립된 학교를 만들며, 그림 10.3의 낮은 W를 갖는 네트워크와 유사할 것이다. 운이 좋게도 우리의 보이지 않는 대학은 광활하다. 하지만 과연 무엇이 공저자 네트워크에 속한 모든 과학자 중 **80%** 이상을 하나로 유지해 줄까? 이 과정을 근본적으로 이해하면 팀 형성의 본질을 더 잘 알 수 있다. 이 법칙을 살펴보기 위해 닭장을 찾아가 보자.

11장. 팀 구성

퍼듀 대학교의 축산학 교수 윌리엄 뮤어(William Muir)는 '닭'이라는 맥락에서 팀의 생산성을 고민했다.[169] 구체적으로 뮤어는 암탉 그룹을 서로 다른 닭장에 넣어 닭들이 낳는 달걀의 수를 최대화할 수 있을지 알아보고 싶었다. 일부러 생산적인 팀을 구성할 수 있을까? 이 질문은 사람을 대상으로 답하는 것보다 닭을 대상으로 답하기가 훨씬 쉽다. 닭장을 옮기는 것에 대해 암탉의 허락을 받을 필요가 없기 때문이기도 하지만, 달걀의 개수를 세기만 하면 성과를 측정할 수 있기 때문이다.

뮤어는 두 종류의 닭장을 만들었다. 우선 그는 개별 닭장에서 가장 생산적인 암탉을 선별했고, 그들을 같은 우리에 넣어 '최고의 닭' 그룹을 만들었다. 그다음 가장 생산적인 **우리**, 즉 개별 닭들의 생산성과 상관없이 가장 달걀을 많이 생산한 암탉 그룹을 선정해 그 팀은 그대로 두었다. 최고의 닭 그룹의 자손은 기존의 가장 생산적인 팀의 자손보다 얼마나 높은 생산성을 가질까? 이를 알아보기 위해 이 두 그룹이 6세대(generation)를 생산하도록 했고(축산학에서의 일반적인 과정), 그 후에 달걀의 수를 측정했다.

6대가 되었을 때 가장 생산적인 기존 우리(대조군)는 꽤 잘 해내고 있었다. 그 집단은 건강하고 몸집 좋고 털이 수북했으며 달걀 생산량도 세대를 거듭할수록 급격하게 증가했다. 최고의 닭 그룹은 어땠을까? 학회에서 결과를 발표하던 뮤어는, 세심하게 선정한 최고의 선수들의 후손에 관한 슬라이드 한 장을 보여 주었다.[170] 청중들은 말을 잇지 못했다. 6대가 지난 후 닭장에 남은 닭의 수는 9마리에서 3마리로 줄었다. 나머지는 다른 닭들에게 살해되었다. 그들의 선조들이 보여 주었던 굉장했던 달걀 생산은 과거의 일이 되었다. 최고의 닭들의 남겨진 후손은 건강하지 않았고 서로 싸워서 패인 상처가 가득했으며, 큰 스트레스에 시달려 간신히 몇 개의 달걀을 낳을 뿐이었다.

사람들은 단순히 최고 중의 최고를 모으면 성공적인 팀을 만들 수 있으리라고 생각한다. 닭으로 진행된 뮤어의 실험은 그보다 더 심오한 것이 있음을 상기해 준다. 물론 유능한 팀 동료도 필요하다. 하지만 "개인이 혼자 일할 때 얻을 수 있는 능력치를 넘어서는 무언가를 성취하기 위해서"[171] 함께 일하는 법도 배워야 한다. 기억에 남는 요리법과 마찬가지로, 팀 구성은 단순히 냉장고에서 찾아낸 최고의 재료를 던져 넣는 것이 아니다. 어떻게 이 재료들이 어울릴 수 있을지를 고민해야 한다.

그렇다면 과학자들은 어떻게 거대한 팀의 동역학에 해를 입히지 않으면서 개인의 재능을 극대화할 수 있을까? 왜 어떤 팀은 예상대로 거듭 대박을 치며 성공하는데, 다른 팀은 재능 있는 이들로 넘치는데도 실패할까? 시간이 흐르며 몇 가지 재현 가능한 패턴들이 나타났고, 이를 통해 과학 팀의 성과 실패를 예측하는 데 도움을 얻을 수 있었다.

11.1 '지나친 재능'이 있을까?

사람의 경우, 한 팀에 재능이 지나치게 많은 것을 경계해야만 할까? 우리는 뮤어가 했던 것처럼 가장 성과가 좋은 사람을 한데 모으면 가장 탁월한 성과를 얻으리라 생각하는 경향이 있다. 이런 접근에 붙이는 이름도 있다. 바로 '올스타팀(all-start team)'이다. 적어도 올스타팀이라면 더 큰 재능을 끌어내도록 돕는 최소한의 영향력은 있을 것 같다. 정말 그런지, 듀크 대학교의 영문학부를 살펴보자.

학계에 올스타팀이 있었다면, 바로 1980년대 후반부터 1990년대 초반까지의 듀크 대학교 영문학부일 것이다.[172, 173] 듀크 대학교의 인지도를 높이려던 소속 행정가들은 최고 중의 최고들을 고용하기로 했다. 행정가들은 1984년 라이스 대학교에서 온, 당시 학과에서 가장 유명한 졸업생인 프랭크 렌트리키아(Frank Lentricchia)를 고용했고, 렌트리키아의 추천을 받아 존스홉킨스 대학교의 스탠리 피시(Stanley Fish)를 학과장으로 임용했다. 피시는 학과장으로서 타협 없는 값비싼 임용에 애썼고, 결국 전설이 되었다. 피시는 스타였거나 스타가 될 학자들을 고용하는 재주가 있었다. 몇 년 지나지 않아 그는 여러 곳에서 눈에 띄는 교수들을 끌어왔다. 후에 미국현대어문학회(MLA)의 회장이 되는 바버라 헌스타인 스미스(Barbara Herrnstein Smith)을 비롯해 구겐하임의 선임 연구원 재니스 래드웨이(Janice Radway), 선구적인 동성애 이론가인 이브 코소프스키 세지윅(Eve Kosofsky Sedgwick), 조너선 골드버그(Jonathan Goldberg)와 마이클 문(Michael Moon), 이후 아프리카계 미국인 연구소의 설립자가 되는 헨리 루이스 게이츠 주니어(Henry Louis Gates Jr.), 선구적인 중세문학 연구자 리 패터슨(Lee Patterson)과 그의 영향력 있는 부인 애너벨 패터슨(Annabel Patterson)까지 말이다.

피시는 꽤 괜찮긴 했지만 고루했던 영문학부를 순식간에 문학계의 명사 인명록으로 탈바꿈시켰다. 그리고 이러한 변화들은 영향력을 끼치기 시작했다. 1985~1991년에 대학원 지원자가 4배나 늘어났고, 듀크 대학교 영문학과는 《US뉴스》의 젠더와 문학 영역 평가에서 미국 내 1위를 차지했다. 1992년 외부 평가위원이 방문했을 때, 학과에 대한 평가는 감탄뿐이었다. "영문학과 외부 교수진들이 '영문학과가 듀크 대학교 인문학의 엔진 혹은 생명 펌프라거나, 크게 볼 때 대학교 전체의 지적 에너지와 자극의 제공자'라고 입을 모아 칭송하는 것에 매우 놀랐다. 이런 종류의 변화를 만들어 내는 것은 쉬운 일이 아니다."

정기 평가를 위해 6년 후 학과를 다시 방문한 외부 평가위원들이 얼마나 충격을 받았을지는 상상만 할 뿐이다. 1997년 봄이 끝날 무렵, 세지윅과 문, 골드버그는 다른 곳에서의 제의를 수락했고,《미국문학(*American Literature*)》

의 편집자인 캐시 데이비슨(Cathy Davidson)은 교수직을 사임하고 대학교의 관리직으로 전환했다. 리 패터슨과 그의 부인은 예일 대학교로 떠났다. 렌트리키아가 듀크에 남았지만, 영문학부를 떠나 그의 분야를 대놓고 비판했다. 듀크 왕국을 시작했던 피시 또한 그의 부인이자 미국학자인 제인 톰킨스(Jane Tompkins)와 함께 시카고의 일리노이 대학교로 떠나 7월부터 인문과학대학의 학장을 맡을 것이라는 계획을 발표했다. 그때까지 톰킨스는 실질적으로 가르치는 일을 그만두고 지역 식당에서 요리사로 일했다. 슬프게도, 올스타 학부의 교수들은 연구나 가르치는 일로 바쁜 것이 아니라 서로 간에 자의식을 연료로 한 전쟁을 벌이고 있었던 것으로 보인다. 한때 너무도 훌륭했던 학부의 극적인 쇠락은 《뉴욕타임스》의 표지를 장식하면서, 그 평판을 마감했다.[172]

　　듀크 대학교 영문학과에서 일어난 일을 심리학자들은 '지나친 재능 효과(too-much-talent effect)'라고 한다.[174] 이 효과는 여러 다른 팀 구성에도 적용된다. 예컨대 테스토스테론이 유난히 높은 개인들로 이루어진 팀은 성과가 낮다. 우위를 점하려고 구성원 간 싸우기 때문이다.[175] 높은 지위의 구성원이 다수를 차지하는 예도 금융 연구팀의 성과에 부정적인 영향을 미쳤다.[176] 오해하지 말아야 할 것은, 재능이 출중한 개인이 팀 성공에 아주 중요한 역할을 한다는 것은 분명하다는 점이다. 많은 연구가 더 많은 재능을 투입할수록 팀의 성과가 나아짐을 보여 주고 있다. 하지만 이 효과는 일정 정도까지이고, 그 이상이 되면 이점을 보장할 수 없다.

그렇다면, 언제 '올스타'가 '지나친 재능'이 되는 것일까? 서로 다른 스포츠 사이의 성과 비교를 통해 기본적인 답을 얻을 수 있을 것이다. 연구자들은 실제 스포츠 데이터를 사용해, 농구나 축구 모두에서 엘리트 선수의 비율이 가장 큰 팀의 성과가 최고 수준의 선수 비율이 좀 덜한 팀의 성과보다 못하다는 사실을 발견했다.[174] 하지만 야구에서는 최고 수준의 재능을 가진 선수들을 극단적으로 축적한 팀에서 그와 같은 부정적인 효과가 없었다. 야구는 조화를 이룰 필요가 적고 팀 구성원의 역할이 농구나 축구보다 독립적이라는 점에서 차이가 나타나는 것일 수 있다. 이를 통해 '올스타'가 '지나친 재능'이 되는 것은 구성원 간의 끈끈한 협업이 필요할 때 더 두드러짐을 보여 준다.

과학에 적용해 볼 때 이러한 발견이 전하는 바는 분명하다. 과학적 협업만큼 조화가 필요하고, 상호작용하며, 팀워크의 조화가 요구되는 경우도 드물다. 과부하가 걸린 축구팀이나 듀크 대학교의 영문학부와 같은 운명으로 고통받지 않도록, 과학팀을 구성할 때 지나치게 올스타로 구성해서는 안 된다.

11.2 적절한 균형

성공적인 팀을 구성하려면 재능을 찾아 나서야 할 뿐 아니라 서로 조화를 이룰 팀 구성원을 선택해야 한다. 어떻게 이 균형을 찾을 수 있을까? 조화롭게 발맞추며 앞으로 나아가기 위해 같은 언어를 사용하는 익숙한 사람들과 일하는 것이 나을까? 아니면 기존 팀원과 다른 경험, 전문성, 노하우를 보유해 팀이 풀 수 없는 문제를 해결하는 데 도움이 될 사람을 택해야 할까? 심리학, 경제학, 사회학 등 다양한 분과의 연구자들을 매료시킨 이 질문은 팀 과학을 다룬 문헌에서 가장 많이 탐구한 주제이다.[137] 이 연구들은 주로 팀 내에 다양성이 클수록 다양한 관점을 갖게 되고, 더 나은 결과를 얻게 된다고 가정한다. 하지만 다양성이 항상 좋은 것은 아니라고 믿을 만한 근거들도 있다. 다양성은 창의성의 원동력이 될 수도 있지만, 갈등과 의사소통 오류의 원인이 될 수도 있다.[177] 우리는 다음과 같은 질문을 던질 수 있다. 과학 협업에서 다양성은 해로울까, 이로울까?

최근 연구들은 국적, 인종, 기관, 성별, 학문적 나이, 학문적 배경 등 다양성의 여러 측면을 포괄적으로 평가했다. 이 연구들에 따르면, 과학팀 내부의 다양성은 생산성이나 일의 영향력 각각 혹은 모두를 증대시켜 팀의 효율성을 올린다. 이 영역에서의 몇 가지 중요한 발견을 간단히 확인해 보자.

- **인종 다양성:** 연구에 따르면, 인종 다양성을 척도로 했을 때 다양성 혹은 다양성의 부재는 출판량과 출판물의 영향력 모두에 큰 영향을 준다.[178,179] 일반적으로 영문 이름의 성을 가진 저자는 영문 이름의 성을 갖는 저자와 더 많이 공동 연구했고, 중국어 이름을 가진 저자는 중국인 과학자와 공동 연구를 더 많이 하는 경

향을 보였다. 하지만 이러한 동종친화적 결과로 나온 논문들은 영향력이 낮은 학술지에 발행되거나 피인용 수가 낮았다. 미국 기반의 저자들이 1985~2008년 저술한 250만여 개의 논문을 대상으로 인종 다양성을 연구한 결과, 네다섯 명의 저자가 모두 다른 인종일 때가 같은 인종의 저자일 때보다 피인용 수가 평균 5~10% 높았다.[178,179]

- **국가 다양성:** 같은 효과가 국가 다양성에도 적용된다.[179,180] 1966~2012년 8개의 분야에서 출판된 모든 논문을 분석했을 때, 다양한 국가의 과학자가 저자로 참여한 논문이 영향력이 더 높은 학술지에 출판되는 경향이 있었고, 피인용 수도 높았다.[180]

- **기관의 다양성:** 서로 다른 기관의 사람들과 팀을 이루는 것이 생산성을 안정적으로 높이고, 같은 복도에 있는 누군가와 팀을 이루는 것보다 피인용 수도 높은 것으로 보인다.[139,143,179] 30여 년간 출판된 420만 개의 논문을 분석한 결과, 거의 모든 과학, 공학, 사회과학 분야에서 다양한 대학 간의 공동 연구가 학내 공동 연구보다 인용 측면에서 꾸준한 이득을 얻는 것을 확인했다.[143]

흥미롭게도, 다양성의 여러 척도 중 팀의 인종 다양성이 연구 결과물의 영향력을 가장 많이 끌어올리는 것으로 보인다. 한 연구자 그룹이 연구 영향력과 팀 다양성의 다섯 가지 척도(인종, 학과, 성별, 소속, 학문적 나이)의 관계를 탐구하기 위해 600만여 명의 과학자들이 참여한 900만 개가 넘는 논문을 분석했다.[181] 이 다양성 측정치를 각 팀의 5년간 피인용 수에 대해 도식화한 결과, 인종 다양성이 다른 어느 영역보다 강하게 영향력과 상관성을 보였다(그림 11.1a). 더 나아가 연구자들은 다른 요인이 아닌 인종 다양성이 영향력 향상의 배경임을 보였다. 실제로 출판 연도, 저자 수, 연구 분야, 출판 전 저자의 영향력 정도, 그리고 대학의 순위를 통제한 후에도 다양성과 과학적 영향력의 뚜렷한 상관성이 남아 있었다. 그중 팀의 인종 다양성은 10.63%나 되는 영향력 향상과 상관이 있었다.

이러한 관계성에 대한 한 가지 설명은, 더 넓은 다양성의 공동 연구자와 협업하는 과학자가 더 나은 과학을 한다는 것이다. 즉, 앞에서 설명한 이점들은 열린 마음으로 이루어지는 협력적인 팀 구성 덕분이지, 인종 다양성 자체에서 오는 것이 아니라는 것이다. 이를 확인하기 위해, 연구자들은 '개인별 다양성(individual diversity)'이라는 측정 도구를 개발했다. 이 측정값은 한 연구자가 어느 시점 이전까지 함께 연구한 공동 연구자들이 얼마나 인종적으로 다양했는지를 종합한 값이다. 이 값을 특정 논문 공저자들의 인종 다양성 정도를 측정하는 '팀'의 다양성과 비교한다. 결과에 따르면 팀 다양성과 개인별 다양성 모두 유용하지만, 팀 다양성이 과학적 영향력에 더 큰 효과가 있다(그림 11.1b). 다시 말해 영향력은 개별 구성원이 다양성에 얼마나 열린 마음을 갖는지가 아니라, 실제로 얼마나 팀이 다양한지와 상관이 있다.

하지만 여전히 이 영향력 향상에 숨어 있는 메커니즘
은 확실치 않다. 예컨대 높은 수준의 연구자들이 전 세계에
서 가장 우수한 사람들을 끌어들이기 때문일 수 있고, 서로
다른 문화가 다양한 생각들을 배양하면서 아이디어를 만들
어 갔기 때문일 수도 있다. 그러나 밑바탕이 되는 메커니즘
과 상관없이, 팀의 인종 다양성은 그 자체로 함축적 의미가
있으며 그것만으로 그 팀의 과학적 영향력을 가늠해 볼 수
있다.[181] 예를 들어, 구인 담당자가 신규 고용을 통해 기존에
있던 구성원들의 인종 구성을 보완하면서 인종 다양성을
장려하고자 할 수 있다. 더 나아가 서로 다른 기술을 다루는
협력자들은 종종 복잡한 과제를 수행해야 하는데, 이 결과
에 따르면 학제 간 다양성은 다양성의 여러 핵심적 요소 중
하나에 불과하다. 종합하면, 서로 다른 인종으로 이루어져
문화적으로나 사회적으로 다양한 관점을 가진 개인들은 성
과와 영향력 측면에서 성공할 가능성이 있다.

하지만 반드시 기억해야 할 것은, 이 장에서 다룬 연
구들이 출판 데이터를 대상으로 한 것이라는 점이다. 즉 이
발견들은 애초에 **출판할 수 있을 정도로 성공한 팀**에 대한
제한적인 결과이다. 의사소통과 비용 분배, 학문 분야라는
장벽 때문에 다양성이 높은 팀이 출판 전 단계에서 실패할
확률이 더 높을 수도 있다. 미국국립과학원이 지원한 500
개 이상의 연구 과제들을 분석한 결과, 가장 다양한 팀이 평
균적으로 가장 덜 생산적이었다. 다양성이 높으면 출판이
어렵거나 아예 출판하지 못할 확률이 높다는 뜻이다.[139, 183]
실패하는 팀을 우리는 알 수 없고, 이것이 팀 과학에 대한

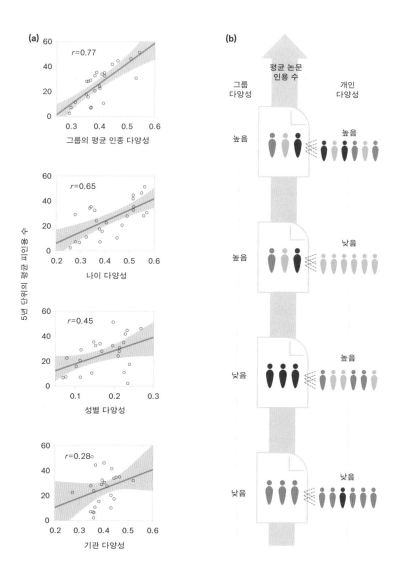

그림 11.1 팀 다양성과 과학적 영향력. (a) 24개 학문 하위 영역들(원형)에 속하는 100만 개 이상의 논문을 분석한 결과 인종 다양성이 나이, 성별, 기관의 다양성보다 피인용 수와 더 강한 상관관계(r)가 있었다. (b) 팀과 개인의 다양성을 비교한 결과 논문 저자 목록의 다양성(팀 다양성)이 공동 연구자들의 연구자 네트워크의 다양성(개인의 다양성)보다 피인용 수와 더 강한 관련이 있었다.[182]

일반적인 이해와 현실 사이의 가장 큰 간격이다. 전망을 살펴보는 23장에서 이 부분을 다시 다루겠다.

상자 11.1 집단 지성

인간 지성을 측정한다는 개념은 IQ 테스트 등으로 잘 알려져 있는데, 여기에 놀라운 사실이 숨어 있다. 한 종류의 정신적 과제를 잘 수행하는 사람은 과제의 성격이 크게 다른 대부분 영역에서도 수행 성과가 좋다는 것이다.[184] 여전히 의견이 분분하지만, 일반적인 인지 능력에 관해 찰스 스피어먼(Charles Spearman)이 증명한 첫 번째 실험적 사실[185]은 심리학에서 가장 여러 번 재현된 실험 결과이다.[184] 연구에서 보여 준 것처럼 개인의 지성을 정확하게 측정할 수 있다면, 팀의 지능도 측정할 수 있을까?

집단 지성에 대한 개념에서 이에 대한 답을 얻을 수 있다.[186] 집단 지성은 한 집단이 다양한 수준의 과제를 수행하는 일반적인 능력을 의미한다. 흥미롭게도, 집단 지성은 그룹 구성원 각각의 지능의 평균 혹은 개인의 최대 지능과 강하게 연관되어 있지 않다. 그룹 구성원들의 평균 사회적 감수성, 대화를 통해 대화 순서 결정을 균등하게 하는 것, 그룹 내 여성의 비율 등이 오히려 중요했다. 사회적 감수성이 높은 사람이 많을수록, 일방적으로 소통하는 사람이 적을수록, 여성이 많을수록 다양한 과제를 수행할 때 우월한 그룹을 이룬다는 것을 예측할 수 있었다. 이러한 결과에 따르면, 과제를 수행하는 팀의 능력은 팀 구성원의 개인적인 성격보다 팀 구성과 팀 구성원들이 상호작용하는 방식에 우선적으로 의존한다.

따라서 이 장에서 소개한 연구 결과는 중요한 가정하에 논의되어야 한다. 팀을 **형성하고 출판을 할 때,** 다양성은 높은 영향력과 연관이 있다. 정리하자면 연구팀의 다양성과 지식의 깊이가 팀이 생산하는 과학의 질에 이바지한다.[179] 팀의 다양성이 높다는 것은 공동 연구자들이 서로 다른 아이디어와 생각의 방식을 갖고 함께 노력해 협력 작업의 성과물을 향상한다는 의미이다.

11.3 성공적인 팀 구성하기

어떻게 성공적인 팀을 만들 수 있을까? 가장 성공적인 팀은 여러 분야 출신의 동료가 서로 연결된 그물로 이루어져 있다. 크고 넓은 네트워크에서 아이디어가 나오는 것이다. 이런 네트워크 일부가 되면 성공적인 프로젝트에 필요한 영감, 지원, 그리고 피드백을 얻을 수 있다. 하지만 모든 네트워크가 동등하게 협력에 좋은 것은 아니다. 몇몇은 장점이 덜할 수 있다. 팀이 구성원을 정하는 방식은 그 팀이 얼마나 훌륭히 작업을 수행할지에 중요한 역할을 한다. 그 방식을 살펴보기 위해, 간단한 모형을 통해 팀이 어떻게 하나가 되는지 이해해 보자.[177,187]

어느 팀에든지 두 종류의 구성원이 있다. (1) 신입 회원들 혹은 초보자들. 제한적인 경험과 미숙한 기술을 갖고 있지만, 종종 신선한 자극을 가져오고 혁신에 적극적인 이들이다. (2) 기존 회원들. 증명된 실적을 가진 베테랑들이다. 명성을 쌓았고 재능을 확인받았다. 모든 과학자를 초보자 혹은 베테랑으로 구분한다면, 공동 출판에서 공저자 사이의 연결을 (1) 신입자-신입자, (2) 신입자-경험자, (3) 경험자-경험자, (4) 협업 경험이 있는 경험자-경험자의 네 유형으로 구분할 수 있다.

이 네 가지 유형을 기초로 팀 구성원 간 다양성과 전문성의 여러 가능한 구성을 간단히 살펴보자. 지원금을 받은 연구 과제를 대상으로 한 연구에 따르면, 책임 연구자들이 이전에 공동 연구를 해 본 경우(협업 경험이 있는 경험자-경험자)가 전에 공동으로 논문을 출판한 적이 없는 멤버들이 포함된 팀보다 성공할 가능성이 컸다.[183] 하지만, 협업해 본 경험자-경험자 연결이 지배적인 팀은 서로 비슷한 경험을 공유하고 있기 때문에 혁신적인 아이디어를 생산하는 능력이 제한될 수 있다. 한편 다양한 연결로 이루어진 팀은 도출할 수 있는 관점은 다양할 수 있으나 서로 간의 신뢰나 목표 달성을 위해 필요한 공통 지식이 부족할 수 있다.

팀 안에서 네 가지 유형의 연결 비율을 다양화해, 어떤 공저자 구성 패턴이 팀의 성공에 영향을 주는지 이해할 수 있다. 이 관계를 두 가지 매개변수로 살펴보자.[187]

- **경험 매개변수, p는** 팀 내의 경험자 비율을 의미한다. p 값이 크면 팀이 경험 있는 베테랑 위주로 이루어져 있고, p 값이 작으면 신입자 위주로 구성되었음을 의미한다. 따라서 경험 매개변수는 팀의 집단적인 경험치 정도를 나타낸다.

- **다양성 매개변수, q는** 베테랑들이 협업해 본 연구자들과 다시 함께 작업하는 정도를 의미한다. q가 증가했다는 것은 경험자들이 이미 함께 작업해 본 공동 연구자들과 다시 연구하는 경향이 크다는 의미이다.

두 매개변수를 변화시키면서 생성 모형을 구성해 서로 다른 협력 패턴의 팀을 이해하고(자세한 내용은 부록 A1 참고),[187] 팀 구성의 패턴과 혁신적 성과 사이의 관계를 정량화할 수 있다. 실제로 연구자들이 서로 다른 네 분야 (사회심리학, 경제학, 생태학, 천문학)의 출판 기록을 수집했고, 각 분야에서 팀이 어떻게 구성되었는지 조사해 경험 및 다양성 매개변수(p, q)를 측정했다. 성과를 측정하기 위해 이 매개변수 값들과 출판된 학술지의 영향력 지수(전체적인 팀 성과의 질을 측정하는 대안 지표)를 비교했다.

경제학, 생태학, 사회심리학에서 학술지의 영향력 지수가 경험 매개변수 p와 양의 상관관계를 갖는다는 일관성 있는 증거를 확인했다. 한편 다양성 매개변수 q와는 음의 상관관계를 가졌다. 이는 영향력이 큰 학술지에 출판하는 팀에 경험자들이 더 많이 있다는 뜻이다. 반면 학술지의 영향력 지수와 다양성 매개변수 q의 음의 상관관계는 팀이 주로 이전에 함께 일해 본 사람과 일하고자 하는 경험자로 이루어질 경우, 영향력 높은 학술지에 출판하는 데 어려움이 있음을 보여 준다. 이렇게 구성된 팀은 친밀도가 높을 수 있으나, 새로운 구성원이 제공하는 독창적인 생각이 자라나기 어렵다.

성공적인 팀을 구성하는 방법은 브로드웨이 쇼, 비디오 게임과 재즈에 이르기까지 창의성이 요구되는 다양한 산업에 적용될 수 있다.

- **뮤지컬:** 1877~1990년 브로드웨이에서 한 번이라도 공연된 적이 있는 2,258개의 공연을 분석한 연구에서,[187] 연구자들은 팀을 작곡, 대본, 작사, 그리고 쇼의 제작을 담당하는 개인들이 모여 이루어진 집단으로 정의했다. 비록 브로드웨이의 뮤지컬과 과학의 공동 연구는 상당히 다른 창의적인 노력으로 보이긴 하지만, 이 둘 간에는 공통된 성공 공식이 있다. 최고로 인정받은 뮤지컬은 베테랑의 경험과 신입자들의 신선한 생각과 새로운 아이디어 모두를 누리고 있었다.
- **비디오 게임:** 1979~2009년 출시된 1만 2422개의 비디오 게임을 개발한 팀들에 관한 연구에 따르면, 함께 일해본 적이 있지만 서로 다른 지식과 기술을 가져와 주어진 과제를 수행하는 사람들 간의 협력이 가장 효과적이었다.[188]
- **재즈:** 1896~2010년 녹음된 재즈 레코딩의 전체 데이터(17만 5,000회 분량 녹음)에 따르면 함께 일해 본 적 있는 연주자들에다가 새로운 연주자를 추가하는 것이 앨범 발매 수로 측정된 재즈 앨범의 성공에 아주 중요한 역할을 한다.[189] 대표적인 예가 역사상 가장 많이 재발매된 마일스 데이비스의 〈카인드 오브 블루(Kind of Blue)〉다. 녹음 당시 베이스 연주자인 폴 체임버스는 총 58세션을 연주한 능숙한 경험자였다. 그중 22번은 트

럼펫 연주자이자 밴드 리더인 마일스 데이비스와 함께한 연주였고, 8번은 피아니스트 윈턴 켈리와 함께했다. 하지만 데이비스와 켈리는 〈카인드 오브 블루〉 이전에 함께 연주한 적이 없었다. 데이비스와 켈리 모두 체임버스와는 친밀했지만, 두 사람은 서로를 몰랐다. 즉 이미 함께 일해 본 팀 구성원 간의 강력한 연결성에다 신선한 흐름을 더해 혁신이 무르익을 환경을 조성한 것이다.

종합하자면, 팀 구성과 팀이 만들어 내는 작업물의 질 사이에 강한 상관성이 있다. 특히 이 발견들은 어떻게 성공적인 팀을 구성할 수 있는지 두 가지 중요한 교훈을 준다.[177] 가장 중요한 것은 경험이다. 자신감 넘치는 신입자가 에너지를 채우고 위험을 감수하고자 할 수 있지만, 신입자로만 이루어진 팀은 실패하기 쉽다. 그런데 베테랑 과학자의 경험도 중요하지만, 성공적인 팀에는 새로운 아이디어와 접근법에 관한 자극을 주는 새로운 사람들이 일정 부분 포함된다는 점도 잊지 말자. 특히 과거에 여러 번 같이 일해 본 경험자가 너무 많으면 다양한 생각이 제한되어 연구의 영향력이 낮아질 수 있다.

11.4 다이나믹 듀오

기존 협력자와 새로운 협력자의 균형이 팀의 성공을 불러 온다면, 보통 과학자들은 공저자들과 어떻게 연결될까? 몇 안되는 가까운 공동 연구자들에게 기우는 경향이 있을까, 협업자가 교체되는 비율이 높을까? 세포생물학과 물리학 분야의 과학자 473명과 그들의 공동 연구자 16만 6,000명을 실증 분석한 결과 협력을 유지하는 데 세 가지 중요한 패턴이 있었다.[190]

첫째, 과학에서의 협업은 교체 비율이 높았고, 지속하지 않는 약한 연결이 우세했다. 실제로, 16만 6,000개의 공동 연구 중 60~80%는 1년만 유지되었다. 관계가 2년 이상 유지되는 경우에도 아주 오래 지속하는 힘은 없었다. 어림잡아 공동 연구자 중 3분의 2는 5년 이내에 다른 길을 찾아 떠났다.

둘째, 대부분의 공동 연구에서 약한 연결이 우세하지만, 예외적으로 가깝게 일하는 관계인 '초연결(super tie)'이 예상보다 많이 발견되었다. 생물학자의 9%와 물리학자의 20%는 그들 논문의 절반 이상을 함께 작업하는 초연결된 공동 연구자가 있었다. 그중 1%는 과학계의 배트맨과 로빈이라 일컬을 수 있을, 20년 이상 이어지는 협력적 파트너였다. 초연결의 빈도를 정량화했을 때,[190] 평균적으로 25명의 공동 연구자 중 1명 정도가 이런 관계에 해당했다.

가장 중요한 셋째는 이 초연결이 생산성과 인용에 있어 상당한 특권적 이점을 만든다는 점이다.[190, 191] 어떤 연구자가 초연결 공동 연구자와 작성한 논문을 그가 다른 공동 연구자와 쓴 논문과 비교하면, 초연결 공동 연구자와 함께 했을 때의 생산성이 8배 정도 높다. 이와 유사하게, 각각의 초연결에서 얻어지는 추가적인 인용 영향력은 다른 모든 공동 연구자와의 총 인용 영향력의 14배이다. 생물학과 물리학에서 초연결 공동 연구자와의 출판은 대조군과 비교할 때 17% 이상의 인용을 받았다. 다시 말해 당신의 초연결 공동 연구자가 한 명뿐이더라도, 그 초연결 연구자와 하는 일이 당신의 경력을 결정할 수 있다는 것이다.

초연결의 놀라운 긍정적 영향은 과학에서 "평생의 파트너"가 존재하는 데 이유가 있음을 보여 준다. 한 예로, 연구자들은 1993년에서 2007년 사이 스탠퍼드 대학교 교수 3,052명의 공동 연구 기록을 분석했다. 이를 위해 학생들의 학위논문 기록과 연구 과제 제안서 제출 자료, 그리고 공동 출판에서 데이터를 추출했다.[191] 연구자들은 아직 종신직을 받지 않은 새로운 교수가 임용되었을 때, 언제 신진 교수들이 첫 번째 연결을 형성하는지 추적했고, 왜 이러한 관계 중 일부가 시간이 지남에도 유지되고 반복적인 협력이 되는지를 살펴보았다. 연구자들은 반복되는 공동 연구가 처음 하는 공동 연구와는 근본적으로 다른 성격임을 확인했다. 새로운 협력은 대부분 기회가 주어져서나 선호로 인해 이루어졌지만, 반복된 공동 연구는 의무와 상호보완 경험 때문에 이루어졌다. 실제로 누군가가 처음으로 공동 연구자를 찾을 때는 다른 사람들의 일하는 방식에 익숙하지 않기 때문에 자신과 유사한 기술을 가진 사람을 선택하는 경향이 있다. 그러다가 두 사람이 더 많은 과제에 함께 참여하면 서로의 독특한 재능에 익숙해지게 된다. 공동 연구를 계속하기로 한다면, 각자가 자신의 공동 연구자가 이바지할 만한 특별한 것이 있다고 생각했다는 뜻이다. 바로 그 점이 최종 결과물의 질을 높일지도 모른다. 한 마디로 각 개인이 갖춘 지식이 다르고, 서로를 보완할 수 있을 때 생산적인 관계가 주로 유지된다.

텍사스 대학교 사우스웨스턴 의과대학의 마이클 브라운(Michael Brown)과 조지프 골드스타인(Joseph Goldstein)의 예에서 초연결의 가치를 찾아볼 수 있다. 브라운과 골드스타인은 모두 경력이 화려했고, 생산성이 눈에 띄게 높았으며, 각자 500편이 넘는 논문을 썼고, 노벨상과 국가과학훈장(National Medal of Science) 등 수많은 상을 받았다. 그들의 출판 기록을 살짝만 살펴봐도 참으로 특별한 관계를 눈치챌 수 있다. 그들은 논문 중 95% 이상을 함께 작업했다. 웹오브사이언스 데이터베이스를 검색해 보면, 브라운과 골드스타인이 2018년까지 놀랍게도 509개의 논문에 공저자로 참여했음을 알 수 있다. 오랜 경력 동안 골드스타인이 브라운 없이 출판한 논문은 22편에 불과하며, 브라운은 겨우 4편만 골드스타인과 작업하지 않았다.

둘의 공동 연구는 그들이 받은 상의 가치를 뛰어넘는 영향력을 세계에 전파했다. 이 2인조는 인류 건강을 증진하는 데 실질적인 영향력을 끼쳤다. 브라운과 골드스타인은 1974년에 공동 저술한 논문에서 저밀도지질단백질(low-density lipoprotein, LDL) 수용체를 발견했고 이 발견으로 1985년 노벨 생리의학상을 수상했다.[192] '나쁜 콜레스테롤'이라 불리는 저밀도지질단백질은 전 세계적으로 많은 사람의 사망 원인인 관상동맥 질병 등의 심혈관 질환과 깊은 연관이 있다.[193] 콜레스테롤 수치를 낮출 수 있는 스타틴(statin)과 같은 약물은 다른 어떤 약물보다 광범위하게 처방된다. 스타틴의 변형 중 가장 대중적인 아토르바스타틴(Atorvastatin, 리피토[Lipitor]라는 상품명으로 판매되고 있다)은 지금까지 가장 많이 판매된 약물 중 하나로, 14년 동안 1억 2500만 달러 이상이 판매되었다. 브라운과 골드스타인의 초연결 덕분에 수백만 명이 목숨을 구했다고 해도 과언이 아니다.

12장. 크고 작은 팀

2015년, 물리학자들에게 가장 명성 높은 학술지 중 하나인 《피지컬리뷰레터》에 아주 특이한 논문 하나가 실렸다.[194] 《피지컬리뷰레터》가 표방하는 가치는 중요한 결과를 빠르게 소통할 수 있는 장소를 제공하는 것이어서, 전통적으로 각각의 논문은 4쪽 이내의 짧은 '레터(letter)' 형식을 띤다. 그런데 2015년에 발행된 이 논문은 33쪽이나 되었다. 놀라운 것은 그중 9쪽만 연구와 관련된 부분이었고, 나머지 24쪽은 저자와 그들의 소속 기관이 기록되었다는 점이다. 이 고에너지물리학 논문은 ATLAS(A Toroidal LHC Apparatus)와 CMS(Compact Muon Solenoid)를 운영하는 연구팀들이 공동으로 출판한 첫 논문으로, ATLAS와 CMS는 스위스 제네바에 있는 CERN에서 강입자충돌기를 사용하는 두 개의 거대한 프로젝트이다. 이 발견에 이바지한 놀라운 5,154명의 저자는 역사상 하나의 논문에 참여한 가장 큰 숫자로 기록되었다.[195]

오늘날의 과학과 기술에서 가장 큰 변화 중 하나는 모든 과학 분야에서 연구 단위가 점점 더 큰 팀으로 옮겨 가

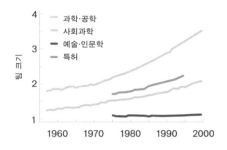

그림 12.1 팀 크기의 증가. 각각의 선은 분야별 하위 분야 팀 크기의 산술평균을 연도별로 나타낸 것이다.[136]

고 있다는 점이다. 1955년에 과학·공학 분야의 평균 팀 크기는 1.9명 정도였다. 대체로 2명이 파트너가 되어 일하는 것이 협업의 표준이었다는 의미이다. 이 숫자는 이후 45년 동안 거의 2배가 되었다. 10년마다 팀 크기가 **17%** 증가했다는 뜻이다(그림 12.1).[104,136] 이 성장은 지금도 계속되고 있다. 2000년에 일반적인 논문은 3.5명의 저자로 이루어졌는데, 2013년에 그 숫자는 5.24명으로 증가했다. (이보다 급격하지는 않지만) 유사한 성장이 사회과학에서도 일어났다. 오늘날의 평균적인 사회과학 논문은 단독 저자보다는 두 저자가 짝을 이루어 작성하고 있고, 공저자의 수는 해마다 꾸준히 증가하고 있다. 심지어 여전히 **90%** 이상의 논문이 단독 저자인 예술과 인문학에서도 팀을 이룬 저자들이 작성한 논문으로 변화하는 양상이 확인되었다(*P*<0.001). 팀 크기의 증가는 학계에서만 나타나는 독특한 현상이 아니며, 다른 창조적인 작업에도 동등하게 적용된다. 한 예로 미국

에서 특허 출원에 기재된 발명가들의 평균 숫자가 1.7명에서 2.3명으로 증가했고, 그 수는 해마다 꾸준히 증가하고 있다.

이러한 양상은 단순한 성장 그 이상이다. 이 장에서 살펴보겠지만, 이는 과학자들이 일하고 팀을 구성하는 양식의 구조적 변화를 반영한다. 크고 작은 팀이 생산하는 연구의 형태가 모두 귀중하지만, 근본적으로 아주 다르므로 이 변화는 미래의 과학에 상상할 수 없는 결과를 만들어 낼 것이다.

12.1 팀 크기만 변한 것이 아니다

더 큰 팀으로의 변화는 팀 구성의 근본적인 변화를 보여 준다.[196] 그림 12.2는 두 기간(1961~1965년과 2006~2010년) 천문학에서의 팀 크기 분포를 비교하고 있다. 천문학의 평균 팀 크기는 두 기간에 1.5에서 6.7로 증가했다(그림 12.2의 화살표 참조). 하지만 2006~2010년 팀 크기 분포는 단순히 1961~1965년의 팀 크기 분포의 확대가 아니다. 도리어 이 두 분포는 근본적으로 다른 모양이다. 1961~1965년에 팀 크기가 증가하면서 그에 해당하는 논문의 수가 급격히 감소한다. 단지 평균 팀 크기가 작을 뿐 아니라, 어느 논문도 8명 이상의 저자를 포함하고 있지 않았다. 실제로 1960년대의 팀 크기는 지수분포(그림 12.2의 파란색 곡선)로 가장 가깝게 근사할 수 있었고, 이는 팀 크기 대부분이 평균에 가

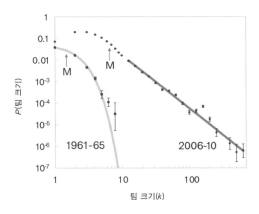

그림 12.2 팀 구조의 근본적인 변화. 1961~1965년의 팀 크기 분포는 푸아송분포(파란 곡선)로 설명할 수 있다. 그런데 2006~2010년 분포의 꼬리 부분은 광범위하게 퍼져 있는 거듭제곱 분포의 특징을 보인다(빨간 선). 화살표는 각 분포의 평균값, 오류 막대는 표준편차이다.[196]

깝고 여기에서 크게 벗어난 예는 없다는 의미이다.

하지만 45년이 지난 후에 이 분포는 급격히 변화해 수백 명의 저자로 이루어진 거대한 팀으로 구성된 특징적인 꼬리 분포가 된다. 1960년대와는 달리 이 최근의 분포에서 꼬리 부분은 거듭제곱 함수로 근사할 수 있다(그림 12.2의 빨간 선). 지수분포에서 거듭제곱 분포로의 변화는 팀 크기의 증가가 보이는 것보다 더 복잡하다는 의미이다. 실제로, 이 두 수학적 함수는 팀을 형성하는 두 가지 방식의 근본적인 차이를 나타낸다.

첫 번째는 작은 '핵심' 팀을 만드는 것으로, 좀 더 기본적인 방식이다. 이 방식에서 새로운 구성원은 현재 팀에 누가 있는지와 상관없이 합류한다. 따라서 핵심팀은 순전히 무작위 과정으로 구성되며, 팀 크기는 푸아송분포를 따르게 된다. 이때 큰 팀은 아주 드물게 나타난다. 이런 팀 크기 분포는 지수함수로 가장 잘 묘사된다. 이 방식은 1960년대 천문학의 상태와 유사하다.

두 번째 방식은 '확장' 팀을 형성한다. 역시 핵심팀에서 시작하지만, 기존 구성원의 생산성에 비례해 새로운 구성원이 추가된다. 부익부(rich-get-richer) 과정이다. 현재 팀의 크기가 새로운 구성원을 끌어들이는 능력에 영향을 주는 것이다. 주어진 시간 동안 이 방식을 통해 팀 크기의 거듭제곱 분포를 형성할 수 있고, 이는 오늘날 많은 분야에서 관찰하는 것과 같이 10~1,000명으로 이루어진 큰 팀을 만든다.

핵심팀과 확장팀에 기반한 팀 형성 모형은 실증적으로 관측된 팀 크기 분포와 많은 분야에서 관측된 해당 분포의 시간에 따른 진화를 정확하게 재현할 수 있다.[196] 가장 중요한 것은 여러 시대의 특정 분과에 해당 모형을 맞추어 보면 이 팀 구성의 두 가지 방식이 지식 생산에 얼마나 영향을 주었는지 측정할 수 있다는 것이다. 흥미롭게도, 핵심팀과 확장팀이 생산한 논문의 비율은 시간에 따라 거의 일정했다. 이는 팀 크기가 증가한 이유가 큰 팀이 작은 팀을 대체했기 때문이 아니라는 뜻이다. 오히려 이 두 형태의 팀 모두 성장했다. 다만 핵심팀은 점진적으로 성장했고, 확장팀은 더 빠르게 성장했다.

팀 크기가 생존에 핵심적인 요인일 수 있으므로, 팀 형성의 변화는 팀의 수명에도 영향을 줄 수 있다.[160] 협력하는 팀의 수명에 관한 연구에 따르면, 큰 팀의 경우 역동적으로 팀원을 바꿔 팀 구성을 짜면 적응성이 높아져 오래가는 경향이 있었다. 반면 작은 팀은 구성원이 안정적으로 유지되었을 때 오래갔다. 구성원이 자주 바뀌는 작은 팀은 빨리 사라졌다.

과학에서 팀의 크기는 성장하고 있으며, 큰 팀으로 구성하는 경우가 늘어나고 있다. 이는 과학자들에게 좋은 일일까? 일반적인 지식 생산의 측면에서는 어떨까?

12.2 큰 팀이 항상 더 좋을까

중력파의 첫 번째 증거를 제공한 라이고의 실험은 '21세기의 발견'으로 불리며 발견 2년 후 노벨상을 받았다. 수천 명 이상의 연구자가 협력한 이 실험은 21세기 가장 어려운 도전을 해결하는 데 있어 거대 팀의 힘을 보여 준 증거였다. 실제로 큰 팀으로의 변화가 핵심적인 기능을 만족시킬 수 있다고 주장하는 사람도 있다. 현대 사회의 문제가 점점 더 복잡해지고, 이를 풀기 위해서는 다양한 전문가의 재능을 결합한 융합적이고 거대한 팀이 요구되기 때문이다.[7-10] 라이고 실험은 작은 팀이 끌어낼 수가 없는 성취의 전형적인 예가 되었다. 이 프로젝트를 수행하려면 전례 없는 기술이 필요했고, 전례 없는 물적·인적자원이 요구되었다. 이 발견을 보고하는 논문에 1,000여 명의 연구자가 이름을 올린 것은 놀랄 일이 아니다.

더 많은 지성과 다양한 관점을 얻을 수 있는 큰 팀이 과학기술계에서 보편화된다면 이는 미래의 놀라운 발전을 이끄는 동력이 될 것이다. 여러 연구는 팀이 커질수록 과학 논문이나 특허를 받은 발명품 등 생산물이 더 높은 피인용 수를 갖는다는 사실을 꾸준히 보여 준다.[136,197] 이러한 경향성은 미래의 과학에 '큰 것이 더 낫다'는 단순한 처방을 주는 것 같다.

하지만 큰 팀이 항상 최적이 아님을 알려 주는 몇 가지 이유가 있다. 한 예로, 큰 팀은 배치와 소통 관련한 문제가 생길 가능성이 크다. 모든 사람에게 일반적이지 않은 가정이나 방법을 시도해 보도록 하거나, 자유롭게 생각하는 수백 명의 사람이 한번에 방향을 바꾸게 하는 것은 쉬운 일이 아니다. 여러 심리학 연구는 거대 그룹에 속했을 때 개인이 평소와 다르게 생각하고 행동함을 보였다. 그들은 더 적은 수의 아이디어를 생산했고,[198,199] 배운 정보를 덜 기억했고,[200] 외부의 관점을 자주 거절했으며,[201] 서로의 관점을 무효화하는 경향이 있었다.[202] 또한 큰 팀은 비용을 감당하기 위해 연속적인 성공의 흐름을 생산해야 하고, 그 때문에 위험을 회피하려 할 수 있다.[203]

큰 팀에 의존할 것인가 말 것인가 하는 질문은, 과학의 신기원을 이루는 결과물을 생산할 모든 팀의 크기를 하나로 통일하려는 전략이다. 하지만 새로운 증거에 따르면 팀 크기에 따라 팀이 생산 가능한 일의 성격이 달라지며, 팀이 작을수록 큰 팀이 누리지 못하는 어떤 핵심적인 이득이 있음을 알려 준다.

12.3 과학을 발전시키는 큰 팀,
파괴적으로 혁신하는 작은 팀

팀 크기가 과학자들이 만들어 내는 과학·기술의 기본 성질에 어떤 영향을 주는지 이해하기 위해 다음의 두 가지 예를 생각해 보자. 그림 12.3은 비슷한 영향력을 갖지만, 서로 다른 방식으로 과학에 기여한 잘 알려진 두 논문을 선택해 보여 주고 있다. 자기조직화된 임계성에 관한 페르 박(Per Bak), 차오 탕(Chao Tang), 커트 비젠펠트(Kurt Wiesenfeld)의 논문[204]은 보스-아인슈타인 응축에 관해 데이비스(Davis) 등이 저술한 논문[205]과 유사한 정도로 인용되었다(셋을 줄여서 BTW라고 하자). 하지만 BTW의 논문은 데이비스 외의 논문과는 다른 방식으로 획기적이었다. BTW의 연구를 잇는 연구들은 BTW 논문만 인용했고, 그 논문의 참고문헌은 언급하지 않았다(그림 12.3a의 초록색 연결선). 반면 볼프강 케털리(Wolfgang Ketterle)에게 2001년 노벨물리학상을 안겨 준 데이비스 외의 논문은 거의 항상 그 논문이 참고한 논문들과 함께 인용되었다(그림 12.3a의 갈색 연결선).

　　이 두 논문의 피인용 수 차이는 미미하다. 하지만 논문이 기존의 아이디어를 발전시키는지 혹은 파괴적으로 혁신하는지, 다시 말해 이미 발전된 과학적 문제를 해결하는지 아니면 새로운 질문을 던지는지에서 차이가 있다. '발전시키는' 프로젝트들은 이전 연구 위에 쌓이며, 기존 문제를 더 깊게 이해하려 하기 때문에 데이비스의 연구처럼 이

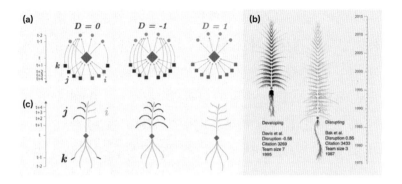

그림 12.3 파괴적 혁신의 정량화. 임의의 논문(파란 마름모)과 그 참고문헌(회색 마름모), 그리고 후속 연구들(사각형)의 인용 네트워크를 묘사했다. 이어진 연구들은 (1) 대상 연구만 인용할 수도 있고(i, 초록색), (2) 그 연구의 참고문헌들만 인용할 수도 있고(k, 검은색), (3) 해당 연구와 그 참고문헌을 같이 인용할 수도 있다(j, 갈색). 대상 논문의 파괴적 혁신성은 그 논문이 파괴적 혁신과 발전 사이에 균형을 이루고 있는지(파괴적 혁신성=0), 주로 이전 연구의 중요성을 확장하는지(파괴적 혁신성=-1), 아니면 이전 연구는 완전히 가리면서 이후로 받는 모든 주목을 자신에게 집중시키는지(파괴적 혁신성=1)를 보여 준다. (b) 해당 논문이 이전 연구와 어떤 관계를 맺고, 이후 연구에 아이디어를 어떻게 전달하는지 시각화한 인용 나무이다. 뿌리는 해당 연구가 인용한 논문들이며, 깊이는 출판일에 비례한다. 나무에 연결된 가지는 해당 연구를 인용한 논문들로, 높이는 출판일에 비례하고 길이는 출판일 이후로 얻은 피인용 수에 비례한다. 해당 논문을 인용한 논문들이 해당 논문의 참고문헌을 인용하고 있으면 가지를 아래로 꺾인 방향으로 표현했고(갈색), 해당 논문의 참고문헌을 인용하지 않았으면 위로 꺾인 방향으로 표현했다(초록색). (c) 비슷한 영향력을 갖는 두 논문을 인용 나무로 표현했다. 두 논문은 데이비스 외, "소듐 원자 기체에서의 보스-아인슈타인 응축(Bose-Einstein condensation in a gas of sodium atoms)", 박 외, "자기조직화된 임계성(Self-organized criticality)"이다.[206]

전 성과들과 함께 인용되는 경향이 있다. 한편, '파괴적으로 혁신하는' 프로젝트들은 완전히 새롭고 선구적으로 탐구를 개척하는 경향이 있어서, 이전 지식으로부터 출발했다는 증표인 선행연구들은 함께 인용되지 않을 가능성이 크다.

그러면 큰 팀과 작은 팀 중 어느 팀이 더 파괴적인 혁신을 많이 할까?

어떤 연구가 앞선 업적들을 얼마나 가리는지 혹은 강화하는지를 정량화하기 위해, -1(발전)부터 1(파괴적 혁신) 사이의 값을 갖는 파괴적 혁신 지수 D를 정의했다.[207] 한 예로, BTW 모형 논문은 파괴적 혁신 지수가 0.86이며, 이는 이 논문을 인용한 대부분 논문이 BTW 논문만을 인용하며 BTW 논문의 밑바탕이 된 다른 연구들을 고려하지 않았음을 의미한다. 반면에, 데이비스와 동료들의 논문의 D는 -0.58로, 이 논문이 이전 논문들과 자주 함께 인용된다는 사실을 보여 준다. BTW 논문은 연구 분야의 흐름에서 완전히 새로운 지류를 형성했고, 데이비스와 동료들의 보스-아인슈타인 응축 실험은 노벨상을 받을 만한 업적이었지만 기본적으로 다른 어딘가에서 이미 제안된 가능성 위에 이루어진 노력이었다는 것이다.

이 분석에 따르면 지난 60년 동안 연구 논문, 특허, 소프트웨어 제품 등을 생산할 때 큰 팀이 작은 팀보다 더 많은 영향력을 얻을 수 있었다. 하지만 흥미롭게도 파괴적 혁신 정도는 팀 구성원이 추가될 때마다 급격하고 한결같이 감소했다(그림 12.4). 특히 팀이 1명에서 50명으로 성장하면서 논문, 특허, 그리고 생산품의 파괴적 혁신 지수는 각각 70%, 30%, 그리고 50% 떨어졌다. 큰 팀은 기존 과학기술을 더 발전시키는 반면, 작은 팀은 새로운 문제를 제기하거나 새로운 기회를 열면서 기존 지식을 파괴적으로 혁신한다는 뜻이다.

그런데 큰 팀과 작은 팀의 논문에서 관측된 차이가 정말로 팀 크기 때문일까? 다른 복합적인 요인으로 인해 이

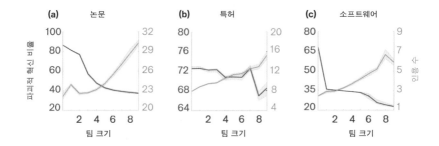

그림 12.4 작은 팀은 파괴적으로 혁신하고, 큰 팀은 발전시킨다. 팀 크기와 파괴적 혁신 정도의 연관성을 측정하기 위해 세 영역에서 데이터를 얻었다. (1) 논문과 해당 논문이 인용한 논문의 정보가 있는 웹오브사이언스 데이터베이스, (2) 미국특허청(USPTO)에서 승인한 특허와 그 인용, (3) 협력해 소프트웨어를 개발하고 서로의 저장소를 '인용'하면서 코드를 완성해 갈 수 있는 웹 플랫폼 깃허브(GitHub)에 있는 소프트웨어 프로젝트들. 연구 논문(a), 특허(b), 소프트웨어(c)에서 인용의 중간값(오른쪽 y축의 값과 연동되는 빨간색 곡선)은 팀 크기와 함께 증가했지만, 평균 파괴적 혁신 비율(왼쪽 y축 값과 연동되는 초록색 곡선)은 팀 크기가 클수록 감소한다. 1~10명의 팀이 전체 논문의 98%, 특허의 99%, 코드 저장소의 99%를 차지한다. 부트스트랩으로 얻은 95% 신뢰구간을 회색 영역으로 표시했다.[206]

런 차이가 나타나는 것은 아닐까? 예를 들어, 작은 팀이 기존 과학 지식을 무너뜨리는 이론적인 혁신을 좀 더 많이 만드는 경향이 있고, 큰 팀은 기존 지식을 발전시키는 경향이 큰 실험적인 분석을 좀 더 많이 하는 것일 수 있다. 혹은 작은 팀과 큰 팀이 해결하려 하는 주제의 차이가 있는지도 모른다. 그것도 아니라면, 특정 유형의 사람들이 더 작은 혹은 더 큰 팀과 일하는 것을 선호해 그와 관련된 결과를 바꾸는 것일 수도 있다.

다행스럽게도, 영향을 줄 수 있는 개별 요인들을 통제해 서로 다른 크기의 팀에 속한 개인 간의 질적 차이보다는 팀 크기가 팀 동역학의 결과에 관여하는 것을 확인할 수 있었다. 연구 주제와 연구 설계의 차이는 팀 크기와 파괴적 혁신 정도의 관계 중 아주 일부만 설명한다. 실제로 대부분 효과(분산의 약 66%)는 팀 크기에 관한 함수로 설명할 수 있다.

　작은 팀 혹은 큰 팀이 연구할 때 서로 다른 정보원을 사용할까? 이 질문에 답하기 위해 작거나 큰 팀이 얼마나 오래된 문헌을 참고하는지를 인용된 논문의 평균 나이 계산을 통해 알아보았다. 단독 저자이거나 작은 팀은 오래되고 인기가 덜한 문헌을 참고하는 경향이 있었다. 이는 지식의 연륜에 대한 함수는 아니다. 큰 팀은 더 많은 구성원이 있고, 그들의 전문성은 여러 주제에 넓게 뻗어 있기 때문이다. 즉 큰 팀의 구성원들도 작은 팀에서 일하는 과학자들만큼 오래되고 덜 알려진 연구를 알고 있을 것이다. 그럼에도 큰 팀의 과학자들은 아이디어를 최신의 영향력 있는 작업에서 얻곤 한다. 결과적으로 큰 팀의 작업은 동시대의 작업에 직접 연관되어 더 빨리 인용을 얻는다. 반면 작은 팀은 피인용 수를 얻기까지 오래 기다려야 한다. 하지만 그들의 결과물은 더 오래 살아남아 유산이 되는 경향이 있다.

12.4 과학에는 크고 작은 팀이 모두 필요하다

종합해 보자. 작은 팀은 오래되고 덜 유명한 연구로부터 가치 있는 아이디어를 가져와 탐구하고 확장하면서 기존 과학과 기술을 무너뜨리고, 큰 팀은 비교적 최신의 결과에 기반해 이미 알려진 문제를 해결하면서 기존의 설계를 정교화한다. 따라서 작은 팀과 큰 팀 **모두** 건강한 과학의 생태계에서 핵심적인 역할을 한다.

큰 팀은 과학과 기술의 발전을 이끌어 가는 데 중요한 문제 해결의 동력이 되는데, 특히 잘 갖춰진 인력과 자원 중심 영역의 대규모 연구에서 그러하다. 라이고 실험은 작은 팀은 절대 이룰 수 없는 업적이었고, 천문 관측의 새로운 장을 열었다. 중력파의 성공적인 관측에는 다양하게 구성된 거대한 팀이 필요했지만, 라이고 시험 설계를 위한 이론적 틀은 한 개인이 제안했음을 기억하자.[208] 중력파의 개념을 제시하는 데 특정 유형의 팀이 필요했고, 이를 탐지하는 데는 아주 다른 유형의 팀이 필요했다. 이 두 노력 모두 과학을 더 발전시켰지만, 그 방식은 아주 달랐다.

이 결과는 우리 과학자들에게 어떤 의미일까? 어떤 도전 과제를 해결하기 위해 팀을 만들 때 우선 프로젝트의 목표를 고려해 보자. 작은 팀은 더 날렵하고, 혁신적이거나 새로운 아이디어를 테스트하는 데 적합하다. 개념 입증 단계에서는 작은 팀으로 시작하고, 아이디어의 가능성을 실현하려면 큰 팀과 일하는 것이 나을 수 있다. 과학자들은 1명 혹은 3~4명의 구성원을 팀에 더하는 것이 항상 올바른 선택이라고, 혹은 최소한 손해 볼 일은 없을 것이라 믿기 쉽다. 하지만 이 장의 결과에서 보여 주는 것처럼 혁신적인 아이디어를 개발하고자 할 때는 사람이 많다고 더 좋은 것은 아니다. 팀이 크면 집중해야 할 문제가 외면당할 수 있고, 결과물은 혁신성에서 멀어질 수 있다.

기금 지원을 결정할 때도 이 결과에 비추어 주의 깊게 생각하는 것이 중요하다. 자연스럽게 큰 팀이 중요한 결과를 생산할 것으로 기대할 수는 있다. 그러나 더 큰 팀이 더 나은 기여를 한다고 상정할 수는 없다. 각 팀이 질적으로 동등할 때도 기금 지원 기관은 작은 팀보다 큰 팀을 선호한다는 증거가 있다.[209] 이 경향 때문에 큰 팀이 불균형적으로 더 많은 지원을 받고, 고도로 협력적인 작업에 능숙한 연구자들이 핵심적인 이득을 얻으면서 자기충족적 예언을 완성하게 된다.

하지만, 이 장에서 보여 준 것처럼 과학에서 용감한 단독 연구자 혹은 작은 팀의 핵심적인 역할이 있다. 이들은 더 넓고 깊은 지식을 바탕으로 새롭고 혁신적인 아이디어를 만들어 낸다. 역사적으로, 큰 팀은 작은 팀과 단독 연구자들이 가득했던 환경에서 번성했다. 큰 팀이 지배적이라는 것은 작은 팀이 얼마 남지 않았음을 암시한다. 이 경향이 이어진다면 어느 날 과학계는 큰 팀이 풀어야 할 웅대한 질문을 제공하는 혁신가들이 사라졌음을 발견하게 될 것이다.

13장. 과학적 공로

2008년 12월의 노벨상 연회, 흰색 타이를 매고 연미복을 입은 더글라스 프래셔(Douglas Prasher)가 블루홀의 7층 높이 천장에 매달린 빛나는 샹들리에 아래 아내 지나와 함께 앉아 있었다. 프래셔는 그의 업적이 세계에 미친 영향력을 축하하고자 스톡홀름에 왔다. 노벨재단에 따르면 프래셔가 1992년 처음으로 복제한 빛나는 단백질인 녹색형광단백질(green fluorescent protein, GFP)은 "생화학계의 길잡이 별"이 되었고, 전에는 불가능했던 미세한 수준까지 세포와 기관의 내부에서 일어나는 메커니즘을 살펴볼 수 있게 되었다.

하지만 프래셔는 수상자가 아닌 **손님**으로 연회에 참석했다. 그 밤의 여러 수상자 중 2008년 노벨화학상을 받은 이는 마틴 챌피(Martin Chalfie)와 로저 첸(Roger Tsien)이었다. 경력이 무너졌다는 실망감에 빠져 과학계를 떠나기로 한 프래셔는 이 두 연구자에게 우편으로 그가 복제한 GFP를 보냈다. 2008년 10월 8일 아침, GFP에 관한 연구가 노벨상을 받았다는 소식이 부엌 라디오에서 흘러나왔을 때 프래셔는 막 출근할 준비를 하고 있었다. 연구실이나 대학이 아닌, 앨라배마의 헌츠빌에 있는 도요타 대리점의 무료 밴 운전기사로 말이다. 스웨덴으로 떠나는 프래셔의 여비는 수상자들이 지불했다. 이 여행은 프래셔가 몇 년 만에 떠난 여행이었다. 프래셔가 입은 턱시도는 그 밤을 위해 대여한 것이었고, 이 턱시도는 헌츠빌의 가게에서 대여한 정장 구두와 아주 잘 어울렸다. 수십 년 전 그가 과학계를 떠나기로 했기 때문에 노벨위원회가 그를 후보에서 제외했고, 프래셔는 객석에서 수상식을 지켜보아야 했다.

이번 장과 다음 장에서는 오늘날 점점 중요해지는 질문에 집중해 보려고 한다. 과학적인 공로는 어떻게 부여되는 것일까? 주로 단독 저자가 저술했던 이전 세대의 논문의 경우 공로를 어떻게 배분할지 고민할 필요가 없었다. 하지만 지금처럼 두 명 혹은 **수천 명**의 저자로 이루어진 팀의 발견이 늘어나는 상황이라면 누구의 공로가 인정되어야 할까? 어쩌면, 좀 더 실용적인 질문은 누가 반드시 공로를 **인정받아야만 하는가**가 아니라 누가 공로를 **인정받게 될 것인가** 하는 문제다. 이번 장에서는 첫 번째 질문을 살펴보고, 다음 장에서는 두 번째 질문을 살펴보자.

많은 경우 공로 인정에 관한 논의는 껄끄럽고, 금기시된다. 실제로 사람들이 과학을 하는 이유는 과학 자체를 위함이지, 영광 속에서 흥청거리려는 것이 아니다. 하지만 좋아하건 좋아하지 않건 공로는 불균형적으로 인정되기 때문에, 이 과정이 어떻게 동작하는지를 이해할 필요가 있다. 자신을 위해서가 아니라, 학생과 공동 저자를 위해서라도 이해해야 한다. 특히 팀 과학에 관해 배운 지금, 소중한 협력 관계를 공로 인정 문제로 잃고 싶지 않을 것이다. 자기 것이 아닌 공로를 주장하고 싶은 사람은 없겠지만, 다른 사람이 자신의 업적으로 노벨상을 받는 놀라우리만치 믿을 수 없는 상황에서 손뼉을 치는 더글라스 프래셔의 입장은 더더욱 되고 싶지 않으리라.

13.1 논문에 누가 어떻게 기여했는가?

다른 직업들에 비해, 과학은 특히 수상과 인정의 측면에서 팀이 아닌 개인을 칭송하는 것으로 악명이 높다.[105] 실제로 상징적인 업적은 주로 그 발견을 수행한 과학자의 이름으로 알려진다. 예로 유클리드 기하학, 뉴턴의 운동법칙, 멘델의 유전법칙, 하이젠베르크의 불확정성의 원리 등이 있다. 이와 유사하게, 노벨상부터 필즈상, 튜링상에 이르기까지 상당한 금전적 보상과 명성을 수여하는 과학계의 상들은 특히나 개인의 공헌에 가치를 부여하는 경향이 있다.

과학 생산은 팀 위주로 변화했지만, 중요한 결정은 여전히 개인의 성과에 기반하고 있다. 실제로 대부분이 팀워크를 통해 경력을 쌓지만, 학계에서 직위 임명, 승진, 종신 재직권 평가 과정은 개인 평가를 중점적으로 본다. 이 때문에 과학자들은 연구 과제에 응모하거나, 수상 후보에 오르거나, 학문적 지위 임명 혹은 승진을 요청할 때 공동 연구자들의 공헌과 본인의 공헌을 구분해야 하는 상황에 부닥친

(a)

VOLUME 76, NUMBER 11   PHYSICAL REVIEW LETTERS   11 MARCH 1996

Generation of Nonclassical Motional States of a Trapped Atom

D.M. Meekhof, C. Monroe, B.E. King, W.M. Itano, and D.J. Wineland

Time and Frequency Division, National Institute of Standards and Technology, Boulder, Colorado 80303-3328

(b)

VOLUME 55, NUMBER 1   PHYSICAL REVIEW LETTERS   1 JULY 1985

Three-Dimensional Viscous Confinement and Cooling of Atoms by Resonance Radiation Pressure

Steven Chu, L. Hollberg, J. E. Bjorkholm, Alex Cable, and A. Ashkin

AT&T Bell Laboratories, Holmdel, New Jersey 07733

(c)

VOLUME 61, NUMBER 21   PHYSICAL REVIEW LETTERS   21 NOVEMBER 1988

Giant Magnetoresistance of (001) Fe/(001) Cr Magnetic Superlattices

M. N. Baibich, [a] J. M. Broto, A. Fert, F. Nguyen Van Dau, and F. Petroff

Laboratoire de Physique des Solides, Université Paris-Sud, F-91405 Orsay, France

P. Eitenne, G. Creuzet, A. Friederich, and J. Chazelas

Laboratoire Central de Recherches, Thomson CSF, B.P. 10, F-91401 Orsay, France

그림 13.1 누가 노벨상을 타는가? (a) 마지막 저자(last author)인 데이비드 와인랜드(David Wineland)는 양자 컴퓨팅에 대한 공로를 인정받아 2012년 노벨물리학상을 받았다. (b) 제1저자인 스티븐 추(Steven Chu)는 레이저광을 통한 원자 냉각 및 가둠에 초점을 맞춘 논문으로 1997년 노벨물리학상을 받았다. (c) 알베르 페르(Albert Fert)는 2007년 중간 저자로 참여한 논문으로 노벨물리학상을 받았다. 거대 자기저항 효과(GMR)의 발견에 관한 것이었다. 세 가지 모두 《피지컬리뷰레터》에 출판된 노벨상 수상 논문이었는데, 저자 이름 목록 순서를 따라 저자의 기여도를 부여하는 것이 얼마나 불명확한지를 보여준다.

다. 종신 재직권 위원회와 수상 결정 기관은 협력 연구에서 특정 개인이 공로를 인정받을 만하다는 것을 어떻게 판별할까?

협동 연구에서 공로를 부여하기가 어려운 이유는 뿌리 깊은 정보의 불균형 때문이다. 저자 이름이 적힌 행을 읽기만 해서는 개인의 기여도를 구분하기가 쉽지 않다. 예를 들어 그림 13.1은 노벨상을 받은 논문들과 다수의 저자를 보여 주는데, 논문들은 모두 《피지컬리뷰레터》에 출판되었다.

각각의 논문에서 1명의 저자만 노벨상을 받았다. 누가 가장 운이 좋은 수상자인가? 그림에서 알 수 있듯이 쉬운 답은 없다. 노벨상 수상자들은 가끔은 제1저자이고, 가끔은 마지막 저자(last author)이며, 어떤 경우에는 중간 저자이다.

확실히 하자면, 이 주제는 인정이나 정당한 공로 부여에 관한 것만이 아니다. 책임에 대한 것이기도 하다. 큰 공로는 큰 책임에서 나오기 때문이다. 누가 프로젝트의 어떤 부분에 책임이 있는가? 한 논문에서 각각의 공헌을 구분하는 지침이 오랫동안 없었기 때문에, 책임과 공로를 추정할 때 개인적인 가정, 관습, 경험 등에 의존하게 된다. 가장 흔하게 사용되는 방식은 논문에서 저자 순서를 검토하는 것이다.[51, 210] 일반적으로 저자의 순서를 매기는 데는 두 가지 기준이 있다. 알파벳 순서를 따르는 것과 알파벳 순서를 따르지 않는 것이다. 좀 더 많이 사용되는 방식인 알파벳 순서를 따르지 않는 방식부터 시작해 보자.

13.2 처음이냐 마지막이냐

과학의 많은 영역, 특히 자연과학에서 저자 목록을 기록할 때 그 순서는 팀 내 기여도에 기반한다. 생물학에서는 연구에서 가장 큰 역할을 한 개인이 주저자가 되며, 뒤따르는 순서대로 점차 기여도가 낮아진다. 제2저자가 제1저자보다는 기여도가 낮고 제3저자보다는 기여도가 클 것으로 기대할 수 있는 식이다. 가장 중요한 예외는 마지막 저자이다. 마지막 저자는 제1저자보다 더 많지는 않더라도 거의 비슷한 정도의 공로를 인정받는다. 책임 연구자를 마지막에 기록하는 것은 자연과학과 공학 분야에서 관용적으로 사용되는 표준이다. 교신저자라고도 불리는 마지막 저자는 학문적으로, 금전적으로, 또한 기관의 측면에서 연구를 뒤에서 이끌어 가는 동력이다. 따라서 평가위원회와 기금 지원 기관은 학문적 리더십의 표지로 마지막 저자권을 고려하고, 이를 고용, 기금 지원과 승진의 기준으로 사용한다.

하지만 저자 순서가 정말 이 기준에 따라 정해질까? 다양한 학문 분야의 출판물에 기록된 구체적인 저자 기여도를 통해 이 질문에 정량적인 답을 얻을 수 있었다.[211-213] 예컨대 《네이처》는 1999년부터 구체적인 저자 기여도를 포함하기 시작했고,[214] 현재는 다른 많은 학술지에서 이를 받아들이고 있다. 학술지 간에 정확한 구분 방식이 다르긴 하지만, 일반적으로는 저자들에게 (1) 데이터 분석, (2) 데이터 수집, (3) 실험 구상, (4) 실험 수행, (5) 논문 작성, (6) 논문 수정의 여섯 가지 역할 중에서 본인의 기여를 직접 선택하도록 한다. 이렇게 수집한 자기 보고를 분석해 임의의 프로젝트에서 수행된 역할과 저자 순서의 상관관계를 알아볼 수 있었다. 2006~2014년 다학제 학술지인 《플로스원(Plos One)》에 출판된 8만 개의 논문을 분석한 결과 제1저자와 마지막 저자가 논문에서 가장 중요한 두 가지 역할을 하는 것으로 확인되었다. 제1저자는 일반적으로 실험 진행에서부터 논문 작성까지 보고된 연구의 대부분에 참여했다. 마지막 저자는 프로젝트를 감독하는 역할을 하면서 연구를 설계하고 구상하며 논문을 작성하는 역할을 했다(그림 13.2a). 논문에 얼마나 많은 저자가 참여하는지와 상관없이 제1저자는 항상 가장 많은 부분에서 기여했고, 마지막 저자가 두 번째로 많이 기여했다(그림 13.2b). 흥미로운 점은 제1저자와 마지막 저자만 두드러지는 공헌을 하고, 그 뒤를 잇는 제2저자의 기여도는 나머지 저자들의 기여도와 큰 차이가 없다는 것이다. 제3저자와 제4저자의 기여도는 대체로 거의 구분이 안 된다(그림 13.2b).

이 결과에 따르면 저자란의 저자 순서가 개별 팀 구성원의 실제 공헌도를 추론하는 효과적인 방법일 수 있다. 하지만 여기에는 위험이 있다. 먼저 학술지가 이 정보를 수집하는 방식이 정확하지 않다. 개별 공헌에 대한 분명한 정의가 없고 대체적인 기준만 있으므로, 저자들은 무엇이 '데이터 분석'이고 무엇이 '실험 구상'인지 자의적으로 해석할 수 있다. 또, 공동 저자 사이에서 누가 무엇에 공헌했는지에 관한 의견이 늘 일치하는 것은 아니다. 한 예로,《크로아티아 의학회지(Croatian Medical Journal)》에 제출된 모든 원고를 대상으로 한 연구는 교신저자가 공저자들에게 부여한 공헌과 공저자들이 스스로 주장하는 공헌을 비교했다. 그 결과 3분의 2 이상의 교신저자(919명 중 69.4%)가 공저자들이 주장하는 공헌에 동의하지 않았다.[215] 공저자들은 교신저자가 지정한 공헌도보다 더 많은 항목에 공헌했다고 표시했다.

두 번째로, 언제나 저자의 공헌도에 따라 저자 순서를 기재하는 것은 아니다.[51] 사회학과 심리학에서는 가장 연륜

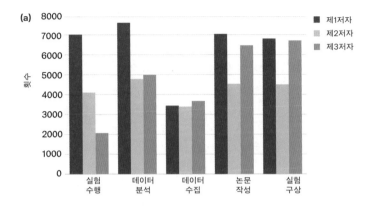

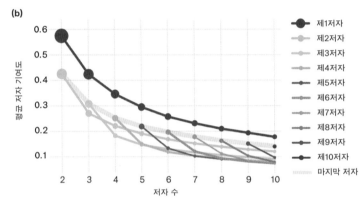

그림 13.2 논문에서의 저자 기여도. (a) 저자 순서에 따라 논문 기여도에 차이가 있다. (b) 저자 순서에 대한 함수로 살펴본 저자 기여도의 평균값 차이. 일반적으로 제1저자와 마지막 저자의 기여도가 가장 크다.[211]

있는 저자를 맨 뒤에 두는 관례를 따르지 않는다. 이 분야에서 마지막 저자가 되는 것은 가장 피하고 싶은 일이다. 이에 더해, 지도받는 학생이 대부분의 일을 했더라도 핵심적인 지도, 지적 공헌, 프로젝트에 대한 금전적 리더십 등을 이유로 멘토가 제1저자가 되는 일도 드물지 않다.

연륜 있는 저자가 배치되는 순서가 분야별로 달라 과학자를 평가할 때 애매한 경우가 있다. 다학제간 고용일 경우 더욱 그렇다. 한 심리학 교수는 다른 분야의 촉망받는 지원자가 왜 근래에 제1저자 출판물이 없는지 질문할 수 있다. 저명한 과학자라 하더라도 제1저자 출판물이 없는 것은 심리학에서는 달갑지 않은 일이기 때문이다. 하지만 생물학이나 물리학 같은 분야에서는 연륜 있는 저자가 맨 마지막에 위치하는 것이 관례이기 때문에, 제1저자 논문이 너무 많으면 이를 오히려 경고 신호로 생각할 수 있다. 지원자의 협력 방식과 지도 능력에 대한 의문을 제기하기 때문이다.

저자 순서에 대한 서로 다른 선호가 혼란을 불러올 수도 있다. 예를 들면, 2017년에 《진브레인앤드비헤이비어 (*Genes, brain, and behavior*)》에 출판된 어느 논문은 학문적 위반이나 오류가 없었는데도 출판 후 몇 개월이 지나 철회되었다.[216] 저자 순서에 대한 분쟁 때문이었다. 이 사건 때문에 이 학술지는 유례없는 성명을 발표했다. 그 성명은 다음과 같다.

(이 논문은) 모든 저자가 수정된 저자 순서에 동의하지 않았고, 1명 이상의 저자가 지속적으로 기존 순서에 반박했기 때문에 철회되었다.

2명 혹은 그 이상의 공저자가 공동 제1저자로 등장하는 논문의 비율이 지난 30년 사이 급격히 증가했다. '공동 제1저자권(co-first authorship)'은 생의학과 임상 학술지에서 특히 두드러진다. 1990년까지만 해도 다수의 학술지에는 공동 제1저자를 둔 논문이 없었는데, 2012년에는 전체 발행물의 30% 이상에 공동 제1저자가 있다.[217] 이러한 추이는 영향력 지수가 높은 학술지에서 가장 급격하게 증가했다. 2012년 《셀(Cell)》에 출판된 논문의 36.9%, 《네이처》의 32.9%, 《사이언스》의 24.9%가 공동 제1저자의 논문이었다.

공동 제1저자권이 점점 확산하는 데는 몇 가지 이유가 있다. 경쟁력 있는 학술지에 출판하려면 한 명 이상의 책임 연구원이 집중적으로 노력해야 한다. 그렇기에 연구가 점점 복잡해지고 중요한 과학적·임상적 문제 해결에 팀 기반 연구가 필수적인 상황에서 이러한 경향이 이어질 가능성이 크다. 한편 다학제 연구 프로젝트에서도 함께 집중적으로 기여하며 서로를 보완하는 전문성을 가진 2명 이상의 책임 연구원이 필요한 경우가 많다. 한 연구원이 하나의 프로젝트를 정리할 수 있는 모든 지식을 독립적으로 가질 수는 없기 때문이다.

하지만 공동 제1저자권은 새로운 기여도 할당 문제를 낳는다. 원본 논문에서 공동 제1저자권이 별표나 위첨자로 분명하게 표기되기는 하지만, 논문이 인용되어 참고문헌에 추가될 때에는 이 연구가 공동 제1저자가 있는 논문인지 아닌지를 알 수가 없다. 첫 번째 저자의 이름만 따오고 나머지는 '그 외(et al.)'로 표시하는 오랜 인용 양식을 따를 때에는 더 심하다. 이 글을 쓰고 있는 지금에야 공동 저자권을 다루는 새로운 관습이 개발되고 있다. 《개스트로엔터롤로지(Gastroenterology)》와[218, 219] 《몰레큘러바이올로지오브더셀(Molecular Biology of the Cell)》의 경우,[220] 공동 제1저자권이 있는 논문을 참조할 때는 연구에 공헌한 저자들이 인용될 때마다 동등한 인정을 받을 수 있도록 굵은 글씨체를 사용하도록 권고한다.

13.3 A부터 Z까지

생물학과 의약학 분야가 제1저자와 마지막 저자에 특별한 강조점을 두고 있는 것과 달리, 수학이나 실험입자물리 같은 분야는 저자 목록의 알파벳순 나열을 엄격하게 고수한다고 알려져 있다. 하지만 모든 분야의 알파벳순 나열 비율을 측정해 보니 이 방식은 전반적으로 비율이 감소하는 경향을 보였다.[221] 2011년에는 전체 논문 중 4% 이하만이 저자를 알파벳순으로 기록했다. 4%는 물론 적은 수이지만, 그렇다고 알파벳순으로 저자를 나열하는 방식이 완전히 사라질 것이라는 의미는 아니다. 다만 알파벳순을 따르지 않는 생물학이나 의약학 등의 분야가 수학 같은 분야보다 훨씬 빠르게 확장해 나가는 상황을 반영하는 결과다. 실제로 알파벳순을 따르는 관례는 과학계의 몇 안 되는 분야에 밀집되어 있고, 그 안에서는 어느 정도 안정적으로 활용되고 있다. 알파벳순을 따르는 저자권은 수학에서 가장 흔해 전체 논문의

표 13.1 알파벳 순서로 저자를 기록하는 빈도. 다음 표는 해당 분야에서 '알파벳순'으로 저자를 기록한 논문의 비율을 보여준다. 고의로 저자를 알파벳순 나열한 논문의 비율이 낮거나, 중간이거나, 높은 분야 중 일부를 선택했다. 알파벳순으로 기록한 논문의 수와 우연의 일치로 알파벳을 따르리라 예상되는 수를 비교해 의도적으로 알파벳순을 따른 정도를 측정했다.[221]

분야명	알파벳순 비율	분야명	알파벳순 비율
생화학, 분자생물학	-0.1%	전자전기공학	3.6%
생물학	0.2%	역사학	30.7%
일반의학, 내과학	0.2%	수리물리학	32.1%
(다학제) 재료과학	0.6%	확률통계학	33.8%
신경과학	0.8%	응용수학	44.7%
(다학제) 화학	0.9%	경제학	57.4%
물리화학	0.9%	입자물리학	57.4%
응용물리학	1.3%	수학	72.8%

73.3%를 차지한다(표 13.1). 금융 분야가 68.3%로 그 뒤를 잇고, 경제학과 입자물리학이 그 뒤를 따르고 있다.

왜 이 분야들은 좀 더 유용하게 정보를 전달할 비알파벳 기반 저자 표기법을 수용하지 못하는 것일까? 미국수학회(AMA)의 성명에서 힌트를 얻을 수 있다.[166]

대부분의 수학 영역에서 공동 연구는 아이디어와 기술을 공유하는 것이며, 개개인이 분리되어 기여할 수 없다. (실험실 과학과 달리) 연구자들의 역할은 거의 구분되지 않는다. 모든 구성원 사이의 복잡한 토의를 통해 아이디어가 성장했기 때문에 누가 어떤 아이디어에 기여했는지 결정하는 것은 무의미하다.

추가적으로, 알파벳순을 따르는 분야에서는 그렇지 않은 분야와 저자권에 대한 정의가 상당히 다르다. 알파벳순을 따르지 않는 분야에서는, 저자의 순서가 각각이 프로젝트에서 맡은 역할을 분명하게 나타내기 때문에 미미하게 공헌한 개인도 목록에 추가될 수 있다. 그들을 추가한다고 해서 핵심 저자의 고된 노동이 저평가되지 않기 때문이다. 하지만 모두를 알파벳순으로 기록한다면 모든 사람이 같은 기여도로 평가되기 때문에 공로를 인정받을 자격이 없는 사람을 추가하는 데 훨씬 비용이 많이 든다. 해서 이런 분야에서는 자격 여부를 더 세심하게 심사한다. 예를 들어, 경제학과 같이 알파벳순을 따르는 분야라면 프로젝트에 데이터를 제공한 것만으로는 저자권을 보장받을 수 없다. 하지만 알파벳순을 따르지 않는 생물학, 의약학에서는 데이터 제공만으로 저자권을 인정받는 경우가 자주 있다. 결과적으로, 수학 논문의 감사의 말 부분에는 논문의 근본적인 아이디어나 핵심이 되는 기술적 결과의 정확한 증명을 제공하는 등 '저자가 될 만한' 정도로 상당히 기여한 이들이 포함된다. 수학자들은 정중하게 거절당할 줄 알면서도 공저자들에게 저자권을 제안하곤 한다. 이런 절차를 거쳐, 논문의 성공에 핵심적으로 기여한 공저자들은 감사의 말에 표기되는 것이다.

알파벳순으로 저자를 기록하는 것에는 몇 가지 이점이 있다. 우선 편리하다. 누구의 이름이 처음에 갈지 두 번째에 갈지를 두고 논쟁하는 불편한 상황을 피할 수 있다. 또한 저자권에 대한 기준이 높아지기 때문에 손님 저자(guest author)의 빈도도 줄일 수 있다(상자 13.2 참조).

　　알파벳 순서를 따르는 방식은 중요한 정보를 배제하기도 한다. 모든 저자가 동등한 수준으로 공헌했다 할지라도, 자세한 설명이 없으면 과학 공동체의 해석에 따라 누가 이 논문의 '주인'인지가 달라진다. 이런 요인은 이어서 살펴볼 심각한 결과를 초래한다.

상자 13.2 유령과 손님

점점 길어지는 저자 목록에는 골치 아픈 부작용이 있다. 바로 연구에 최소한으로 기여한 '손님 저자'의 등장이다. 최근 책임 저자 2,300명을 대상으로 한 설문 조사에 따르면 생물학, 물리학, 사회과학에 속한 학술 논문 중 33%에 달하는 논문에, 연구에 대한 공헌이 용인되는 수준에 도달하지 못해 정의상 공저자가 되지 못하는 저자가 1명 이상 포함되어 있었다.[166, 222] 세 저자가 저술한 논문의 경우 '부적절한' 공저자의 발생은 9%였고, 6명 이상의 저자가 포함된 논문에서는 30%까지 증가했다.[213] 부적절한 저자권을 수용하는 가장 대표적인 이유는 학계에서의 승진을 들었다.[141]

　　훨씬 더 심각한 것은 '유령 저자(ghost authors)'로, 출판에 실질적인 공헌을 했음에도 저자로 인정되지 못한 사람들이다.[223] 그 예로 17세기 런던에서 가장 칭송받던 화학자 로버트 보일(Robert Boyle)을 생각해 볼 수 있다. 그의 연구실에는 보일이 쓸 수 있도록 정제, 합성, 정류, 관측, 기록 등을 담당한 연구 보조원이 가득했다.[224] 하지만 이 연구자들에 대해서는 아무것도 알려진 바가 없고 그들이 연구에 기여한 바도 알려지지 않았다. 보일이 모든 발견과 공헌을 혼자만의 이름으로 출판했기 때문에 그들의 이름조차도 알 수 없다(그림 13.3).

그림 13.3 보이지 않는 기술자들. 17세기에는 과학 기구를 사용하는 연구자들을 사람이 아닌 푸토* 혹은 천사로 묘사하는 예술 관례가 있어 신분이 낮은 기술자들은 더욱 드러나지 않았다. 그림은 오토 폰 게리케의 진공 펌프 (The air-pump of Otto von Guericke). [225, 224]

안타깝게도 이런 현상은 수 세기가 지난 지금까지 사라지지 않았다. 최근의 측정에 따르면 다수의 분야에서 **절반 이상의 논문**에 최소 1명의 유령 저자가 있을 것으로 알려졌다. [222] 가장 흔한 희생자는 대학원생들로, 유령 저자로의 강등은 그들의 경력 발전에 악영향을 준다.

---

* 발가벗었거나 날개가 달린 남자아이로, 르네상스 예술품에 주로 나타나는 인물상.─옮긴이

13.4 여성이 마주하는 협력의 불이익

다른 많은 분과와 마찬가지로 경제학은 완강하게 남성이 우세한 전문 영역으로 남아 있다. 유독 여성들이 고등학교부터 박사 후까지 전 단계에 걸쳐 이 학문 분야를 떠나는 경향성이 크다.[226-228] 여성 경제학자는 남성 동료보다 종신 직을 거절당한 경험이 2배 많은데, 학계의 인력 공급 경로에서 특별히 손실이 많은 이 부분에 대해 경제학자들은 수십 년간 이유를 찾지 못했다.[229, 230] 상위 30위에 속하는 미국 대학교의 경제학과에 있는 모든 교수 구성원을 살펴보면, 그들 중 **30%**는 첫 번째로 고용된 기관에서 종신 재직권을 얻는 데 실패했다.[230] 이를 성별에 따라 나눠서 보면 큰 차이가 나타난다. 남성 교원의 **23%**가 실패한 데 비해, 거의 절반에 해당하는 **48%**의 여성 교원이 종신 재직권을 얻지 못했다!

왜 이런 차이가 존재할까? 서로 다른 생산성 패턴 때문일까? 그렇지 않다. 종신 재직권을 받기 전 남성과 여성 경제학자의 출판물 수를 측정하고 이 논문들이 출판된 학술지의 권위를 고려하면, 두 그룹 간에 통계적으로 유의미한 차이가 없다.[230] 수년 동안 연구자들은 대학 간 종신 재직권 부여 비율의 불균일성, 여성 경제학자가 일하는 세부 분야, 경쟁력과 자신감[231] 등의 행동적 차이, 육아에서의 역할 등 다른 납득할 만한 설명을 찾았다. 하지만 이 요소 중 어느 것도 종신 재직권 결과에 나타나는 성별 차이를 설명

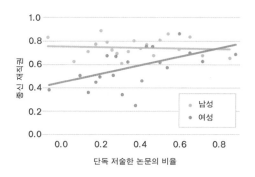

그림 13.4 논문의 팀 구성과 종신 재직권 비율. 종신 재직권의 비율과 임의의 연구자가 단독으로 저술한 논문의 비율을 성별에 따라 나누어 본 그림. 종신직을 얻는 데 필요한 해, 단독 혹은 팀 논문을 발표한 평균 학술지 순위, 총 피인용 수, 종신직을 얻은 학교와 연도, 분야 고정 효과를 통제한 후 두 변수를 나타냈다. 남성과 여성(N=552) 각각의 결과의 최적선을 따로 표시했다. 최적선의 기울기는 여성의 경우 0.41, 남성의 경우 0.05이다.[230]

하는 못했다.[229]* 이처럼 상당한 비율(30% 이상)의 성별 간 승진 차이는 풀리지 않는 수수께끼로 남아 있다.[229,230]

그런데 최근의 연구는 종신 재직권 비율에서의 성별 차이가 생각보다 간단히 설명될 수 있음을 발견했다.[230] 여성 경제학자들이 협력에 있어 상당한 불이익을 마주한다는 것이다(그림 13.4). 이 연구는 경력 중 단독 저작물의 비율로 각 학자의 '협력하려는 성향'을 측정했고, 이에 기반해 경제

---

* 정확히 해 두자면, 이 요소 중 다수가 영향을 주기는 한다. 예를 들어 여성 교원의 경우 가족 관련 책무가 더 크다. 하지만 여성들이 종신 재직권 대상으로 고려되는 데 약 1년 정도의 시간이 더 필요한 이유를 이 요인으로 설명할 수 있었고, 종신 재직권 결정 여부에는 영향이 없는 것으로 나타났다.

학자들을 정렬했다. 그러자 단독 작업만 하는 여성 경제학자는 같은 유형의 남성 대조군과 항상 같은 수준의 종신 재직권 취득률을 보였다. 실제로 남성과 여성 경제학자 모두, 단독 저작물은 종신 재직권을 받을 확률을 8~9% 높였다. 하지만 이력서에 팀 저작 논문이 포함되면 두 성별 그룹에서 차이가 발생하기 시작했다.

남성들은 단독 연구만큼 협력 연구에 대한 공헌도 인정받았다. 남성의 경우 독자적으로 일하든 팀으로 일하든 경력 전망이 사실상 같다는 뜻이다. 하지만 여성이 다른 여성 저자들과 논문을 작성하면 경력에 보탬이 되는 정도가 남성 경우의 절반 이하이다. 여성이 남성과 함께 작업하면 상황은 더 안 좋아진다. 여성 경제학자가 1명 이상의 남성 저자와 협업하면, 그의 종신 재직권 전망은 **전혀 증가하지 않는다.** 다시 말해, 여성은 남성과 협력하면 종신 재직권에 보탬이 될 공로를 전혀 인정받지 못한다. 단독 저자 논문의 비율이라는 변수 하나만으로 종신 재직권 결과에 나타나는 대부분의 성별 간 차이를 설명할 수 있을 만큼 두드러진 효과였다.

협력에 따르는 성별 불이익은 공헌을 부여하는 방식에 대한 경제학 내 협의가 부재하기 때문일까? 예컨대 사회학자들도 협력 연구를 자주 하는데, 그들은 누가 가장 많은 공로를 인정받아야 하는지 구체적으로 논의해 그 사람을 제1저자로 기록한다. 사회학에서는 남성이 여성보다 단독 저자 논문을 더 많이 출판하지만, 종신 재직권을 받는 비율은 남성과 여성이 비슷한 것도 이런 이유 때문인 듯하다. 따라서 과학에서처럼 저자를 공헌도에 따라 기록하면 편향에 근거한 추론과 자극을 억제할 수 있다. 반면 대부분의 경제학 논문은 저자를 알파벳순으로 열거하므로, 성별에 기반한 무의식적 판단이 이루어져 파괴적인 영향이 생길 수 있다.

*

이 장에서는 과학의 저자권을 결정하는 방식과 그 방식이 과학적 공로에 대해 갖는 함의를 비교했다. 하지만 지금까지의 논의는 원칙적으로 과학적 공로가 어떻게 할당**되어야 하는지**를 살펴본 것에 불과하다. 여성 경제학자의 종신 재직권 취득률 차이가 설명하는 것처럼, 실제로 어떻게 과학적 공헌이 할당**되고 있는가** 하는 중요한 문제가 남아 있다. 이 부분이 다음 장의 핵심 주제이다.

14장. 공로 할당

토머스 정리를 들어 본 적이 없다 하더라도, 그 이론이 품고 있는 아이디어에는 익숙할 것이다. '어떤 사람이 어떤 상황을 실제라고 정의하면, 결과적으로 그 상황은 실제가 된다'라는 개념이다. 예를 들어, 곧 식량 부족 사태가 닥치리라는 단순한 루머가 퍼지면 사람들은 마트로 몰려가 사재기를 해 실제로 루머가 실현되게 한다는 것이다. 사회학자 윌리엄 아이작 토머스(William Isaac Thomas)의 이름을 딴 이 유명한 이론은 '자기실현적 예언(self-fulfilling prophecy)'의 근원으로 인정받고 있다. 이 이론은 사회학에 큰 영향을 끼친 토머스의 책 『미국의 아이(The child in America)』에 처음 등장했다.[232] 토머스 정리와 『미국의 아이』는 토머스의 독자적인 연구 업적으로 인용된다.[233] 하지만 사실 이 책의 저자는 윌리엄 아이작 토머스와 도로시 스웨인 토머스(Dorothy Swaine Thomas) 두 명이다.

이번 장에서는 협업의 공로를 결국 누가 얻는지 집중적으로 살펴볼 것이다. 어떤 연구자가 공동 작업에서 불공정한 이득을 얻고, 반대의 경우 어떻게 불공정하게 간과되는지를 다룬다. 중요한 사실은 공로 할당 방식이 상당한 편견에 기반하고 있으며, 이 편견이 과학적 관습에 깊이 뿌리내리고 있다는 것이다. 하지만 다행히도, 이제 협력에 기반한 임의의 논문에서 개별 저자의 공헌을 어떻게 인지하는지를 높은 정밀도로 판별할 수 있는 처리 도구들이 생겼고 과학계는 이를 원하는 대로 사용할 수 있다. 이 도구를 통해 주어진 프로젝트(심지어 프로젝트가 시작하기 전에도)의 공헌도가 어떻게 인식되고 할당되는지를 측정해 보고, 과학계에서 공로를 할당하는 복잡하고 미묘한 방식을 예리하게 통찰해 보자.

14.1 마태 효과 다시 살펴보기

공동 작업을 통해 토머스가 얻은 불공평한 인정은 과학계에서 공헌이 (잘못) 할당되는 과정을 지배하는 마태 효과의 예이다.[234] 마태 효과에 따르면 서로 다른 명성 수준의 과학자들이 협동 연구를 할 경우, 프로젝트에서 누가 무엇을 했는지와 상관없이 더 알려진 과학자들이 불균형적으로 더 많은 공로를 인정받는다. 자기 책[101]을 준비하면서 노벨상 수상자들을 인터뷰하던 해리엇 주커먼에게 한 물리학상 수상자는 이렇게 이야기했다. "세상은 아주 독특한 방식으로 공로를 인정해줍니다. [이미] 유명한 사람의 공로를 더 인정해 주죠."

　　이 현상은 익숙함과 가시성으로 확실히 설명할 수 있

우리는 개인의 과학 경력을 다룬 3장에서 마태 효과를 살펴보았다. 마태 효과는 크게 (1) 커뮤니케이션과 (2) 보상이라는 복수의 통로를 통해 작용한다[234]. 과학적 지위와 평판이 연구의 질에 대한 인식에 영향을 미친 레일리 경의 사례는 전자의 경우와 관련이 있다. 레일리의 이름이 저자 명단에서 실수로 빠지자 논문이 즉시 거절당한 것이다. 그러나 저자의 정체가 밝혀지자, 연구 자체는 그대로였지만 연구에 대한 반응이 달라졌다.

　이번 장에서는 마태 효과와 보상 시스템의 관계에 주목한다. 마태 효과로 인해 저자들은 평판에 따라 다른 기여도를 인정받는다. 예를 들어, 지위가 다른 두 과학자가 독립적인 발견을 했다면 유명한 과학자가 공로를 더 많이 인정받으리라고 마태 효과는 예측한다. 12세기의 프랑스 철학자 베르나르 드 샤르트르(Bernard de Chartres)의 사례가 대표적이다. "거인의 어깨 위에 서다"라는 표현은 뉴턴이 로버트 훅(Robert Hooke)에게 보낸 편지에 등장한 것으로 유명하지만, 사실 베르나르 드 샤르트르는 그로부터 400년 전에 이 유명한 격언을 고안했다. 여러 사람이 동일한 발견에 참여했지만 가장 저명한 공동 작업자에게 공로가 더 많이 돌아가는 경우도 마태 효과로 설명할 수 있다. 이 장에서는 마태 효과의 두 가지 경우 모두를 동일 공로 인정 문제에서 비롯된 것으로 본다.

다. 논문에 나열된 저자의 이름들을 볼 때 모르는 이름들은 사실상 의미가 없고, 익숙한 이름들이 두드러지게 눈에 띈다. 이로 인해 즉각적으로 해당 논문을 아는 그 사람과 연결 짓게 된다. 대체로, 명성과 연륜을 갖춘 공저자의 이름이 익숙할 것이다. 화학계의 한 수상자는 "사람들이 논문을 보고 내 이름은 기억하지만 다른 사람들의 이름은 기억하지 못한다"라고 말했다.[234] 《미국의 아이》 관련 공로를 거의 인정받지 못한 도로시 스웨인 토머스는 이러한 공로 차별의 대표적 예이다. 이 책이 1928년에 처음 출판되었을 때 윌리엄 아이작 토머스는 65세였고, 오랜 시간 미국사회학자회(American Sociologists) 회장직을 맡은 것을 뒤늦게 인정받아 미국사회학회(American Sociological Society)의 회장이 되었다.[234] 도로시 스웨인 토머스는 윌리엄 아이작 토머스의 보조로 일하던 20대였으며, 사실상 과학계에는 알려지지 않았다.

덜 유명한 공저자와 작업한 저명한 과학자들은 공로를 더 많이 인정받는다. 머튼과 노벨상 수상자의 인터뷰에서 간략하게 소개되듯이,[60] 이는 젊은 과학자와 연륜 있는 과학자 양쪽에게 딜레마이다.

> 당신이 한 학생을 지도했어요. 그의 논문에 당신의 이름을 넣겠습니까, 넣지 않겠습니까? 당신도 그 연구에 기여했지만, 이름을 넣는 것이 나을까요, 넣지 않는 것이 나을까요? 결과는 양날의 검입니다. 넣지 않는다면 논문이 알려지기 어렵습니다. 아무도 읽지 않겠죠. 당신의 이름을 넣

으면, 논문은 알려지겠지만 그 학생이 충분한 공로를 인정
받지 못하겠죠.

실제로 여러 연구에 따르면, 저명함의 지표인 지위가 연구
의 가시성을 높일 뿐 아니라 학계가 그 연구의 질을 어떻게
인식하는지에도 영향을 준다.[60,61,65] 이에 더해, 최고의 과학
자와 일을 진행해 나가면서 젊은 연구자는 연구 질문을 어
떻게 발전시키는지, 연구하면서 마주하는 어려운 문제들에
어떻게 대처하는지 등 그와 함께 일하지 않았다면 배우지
못했을 여러 종류의 암묵적 지식을 획득할 수도 있다.

하지만 공로 인정의 관점에서 심각하게 불리한 요인
도 있다. 아인슈타인의 공저자가 될 수 있다 하더라도, 그
논문은 최우선으로 아인슈타인의 논문일 것이다. 흔히 그
렇듯, 함께 일한 젊은 연구자들이 연구의 거의 모든 부분을
담당했을지라도 그들의 노력은 가려지고 결국에는 그들이
받아 마땅한 것보다 덜 인정받게 될 것이다.

깊이 생각해 볼 또 다른 사례가 있다. 논문 철회, 표
절, 결과 조작 혹은 오류 등의 문제가 발생하면 누구의 잘못
으로 여겨질까? 핵심 아이디어의 근원이라고 여겨지는 저
명한 저자들은 성공적인 협력에서 실제 역할 이상의 이득
을 얻지만, 젊은 공저자들은 단순히 프로젝트를 수행한 것
으로 여겨진다. 그렇다면 해당 연구를 이끌었을 저명한 저
자가 잘못과 실패에 대한 비난을 더 많이 감내하는 것이 당
연하지 않을까? 더 큰 인정은 더 많은 책임으로부터 오니까
말이다.

하지만 연구에서 밝혀진 바는 정확히 반대였다. 연륜 있는 저자와 젊은 저자가 철회된 논문을 **함께** 작업했을 경우, 대부분 연륜 있는 저자들은 좋지 못한 결과에서 탈 없이 빠져나올 수 있었지만 젊은 공동 연구자들은 (일반적으로 대학원생 혹은 박사 후 연구원) 때로는 경력이 끝날 정도의 불이익을 받았다.[75] 높은 명성은 저명한 연구자에게 더 많은 공로를 인정해 줄 뿐 아니라, 위기로부터 그들을 보호한다. 그 논리는 단순하다. 아인슈타인이 철회된 논문에 공저자로 참여했다면, 그 철회가 어떻게 아인슈타인 때문이겠는가?

상자 14.2 역마태 효과의 재구성

철회된 논문들을 철회되지 않은 대조군의 논문[72] 및 철회되지 않은 저자들[74]과 짝지어 비교한 연구에 따르면, 철회된 저자들의 경우 그전 연구의 피인용 수도 줄어든다는 것을 앞에서 다뤘다.[72-74] 또한 철회 후 저명한 과학자는 덜 알려진 동료들보다 혹독한 불이익을 받았다(3장의 상자 3.2 참조).[74] 혼란스럽게도 이 결과들은 여기에서 논의한 것과 어긋나 보인다. 이 두 발견의 핵심적 차이는 인용 불이익을 **팀 내**에서 비교했는가 **팀 간**에 비교했는가 하는 점이다. 이 장에서 다룬 것처럼 저자들이 같은 팀에 있을 때 학계는 젊은 연구자에게 잘못이 있다고 간주한다. 하지만 저명한 저자가 참여한 논문과 상대적으로 덜 알려진 저자가 참여한 두 논문을 비교하면, 3장의 결과는 전자에게 후자보다 혹독한 불이익을 준다.

이 결과는 과학계의 가혹한 현실을 보여 준다. 공로 인정은 과학계의 집단적 결정으로 이루어지지, 공저자 개인의 뜻으로는 영향을 주기 어렵다는 사실이다. 실제로 팀의 구성원들은 학계에서 인정한 공헌도가 실제 공헌도와 다를 때 무력감에 빠진다. 그래도 희망은 있다. 과학적 공로는 개인의 의지에 따라 쉽게 변하지 않는 구체적인 규칙을 따른다. 즉, 이 규칙이 무엇인지 구분할 수 있다면 발견에 대한 책임이 누구에게 있는지를 계산할 수 있을 뿐 아니라, 예측도 할 수 있다. 그러면 팀 과제를 하는 과학자 간에 공헌도가 치우치는 것을 예방하고, 공로가 공정하게 인정되도록 힘을 보탤 수 있을 것이다.

14.2 집단에서의 공로 할당

그림 14.1의 논문은 W 보손과 Z 보손의 발견을 보고한 논문으로,[235] 출판된 지 1년 만에 노벨물리학상을 받았다. 발견에서 인정까지 상당히 짧은 시간이 걸린 예외적인 경우다. 그런데 알파벳 순서로 기록된 135명의 저자 중 누가 노벨상을 탈 사람일까? 고에너지물리학자라면 이 질문의 답을 생각할 필요도 없다. 노벨상위원회의 말을 빌리자면, 공로는 의심할 여지 없이 "이 거대 프로젝트에 결정적 공헌"을 한 카를로 루비아(Carlo Rubbia)와 시몬 판 데르 메이르(Simon van der Meer) 둘에게 돌아간다. 하지만 사정을 모르는 사람들에게 알파벳 순서로 적힌 긴 저자 목록 중 다른

EXPERIMENTAL OBSERVATION OF ISOLATED LARGE TRANSVERSE ENERGY ELECTRONS WITH ASSOCIATED MISSING ENERGY AT $\sqrt{s}$ = 540 GeV

UA1 Collaboration, CERN, Geneva, Switzerland

G. ARNISON[j], A. ASTBURY[j], B. AUBERT[b], C. BACCI[i], G. BAUER[1], A. BÉZAGUET[d], R. BÖCK[d], T.J.V. BOWCOCK[f], M. CALVETTI[d], T. CARROLL[d], P. CATZ[b], P. CENNINI[d], S. CENTRO[d], F. CERADINI[d], S. CITTOLIN[d], D. CLINE[1], C. COCHET[k], J. COLAS[b], M. CORDEN[c], D. DALLMAN[d], M. DeBEER[k], M. DELLA NEGRA[b], M. DEMOULIN[d], D. DENEGRI[k], A. Di CIACCIO[i], D. DiBITONTO[d], L. DOBRZYNSKI[g], J.D. DOWELL[c], M. EDWARDS[c], K. EGGERT[a], E. EISENHANDLER[f], N. ELLIS[d], P. ERHARD[a], H. FAISSNER[a], G. FONTAINE[g], R. FREY[h], R. FRÜHWIRTH[l], J. GARVEY[c], S. GEER[g], C. GHESQUIÈRE[g], P. GHEZ[b], K.L. GIBONI[a], W.R. GIBSON[f], Y. GIRAUD-HÉRAUD[g], A. GIVERNAUD[k], A. GONIDEC[b], G. GRAYER[j], P. GUTIERREZ[h], T. HANSL-KOZANECKA[a], W.J. HAYNES[j], L.O. HERTZBERGER[2], C. HODGES[h], D. HOFFMANN[a], H. HOFFMANN[d], D.J. HOLTHUIZEN[2], R.J. HOMER[c], A. HONMA[f], W. JANK[d], G. JORAT[d], P.I.P. KALMUS[f], V. KARIMÄKI[e], R. KEELER[f], I. KENYON[c], A. KERNAN[h], R. KINNUNEN[e], H. KOWALSKI[d], W. KOZANECKI[h], D. KRYN[d], F. LACAVA[d], J.-P. LAUGIER[k], J.-P. LEES[b], H. LEHMANN[a], K. LEUCHS[a], A. LÉVÊQUE[k], D. LINGLIN[b], E. LOCCI[k], M. LORET[k], J.-J. MALOSSE[k], T. MARKIEWICZ[d], G. MAURIN[d], T. McMAHON[c], J.-P. MENDIBURU[g], M.-N. MINARD[b], M. MORICCA[i], H. MUIRHEAD[d], F. MULLER[d], A.K. NANDI[j], L. NAUMANN[d], A. NORTON[d], A. ORKIN-LECOURTOIS[g], L. PAOLUZI[i], G. PETRUCCI[d], G. PIANO MORTARI[i], M. PIMIÄ[e], A. PLACCI[d], E. RADERMACHER[a], J. RANSDELL[h], H. REITHLER[a], J.-P. REVOL[d], J. RICH[k], M. RIJSSENBEEK[d], C. ROBERTS[j], J. ROHLF[d], P. ROSSI[d], C. RUBBIA[d], B. SADOULET[d], G. SAJOT[g], G. SALVI[f], G. SALVINI[i], J. SASS[k], J. SAUDRAIX[k], A. SAVOY-NAVARRO[k], D. SCHINZEL[f], W. SCOTT[j], T.P. SHAH[j], M. SPIRO[k], J. STRAUSS[l], K. SUMOROK[c], F. SZONCSO[l], D. SMITH[h], C. TAO[d], G. THOMPSON[f], J. TIMMER[d], E. TSCHESLOG[a], J. TUOMINIEMI[e], S. Van der MEER[d], J.-P. VIALLE[d], J. VRANA[g], V. VUILLEMIN[d], H.D. WAHL[l], P. WATKINS[c], J. WILSON[c], Y.G. XIE[d], M. YVERT[b] and E. ZURFLUH[d]

Aachen [a]--Annecy (LAPP) [b]--Birmingham [c]--CERN [d]--Helsinki [e]--Queen Mary College, London [f]--Paris (Coll. de France) [g]--Riverside [h]--Rome [i]--Rutherford Appleton Lab. [j]--Saclay (CEN) [k]--Vienna [l] Collaboration

Received 23 January 1983

그림 14.1 1984년 노벨물리학상. W 와 Z 보손의 발견을 보고한 논문[235]의 일부. 1984년 노벨물리학상은 논문의 공동 저자 중 "약한상호작용의 전달자인 장입자 W와 Z 보손의 발견을 이끄는 거대 프로젝트에 결정적 공헌을 한" 카를로 루비아와 시몬 판 데르 메이르에게 공동 수여되었다.

사람이 아닌 바로 이 두 명을 선택하기란 마법 같은 일이다.

확실히 과학계는 해당 분야에 상당한 전문성을 갖춰야 이해할 수 있는, 비공식적인 공로 할당 시스템을 사용한다. 그럼 해당 분야의 외부에 있는 사람이 누가 특정 발견의 중심에 있는지를 알아볼 방법이 있을까? 13장에서는 공로 정도를 추론할 수 있는 대략적인 방법이 있음을 배웠다. 예컨대 저자가 공로 순으로 정렬된다면 첫 번째 혹은 마지막 저자에 집중해야 한다. 하지만, 그림 14.1처럼 알파벳 순서로 나열된 수백 명의 저자 중에 두 명만 고르라면 당혹스러울 것이다. 다행스럽게도, 과학적 공로가 부여되는 집단적인 과정을 담아낸 알고리듬이 개발되었다.[236] 저자별 공헌도를 계산할 때, 어느 발행물에나 이 알고리듬을 적용할 수 있다.

이 알고리듬이 어떻게 동작하는지 이해하기 위해서 메리와 피터라는 두 저자와 그들의 공동 논문 p_0를 가정해 보자(그림 14.2a). 이 논문에 대한 공로를 누가 인정받을까? 이 질문에 대한 답을 추론하기 위해 이 주제에 관해 누가 더 검증된 전문성을 갖는지를 측정해 볼 수 있다. 극단적인 예를 들자면, 메리는 해당 주제로 여러 다른 논문을 이미 발표했고, 피터는 그 주제로 p_0 하나만 발표했다. 이 사실은 인용 패턴을 통해 탐지된다. 논문 p_0와 함께 인용되는 경향이 있는 논문들을 살펴보면, 그중 몇몇에 메리는 저자로 참여했겠지만 피터는 아니다. 이는 메리가 이 분야의 공동체에서 확실히 자리를 잡았다는 의미이고, 피터는 상대적으로 외부인이라는 것이다. 결과적으로 해당 공동체는 논문 p_0를 피터보다는 메리의 업적 중 하나로 여길 가능성이 크다(그림 14.2a).

바바 시게루(馬場滋)와 1976년 공동 출판한 논문으로 2010년에 노벨화학상을 받은 네기시 에이이치(根岸英一)가 바로 이 예이다(그림 14.2b). 바바 역시 이 역사적인 논문의 공저자이지만, 이 논문은 해당 주제에서 주목받은 그의 유일한 논문이었다. 반면 네기시는 여러 해 동안 피인용 수가

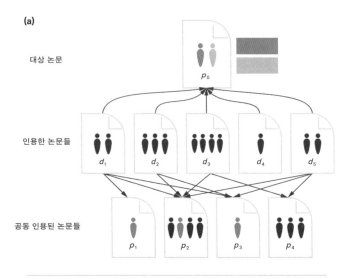

(a)

대상 논문

p_0

인용한 논문들

d_1 d_2 d_3 d_4 d_5

공동 인용된 논문들

p_1 p_2 p_3 p_4

(b)

2010년 노벨화학상

Baba, Negishi, J. Am. Chem Soc. 98, 6729 (1976).

함께 인용된 논문

Negishi, Okukado, King, Van Horn, Spiegel, J. Am. Chem. Soc. (1978)

Negishi, King, Okukado, J. Org. Chem. (1977)

Negishi, Vanhorn, J. Am. Chem. Soc. (1977)

Negishi, Vanhorn, J. Am. Chem. Soc. (1978)

Negishi, Valente, Koboyashi, J. Am. Chem. Soc. (1980)

(c)

2010년 노벨물리학상

Novoselov, Geim, Science, 206, 666 (2004)

함께 인용된 논문

Geim, Novoselov, Nature (2007)

Novoselov, Jiang, Schedin, Booth, Khotkevich, Morozov, Geim, PNAS (2005)

Novoselov, Geim, Morozov, Jiang, Katsnelson, Grigorieva, Dubonos, Firsov, Nature (2005)

Castro Neto, Guinea, Peres, Novoselov, Geim, Rev. Mod. Phys. (2009)

Ferrari, Meyer, Scardaci, Casiraghi, Lazzeri, Mauri, Piscanec, Jiang, Novoselov, Roth, Geim, Phys. Rev. Lett. (2006)

그림 14.2 과학 분야 집단의 공로 할당. (a) 과학에서 공로 할당이 어떻게 동작하는지를 보여 주는 극단적인 예를 도식화했다. 피터가 연구 업적 중 한 논문에만 기여했다면, 공동체는 해당 주제에 대해 다수의 논문을 발표한 메리에게 가장 많은 공로를 인정한다. (b)와 (c)는 공로 할당에 대한 두 가지 사례 연구를 보여 준다. 네기시(Negishi)는 (a)의 예를 대표한다. 그는 이 영역에서 다수의 다른 논문을 출판해, 노벨상을 받은 상단의 논문과 함께 학계에서 공동 인용되었다. 바바(Baba) 역시 노벨상을 받은 논문의 공저자이지만, 그는 그 주제를 딱 한 번 다뤘다. 반면 (c)의 노보셀로프(Novoselov)와 가임(Geim)은 해당 주제에서 높은 빈도로 공동 인용된 논문들에 대부분 함께 참여했다. 둘은 동등한 기여를 인정받아 노벨상을 공동으로 받았다.[236]

높은 여러 논문을 발표했다. 노벨위원회는 네기시의 단독 수상을 결정했다.

그림 14.2c의 다른 극단적인 예를 살펴보자. 이 경우, p_0의 주제를 포함하는 **모든** 피인용 수 높은 논문은 콘스탄틴 노보셀로프(Konstantin Novoselov)와 안드레 가임(Andre Geim)의 공동 논문이다. 이 두 저자가 항상 저자권을 공유한다면, 외부 정보가 전혀 없는 관찰자는 p_0에 대해 두 저자에게 동등한 공로를 할당할 것이다. 그래핀(graphene) 발견에 대한 그들의 노벨상 공동 수상은 이 경우에 딱 맞는 예시이다. 노보셀로프와 가임은 그래핀에 관한 첫 논문뿐 아니라 이후에 나온 영향력이 높은 거의 모든 논문에 함께 참여했다. 이 때문에 그래핀 발견에 같은 기여도를 인정받은 것이다.

하지만 대부분은 이 양극단의 어디엔가 위치해 조금 더 복잡하다. 두 저자가 몇몇 논문은 함께 작업했지만, 유사한 주제를 다룬 몇몇 논문은 다른 공저자들과 함께했을 수 있다. 그러면 특정 업적에 대한 기여 정도는 시간에 따라 달라진다. '연구 업적'에서 개별 저자에게 할당되는 기여도를 어떻게 정량화할까? 기여도를 알아보고자 하는 논문과 동일 저자가 출판한 모든 다른 논문 사이의 공동 인용 패턴을 분석해 보면 된다. 그림 14.3은 이를 정량화할 수 있는 집단적인 기여도 할당 알고리듬을 설명하고 있다.[236] 이 알고리듬이 어떻게 동작하는지 감을 잡기 위해, 그림 14.3의 임의의 두 저자를 통해 어떤 논문에서의 기여도 할당을 논의해 보자.

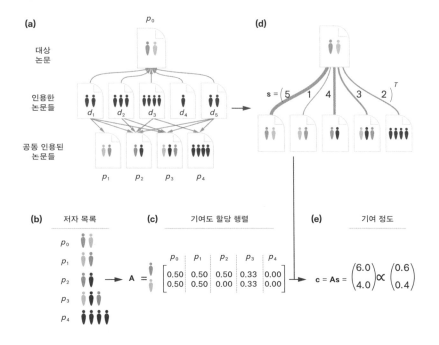

그림 14.3 집단적 공로 할당 알고리듬 모식도.[236] (a) 대상 논문인 p_0의 두 저자가 각각 빨간색과 초록색으로 표현되었다. 그들의 공동 논문 p_0에 대해 두 저자 각각에 돌아가는 기여도를 결정하기 위해 p_0를 인용한 모든 논문 $\{d_1, \cdots, d_5\}$를 확인했다. 다음으로 그 논문들의 참고문헌을 추적해 p_0와 함께 인용된 다른 모든 논문 $P \equiv \{p_0, p_1, \cdots, p_4\}$를 분류했다. 논문들의 집합 P에 있는 논문들은 p_0가 등장할 때마다 함께 인용되기 때문에 p_0와 특별히 연관된 전체 연구 업적을 의미한다. 그다음, 이 전체 업적 P에서 두 저자의 포함관계를 밝힌다. (b)에서 보이는 것처럼, 먼저 P에 속하는 모든 논문을 훑어본 후, 해당 논문 $p_0, p_1, \cdots, p_4$에 대한 저자 참여도를 계산할 수 있다. (a)에 나타난 예시와 같이, 두 저자는 p_0와 p_1에 참여한 유일한 두 저자이기 때문에 이 논문들에 대해 같은 (절반의) 기여도를 갖는다. 하지만 p_2에 대해서는 빨간색의 저자만 2명으로 이루어진 저자 팀에 속해 있으므로 각 저자가 0.5씩 기여도를 갖고, 초록색 저자는 이 논문에 대해서는 기여도가 0이다. 이 과정을 P에 속하는 모든 논문에 대해 반복하면 저자 참여 행렬 A를 얻을 수 있고, 여기서 개별 요소 A_{ij}는 이 주제에 대한 개별 논문 p_j로부터 각 저자가 얻는 기여도를 의미한다. (c) 그림 (b)의 공동 인용 논문의 저자 목록에서 얻은 기여도 할당 행렬 A. 행렬 A는 개별 공동 인용 논문에 대한 저자들의 기여도를 알려준다. 한 예로, p_2의 경우 두 저자 중 빨간색의 저자는 포함하고 있지만, 초록색의 저자는 포함하고 있지 않아, 빨간색 저자에게는 0.5 기여도, 초록색 저자에게는 0.0 기여도가 할당된다. 하지만, P에 속하는 모든 논문이 같은 것은 아니다. 몇몇 논문은 다른

240   2부. 협업의 과학

논문보다 더 p_0와 연관성이 높다. 이런 경우는 p_0와 P에 있는 다른 임의의 논문 p_j사이의 공동 인용 세기 s_j를 p_0와 p_j가 함께 인용된 수만큼 고려해 해결할 수 있다. 이 과정이 (d)에 나타나 있으며, (a)로부터 얻어진 p_0 중심 공동 인용 네트워크이다. 여기서, 링크의 가중치는 공동 인용 논문들과 대상 논문 p_0 사이의 공동 인용 세기 s를 의미한다. 한 예로, (a)에서 p_1은 p_0와 (d_1을 통해) 단 한 번 함께 인용되었지만, p_2와 p_0는 서로 다른 4개의 논문 d_1, d_2, d_3, d_5에서 짝으로 인용되었다. 따라서, p_0에 대해서 p_2는 p_1보다 더 높은 공동 인용 세기($s_1=1$, $s_2=4$)를 가져야 한다. 이는 p_2가 p_0와 상관성이 더 높음을 의미한다. (e) 행렬 A와 공동 인용 세기 s를 통해 p_0에 참여한 두 저자의 기여도를 이 -두 행렬의 곱으로 계산하고, 적절하게 정규화한다. 알고리듬에 따른 개별 저자들의 최종 기여도 할당은 해당 연구 업적에 대한 그들의 참여도를 고려하고 해당 업적과의 연관성이 높을수록 가중치를 줬다. 수학적으로 이는 저자 참여도 행렬과 공동 인용 세기 행렬의 곱 **c=As**로 표현된다.[236]

그림 14.3에 대략 설명되어 있듯, 이 알고리듬은 각각의 추가적인 논문이 저자의 기여도에 관한 암묵적 정보를 해당 공동체에 전달하는지, 그리고 공동체가 어떻게 분야별로 다른 방식으로 논문의 기여도를 할당하는지를 담아내고 있다. 이 알고리듬은 이론적인 도구일 뿐 아니라 예측적 도구이기도 하다. 노벨상을 받은 다수 저자의 논문에 이를 적용했을 때, 이 방법은 정확하게 노벨상 수상자를 **81%**로 수상할 만한 저자로 판별했다(63개 논문 중 51개). 저자가 고에너지물리학자이든, 알파벳순으로 기록되었든, 생물학자이든, 리더가 제1저자이든 마지막 저자이든 상관없었다. **19%**는 알고리듬이 사람을 잘못 선택한 경우로, 공로 분배에 실수가 있을 수 있음을 암시해 흥미로운 긴장 관계를 자아낸다. 이후 더 논의해 볼 만한 문제다(상자 14.3 참조).

기여도 할당 알고리듬은 팀 구성원들의 기여도를 할당할 때 누가 그 일을 했는지를 실제로 알 필요가 없음을 보여 준다. 여기에는 중요한 메시지가 있다. 과학적 기여도

상자 14.3 공로 할당 알고리듬이 실패할 때

알고리듬이 자동으로 긴 저자 목록 중 수상자를 분별해 내는 것은 놀랍지만, 알고리듬이 실패한 경우를 논의하는 것도 흥미로운 일이다.[236] 이 실패는 학계에서는 핵심적인 기여를 인정받지만, 노벨위원회에게는 과소 평가된 어떤 연구자가 존재함을 의미한다. 한 예로 2013년 노벨물리학상을 들 수 있다. 이 해에는 '신의 입자(God particle)'로 알려진 힉스 보손의 발견에 상이 수여되었다. 1964년 힉스 보손 예측 이론에 대한 기여를 인정받은 6명의 물리학자가 있었지만, 상은 최대 3명까지만 공동 수상할 수 있었다. 프랑수아 앙글레르(François Englert)와 로버트 브라우트(Robert Brout)가 이론을 먼저 발표했지만,[237] 힉스 보손의 존재를 구체화하는 데에는 실패했다. 이어서 피터 힉스의 논문에서 힉스 보손의 존재가 예측되었다.[238] 제럴드 구럴닉(Gerald Guralnik), 칼 리처드 하겐(Carl Richard Hagen), 토머스 키블(Thomas Kibble)은 독립적으로 앙글레르와 브라우트보다 한 달 늦게 같은 이론을 제안했고, 어떻게 우주의 구성 요소들이 질량을 얻는지 설명했다.[239] 2010년에 이 여섯 명의 물리학자는 미국물리학회로부터 동등한 인정을 받았고, 이론입자물리 분야에서 수여되는 사쿠라이상(Sakurai prize)을 공동 수상했다. 하지만 노벨위원회는 2013년에 힉스와 앙글레르에게만 상을 수여했다. 기여도 할당 알고리듬은 힉스가 가장 많은 기여도를 부여받을 것으로 예측했고, 그다음은 키블이었다. 앙글레르는 세 번째였는데, 공저자이자 노벨상이 수여되기 전에 사망한 브라우트보다 아주 약간 높은 기여도를 가졌다. 구럴닉과 하겐은 남은 기여도를 균등하게 나눠 가졌다. 알고리듬에 의하면 2013년의 노벨물리학상은 힉스, 키블, 앙글레르 순서로 수여되었어야 했다. 키블을 건너뛴 것은 기여도를 부여하는 위원회와 학계의 인식 차이를 보여 준다.

실세 수상자와 알고리듬의 예측이 불일치하는 또 다른 예로 더글라스 프래셔에 주목해 보자. 2008년 노벨상이 수여되었을 때, 그가 공저자로 참여한 피인용 수 높은 다수의 핵심적인 논문 덕분에 GFP 발견에 대한 그의 기여도는 0.199였다. 이 기여도는 다른 2명의 수상자인 첸과 시모무라보다 낮은 값이었지만(각각 0.47과 0.25), 함께 상을 받은 마틴 챌피(0.09)보다는 큰 값이었다.

는 실제 공헌보다는 공동체의 인식에 따른다. 이 장에서는 공동 출판물의 기여도가 어떻게 인식될지 예측하는 정량적인 도구를 소개할 뿐 아니라 협력의 속성 몇 가지를 통찰할 수 있다.

첫 번째 통찰. 획기적인 과학 논문을 출판하고, 논문이 인정받을 때까지 단순히 기다리는 것으로는 충분하지 않다. 마땅히 받아야 할 공로를 다른 사람에게도 인정받으려면 이전 공저자들과는 독립적으로 중요한 연구를 꾸준히 발표해야만 한다. 당신이 속한 공동체에서 획기적인 논문 이후에도 계속 그 분야의 지적인 리더로 보여야 한다. 원본 논문에서의 기여도는 이런 인식을 형성하는 데 거의 영향이 없다. 오히려, 알고리듬이 보여 주는 것처럼 혁신적인 연구 후에 발표하는 것들이 최종적인 기여를 결정하게 될 것이다.

두 번째 통찰. 해당 분야의 전문가와 함께 경력을 시작하는 경우처럼, 이미 잘 정립된 영역으로 뛰어든다면 당신의 기여도는 시작 전부터 결정되어 있다. 당신이 탐구하고자 하는 주제를 당신의 공저자들이 이미 깊이 연구해 왔다면, 그들의 이전 연구들을 현재 논문에 공동 인용할 가능성이 크다. 이 경우 당신이 해당 주제에 관해 꾸준히, 기존 공저자들과 독립적으로 발표할지라도 이미 존재하는 기여도의 결핍을 극복하는 데 오랜 시간이 걸릴 수도 있다. 아예 극복할 수 없을 수도 있다. 당신의 새로운 연구를 인용하는 논문들은 당신의 공저자들이 이전에 수행한 해당 분야의 고전 연구 업적도 인용할 것이고, 그로 인해 추가적인 노력이 희석되기 때문이다.

특정한 연구 프로젝트를 지속하는 몇 가지 이유가 있다. 팀의 구성원들과 일하고 싶고, 그 팀의 사명에 동의하기 때문에, 혹은 해결해야 하는 중요한 문제가 있기 때문이다. 일에 대한 기여를 인정받을 수 있을지를 신경 쓰지 않고 팀에 합류하는 경우가 많다는 뜻이다. 하지만 공로를 **인정받고 싶다면**, 그 팀과 일했을 때 눈에 띄는 공로 인정을 얻을 수 있을지 이 알고리듬으로 먼저 측정해 볼 수 있다(상자 14.4).

이 장에서 논의한 것과 같이, 비공식적 기여 할당 시스템의 정량화로 인해 누구든지 공식적으로 팀이 구성되기 전부터 알고리듬을 통해 예상 기여도를 계산할 수 있다. 이는 의도하지 않은 결과를 낳을 수 있다.[105, 147] 예컨대 개인이 공동 연구자를 선택할 때 팀 자체의 효율성보다 이후에 얻을 수 있는 기여도를 더 고려할 수 있다. 이런 방법 때문에 공동 연구가 더 전략적으로 바뀔까? 만약 그렇다면, 개인적 이득과 과학 집단의 진보 사이의 균형을 어떻게 맞출 수 있을까? 이 질문에 대한 답은 없다. 하지만 과학 내부의 메커니즘을 이해하기 위한 접근법도 점점 더 과학적으로 변화하고 있으므로, 이를 통해 부작용을 일찍 발견하고 더 나은 진단을 할 수 있으리라 기대한다.

안타깝게도 도로시 스웨인 토머스는 당시 이중의 어려움을 겪고 있었다. 그녀는 잘 알려진 파트너와 협업하는 젊은 연구자일 뿐 아니라, 과학계에서 일반적으로 여성의 공헌을 평가절하하던 시대를 살았다. 하지만 그녀의 이야기는 암울하게 끝나지 않는다. 그녀는 결국 뛰어난 과학적 경력을 이룩해 명성을 얻었다. 윌리엄 아이작 토머스처럼 그녀도 1952년 미국 사회과학회의 회장으로 선출되었다. 하지만 이 명성도 《미국의 아이》에 대한 그의 기여가 전적으로 그의 유명한 공저자에게 돌아가는 일을 막지는 못했다. 아주 세심한 학자조차 의문을 제기하지 않았고, 지금도 마찬가지다. 만약 그녀가 이후의 뛰어난 경력을 쌓지 않았다면, 그녀의 이름이 누락된 것에 대해 불평하는 일도 없었을 것이란 점을 분명히 하고 싶다. 그녀는 아마 역사에서 완전히 사라졌을 것이기 때문이다.

3부. 영향력의 과학

The Science of Impact

"내가 멀리 본 것은 거인의 어깨에 올라섰기 때문이다."
1676년 2월 아이작 뉴턴은 로버트 훅에게 보낸 편지에
이렇게 썼다.[240] 자주 인용되는 이 글귀는 지식이 누적된다는
과학의 본질적 특징을 간결하게 담아낸다. 실제로 과학
발견은 단독으로 일어나지 않고, 다른 과학자들이 한 기존의
일 위에 쌓아 올려진다. 과학자들은 일반적으로 여러 시대에
걸쳐 그들이 기반으로 삼은 아이디어의 출처를 인정해 왔다.
시간이 지나며 이 관습은 인용이라는 엄격한 규범으로 자리
잡았다.

　　인용은 이전의 연구나 발견에 대한 공식적인 언급으로,
특정 연구 논문, 책, 보고서를 비롯한 여러 형태의 학문적
저작을 명확하게 표시해 독자가 해당 자료를 찾을 수 있도록
한다. 인용은 과학적 소통에서 매우 중요하며, 이를 통해
독자들은 이전의 업적이 저자의 주장을 정말로 지지하는지
확인할 수 있다. 저자들은 인용을 적절히 사용해 주장의
근거가 견고하고 탄탄함을 강조하고, 기존 아이디어를
적절한 출처에 귀속시키고, 지식의 정직함을 확보하고,
표절을 피한다. 또 인용을 통해 지식을 압축해 표시할 수
있으므로 새로운 일을 이해하는 데 필요한 배경지식을 전부
되풀이하지 않아도 된다.

　　그러나 최근 들어 인용은 또 다른 역할을 맡게 되었다.
과학계는 특정 논문이나 일련의 연구가 가진 과학적
영향력을 측정하는 데 피인용 수를 사용하기 시작했다.
이는 과학자들이 그들의 연구와 관련된 논문만 인용하기
때문에 가능한 일이다. 많은 과학자와 연구 프로젝트에
영감을 준 획기적인 논문은 많이 인용될 것이다. 반면 기존의

아이디어를 약간 개선한 논문은 피인용 수가 적거나 아예 없을 것이다.

영향력과 피인용 수 사이의 연관성은 간단해 보이지만 사실 모호한 것투성이다. 피인용 수가 얼마나 많아야 '많은' 것일까? 피인용 수는 어떤 메커니즘으로 누적될까? 어떤 종류의 발견이 더 많이 인용될까? 어떤 논문이 미래에 얼마나 인용될지 알 수 있을까? 어떤 발견이 상당한 관심을 불러일으켰다면, 그런 상황을 얼마 만에 알아차릴 수 있을까? 우리는 한 걸음 물러서서, 피인용 수를 세는 일이 논문 발상의 타당성과 영향력에 관해 무엇을 알려 주는지 물을 것이다. 간단히 말해, 피인용 수가 정말 의미 있을까?

다음 6개 장에서는 이러한 질문들에 정량적인 답을 찾아본다. 이 책의 앞선 두 부에서 개인의 과학적 경력과 협력의 근원에 있는 다양한 패턴을 검토했다. 개인이나 팀과 같은 과학의 '생산자'에 대해서는 많은 것을 이해했으니, 이제 그들이 만들어 낸 것에 초점을 맞출 때이다. 첫 번째 질문은 우리가 얼마나 많은 논문을 만들어 냈는지다. 이 질문의 답을 찾기 위해 1949년도의 싱가포르로 떠나 보자.

15장. 거대한 과학

1949년 싱가포르 래플스 대학의 새로운 도서관이 《영국왕립학회철학회보(*Philosophical Transactions of the Royal Society of London*)》 전집을 들였을 즈음, 데릭 드 솔라 프라이스(Derek de Solla Price)는 그곳에서 응용수학을 가르치고 있었다. 1662년도부터 발행된 《철학회보》는 처음으로 과학에만 전념한 학술지였다. 도서관이 아직 새로운 건물을 짓고 있었기 때문에, 드 솔라 프라이스는 회보들을 침대 머리맡에 보관했다. 다음 해에 그는 학술지를 처음부터 끝까지 읽으며 10년 단위로 쌓아 두었다. 어느 날 그가 책을 읽다 올려다보았을 때 특이한 점을 발견했다. 첫 번째 10년의 더미는 아주 작았고 두 번째는 아주 조금 높아졌다. 그러나 10년씩 지날수록 더미의 높이는 더 빠르게 증가하기 시작했고, 가장 최근에는 급격히 가속화되었다. 전체적으로 28개의 더미는 전형적인 지수함수 곡선처럼 보였다.

이러한 관찰은 일생의 열정으로 이어졌다. 그 후 수십 년 동안 드 솔라 프라이스는 과학이 시간에 따라 어떻게 자라나는지 체계적으로 탐구했다. 1961년까지 그는 과학 학술지의 수, 그곳에 기고한 과학자의 수, 다양한 분야에서 초록(abstract)의 총 숫자[241]까지, 구할 수 있는 모든 것의 수를 세었다. 어떤 단위로 도표를 그리든 지수함수 곡선을 발견했고, 과학의 성장이 가속된다는 기존의 통찰을 확인했다.[241] 그의 결론에 따르면 과학의 "빠른 기하급수적 성장은 보편적이었고 놀라울 정도로 오래 이어졌다."[12]

그러나 드 솔라 프라이스는 그러한 지수함수적 증가가 지속 가능한 경우는 거의 없다는 점을 빠르게 깨달았다. 이 점은 박테리아 집단 연구에서 알 수 있다. 박테리아의 수가 초반에는 지수함수 꼴로 증가하지만, 영양분이 고갈되면 성장은 포화된다. 따라서 드 솔라 프라이스는 과학의 기하급수적 성장은 단지 초기 성장의 분발을 나타내야 한다고 예측했다. 즉, 과학은 결국 기력이 다해 포화되어야 한다. 심지어 그는 과학의 급격한 성장이 1950년대가 지나면 줄어들 것으로 예측하기까지 했다.[242]

이번 장에서 보이겠지만, 그의 관측은 사실이었지만 예측은 틀렸다. 과학 연구의 지수함수적 증가는 드 솔라 프라이스의 시대 이후에도 거의 중단되지 않고 이어지고 있으며, 그 과정에서 세계를 극적으로 변화시켰다.

15.1 과학의 기하급수적 성장

그림 15.1은 웹오브사이언스 색인에 매년 기록되는 출판물의 수를 보여 주며, 지난 한 세기 동안 출판된 논문의 수가

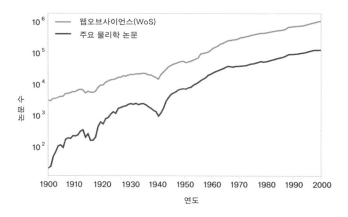

그림 15.1 과학의 성장. 지난 한 세기 동안 웹오브사이언스에 기록된 논문 수는 과학 문헌의 기하급수적 성장을 실증한다. 성장세는 1915년과 1940년 무렵에만 세계대전으로 방해를 받았다. 더불어 물리학 문헌의 성장 역시 과학 전체가 따르는 지수함수 곡선과 비슷한 성장세를 보인다.[116]

지수함수적으로 증가하고 있음을 뒷받침한다. 평균적으로 총 숫자는 12년마다 약 2배씩 늘어났다. 이 그림에 따르면, 드 솔라 프라이스가 예상한 바와는 다르게 과학은 1950년대 이후로 포화하지 않았다. 오히려 지난 110년 동안 지수함수적 증가가 이어졌으며, 양차 세계대전 때만 일시적으로 중단되었다. 물리학과 같은 단일 학문 분야의 성장률을 측정해도 비슷한 기하급수적 성장을 발견할 수 있다(그림 15.1). 개별 학문 분야에서 같은 방식으로 성장이 가속했다는 것은, 과학의 확장이 새로운 분야의 등장 때문이 아니라 모든 개별 과학 영역에 걸쳐 나타나는 특징이라는 뜻이다.

과학의 기하급수적 성장은 과학에 무슨 의미가 있으며, 과학자에게는 어떠할까? 이 장에서 이러한 복합적인 질문들에 답을 해 보려 한다.

수 세기 동안 이어진 과학의 기하급수적 성장을 고려하면, 과학이 얼마나 많은 논문을 만들어 냈을지 궁금해진다. 2014년도에 연구자들은 인터넷에 존재하는 학술 문서의 총 개수를 '표지와 재포획(mark and recapture)' 방법으로 추정했다.[243] (본래 야생동물의 개체 수를 일일이 셀 수 없을 때 그 수를 추정하기 위해 생태학자들이 고안한 방법이다.) 당시에 연구자들의 추정으로는 최소한 1억 1400만 개의 영어로 작성된 학술 문서가 인터넷에서 이용 가능했다. 물론 인터넷의 크기를 고려하면 학술 문서의 정확한 수를 절대 알 수는 없을 것이다. 게다가 어느 시점에 추정된 수가 무엇이든 간에 빠르게 과거가 될 것이다. 실제로 과학의 기하급수적인 성장 덕분에 1억 1400만 개라는 추정 이후 4년이 지난 2018년 3월, 마이크로소프트학술검색(Microsoft Academic Graph)의 색인 목록에는 1억 7100만 개 이상의 논문이 있었다.[224]

15.2 기하급수적 성장의 의미

기하급수적 성장을 따르는 시스템이라면 현재의 크기에 비례하는 속도로 팽창해야 한다. 과학 문헌은 대략 12년마다 2배씩 늘어났고, 이는 지금껏 이루어진 모든 과학적 업적의 절반이 지난 12년 동안 만들어졌다는 의미이다. 즉 과학은 신속성을 특징으로 한다.[12] 대부분 지식은 언제나 최첨단에 머물러 있다. 더 나아가 과학자의 수가 계속 증가하면 과학자들은 그들의 학문에서 혁명을 일으킨 사람들과 동시대를 살아가기도 한다. 이는 드 솔라 프라이스의 책 『작은 과학, 거대 과학 그리고 그 너머(*Little Science, Big Science, and Beyond*)』에 잘 담겨 있다.[12]

> 여러 위대한 물리학자가 그들의 획기적인 발견에 대해 직접 설명하기로 되어 있는 회의에서 의장은 다음과 같은 언급으로 회의를 시작했다. "오늘 우리는 서로가 올라선 어깨의 거인들과 나란히 앉아 있는 영광을 누리고 있습니다." 이는 과학 특유의 신속성 즉, 지금까지 일어난 과학 연구의 꽤 큰 부분이 지금, 살아 있는 기억 속에서 일어나고 있다는 전형적인 인식을 분명히 보여 준다. 다른 식으로 말하면, 과학자에 대한 어떤 식의 합리적인 정의를 따르더라도 지금까지 살았던 모든 과학자의 **80~90%**가 지금 살아 있다.

이러한 지수함수적 증가가 개인에게 어떤 의미인지 이해하기 위해, 이제 막 경력을 시작하는 젊은 과학자를 상상해 보자.[12] 젊은 과학자는 박학한 멘토의 지도를 받아 몇 년 동안 문헌을 읽고 드디어 해당 분야의 최전선에 도달했으며 혼자 시작할 준비가 되었다. 만약 과학이 몇 년 전에 성장을 멈췄다면, 젊은 과학자는 미지의 바다를 혼자 항해하고 있었을 것이다. 즐겁게 연구를 이어 나가지만 협업하거나 배울 수 있는 동료들이 상대적으로 적기 때문에 꽤 외로울 것이다. 그러므로 계속되는 과학의 성장은 좋은 소식이다. 생각이 비슷한 동료들과 흥미로운 발상들을 충분히 주고받으며, 서로의 연구를 기반으로 미지의 세계를 함께 탐험할 수 있다.

그러나 과학의 급격한 확장에는 또 다른 문제가 따른다. 우리의 젊은 과학자가 밧줄을 풀고 항구에서 떠나려고 할 때, 같은 목표를 향하는 크고 작은 다른 배들이 많이 있고, 같은 수준의 훈련, 야망, 결단력과 자원을 갖춘 동료들이 선장을 맡고 있음을 발견하게 된다. 이러한 경쟁적인 환경은 우리의 젊은 과학자의 경력 전반에 심각한 결과를 초래할 것이다.

첫 번째로, 노력은 하겠지만 각각의 배가 어디를 향하는지 면밀히 관찰하기란 불가능하다. 새로운 지식의 양이 지수함수적으로 증가하는 반면, 과학자가 새로운 지식을 받아들이는 데에 쏟을 수 있는 시간은 유한하다. 오늘날 개인은 자기 분야의 모든 논문을 읽을 수 없다.

더 중요한 것은, 각각의 배가 새로운 무언가를 발견하기를 바란다는 점이다. 누가 먼저 발견했는지는 과학에서 언제나 중요한 문제다. 우리의 젊은 과학자는 다른 이들의 뒤를 따라 항해하기보다는 새로운 영역을 개척할 것이다. 그러나 경쟁이 너무 심하면 개개인 과학자가 위대한 발견을 할 가능성에 영향을 미친다.

많은 사람은 과학의 각 분야가 소수의 천재 덕에 앞으로 나아간다는 영웅적 개념을 가지고 있다. 하지만 현실에서 획기적인 발견은 수많은 과학자가 몇 년에 걸쳐 노력한 결과다. "유레카"는 앞선 것들을 인정하고 다음의 논리적인 도약을 해 낼 때 일어난다. 프랜시스 베이컨(Francis Bacon)에 따르면, 사회학에서나 과학에서나 모든 혁신은 "재치보다는 시간의 탄생"이다.[245] 수확 때 누가 근처에 있었든, 사과는 익었을 때 떨어진다. 따라서 만약에 어떤 과학자가 특정한 발견을 놓쳤다면, 다른 누군가가 대신 그것을 발견할 것이다. 우리가 이미 증기기관과 배를 가지고 있다면 누군가 증기선을 개발하는 데 얼마나 걸리겠는가?

이는 과학이 다른 창조적인 노력과는 구분되는 가장 중요한 특징이다. 미켈란젤로나 피카소가 존재하지 않았다면 우리가 미술관에서 감탄하며 바라보는 조각과 그림은 상당히 달랐을 것이다. 마찬가지로 베토벤 없이는 5번 교향곡도, 그 독특한 "빠바바밤!"도 없었을 것이다. 그러나 코페르니쿠스가 존재하지 않았다고 하더라도, 인류가 태양계에 대해 다른 식의 서술에 도달하지는 않았을 것이다. 코페르니쿠스가 아니었더라도 조만간 인류는 지구가 태양을 공전하며 그 반대가 아님을 알아냈을 것이다.

여기에 과학자들에게 중요한 함의가 있다. 사과 입장에서는 누가 자신을 추수하든지 상관이 없다. 그러나 사과를 수확하는 사람은 잘 익은 사과에 첫 번째로 도달하는 것이 대단히 중요하다. 만약에 과학이 발견을 가장 먼저 보고하기 위한 경쟁이라면, 과학의 지수함수적인 성장은 중대한 질문을 던진다. 경쟁이 치열해져 과학하기가 더 어려워졌을까?

답은 분명하지 않다. 최근 과학의 성장이 화려하기는

했지만, 역사적 기록에 따르면 새로운 지식을 소화하고 새로이 창조해야 한다는 부담은 새롭지 않다. 예를 들어 1900년에 피에르와 마리 퀴리에게 방사능 논문을 스쿱(scoop)* 당하고 나서, 어니스트 러더퍼드는 "경주에서 뒤처지지 않으려면 가능한 빨리 현재 하는 일을 발표해야 한다"라고 적었다(상자 15.2 참조).[246] 이런 고백도 있다.[12]

> 이 시대의 질병 중 하나는 책의 과다함이다. 매일 새롭게 부화해 세상에 등장하는 유휴 사안의 풍부함은 이 세상이 소화할 수 없을 정도로 과중하다.

바너비 리치(Barnaby Rich)가 1613년에 기록한 이 구절은, 첫 번째 과학 학술지 출판보다 반세기 앞서 있다. 현존하는 지식의 양에 압도되고, 거기에 새로운 지식이 더해지리라는 예상에 주눅 드는 감정의 경험은 우리 세대를 앞선다. 과학하기는 정말로 더 어려워지고 있을까? 이를 파악하기 위해 성공적인 과학자가 되는 데 필요한 단계들을 나누어 거대 과학의 시대에 각 단계가 어떻게 진행되는지 살펴보자.

---

* 어떤 과학자나 연구팀이 활발히 연구하여 가장 먼저 발표하려고 계획했던 결과를 다른 과학자나 연구팀이 먼저 발표한 경우 이를 스쿱당했다고 표현한다.—옮긴이

레터 즉, 편지는 《네이처》나 《피지컬리뷰레터》 등 많은 학술지에서 흔한 출판 형식이다. 그런데 이름이 상당히 아리송하다. 이 '편지'들은 실제 편지와 유사한 무엇이기보다는 잘 갖춰진 연구 논문들이다. 그러면 이 이름은 어디서 왔을까? 이는 어니스트 러더퍼드로 거슬러 올라간다. 러더퍼드가 그의 연구를 알리기 위해 취한 실용적인 선택으로 오늘날 우리가 과학적 지식을 퍼뜨리는 방식이 자리잡았다.[247]

최초의 발견자가 되는 일은 20세기 초반에 이미 중요한 목표였다. 하지만 아주 소수의 학술지만이 새로운 발견을 신속하게 퍼트릴 만큼의 빈도로 발행되었다.[248] 그러한 학술지 중 하나는 《네이처》로, 매주 출판되었고 러더퍼드의 주된 경쟁자이자 독자인 유럽(주로 영국) 과학자들이 읽었다. 그는 영리하게도 '편집자에게 보내는 편지'란(전통적으로 다른 이들의 연구에 관한 견해를 밝히는 데 헌정된 기고란)을 자기 발견을 빠르게 전달하고 우선권을 확보하는 데 이용하기 시작했다. 여러분이 1902년까지의 러더퍼드의 '편지'를 읽어 봐도 짧은 논평보다는 과학 논문처럼 보일 것이다. 이 '트로이 목마' 접근법은 아주 성공적이었고, 이내 러더퍼드의 학생들과 공동 연구자 중 오토 한(Otto Hahn), 닐스 보어 그리고 제임스 채드윅(James Chadwick) 등이 이를 채택했다. 1930년대부터는 오토 프리쉬(Otto Frisch), 리제 마이트너(Lise Meitner) 등 보어와 함께 일한 '코펜하겐 학파' 물리학자들이 이 방식을 채택했고, 결국 '레터'란은 오늘날 우리가 알고 있는 형태로 바뀌었다.

15.3 과학자가 되기는 점점 어려워지고 있을까

요즘 시대에 과학자가 되려면 적절한 학위를 따고, 과학을 연구할 수 있는 직장을 구하는 등 몇 가지 필수적인 단계를 거쳐야 한다. 훈련 기회와 과학 인력의 급속한 성장이 이러한 단계에 영향을 미쳤다.

15.3.1 박사학위 취득하기

그림 15.2는 미국에서 과학 박사학위를 마치는 데 걸리는 시간을 나타낸 것으로 오늘날에는 40년 전보다 아주 약간 긴 시간이 걸린다. 지난 20년간 약간의 내림세에도 불구하고, 생명과학과 공학에서 학위를 취득하기까지 평균 기간은 6~8년으로 유지되고 있다. 사실 대부분의 박사 과정 소개란에 기재된 5년이라는 기간은 박사 후보생 대부분에게 꿈으로 남아 있으며, 25% 이하의 학생만 이 기간 내에 학위를 마치는 데 성공한다.[249, 250] 55%의 후보생은 학위를 마치는 데 7년 또는 그 이상의 시간을 소요한다. 이 통계는 학위를 실제로 받는 사람들만 고려하며, 미국에서 박사 학위 교육을 시작한 40~50%의 후보생은 끝내 졸업하지 못한다는 사실은 보여 주지 않는다.[249, 251]

급격히 늘어나는 학위 과정의 수를 보면, 박사 과정을 시작하기는 확실히 그 어느 때보다 쉬운 듯하다. 그렇지만 박사학위를 취득하는 데는 왜 이리 오래 걸릴까? 다양한 측정값들은 박사 과정에 일단 등록하고 나면 졸업에 필요한

그림 15.2 미국에서 박사학위를 받기까지 얼마나 오랜 시간이 걸릴까? 2007년에는 과학이나 공학 박사학위를 마치는 데 걸리는 시간의 중간값이 7.2년이었다.[252]

학위논문을 쓰기가 점점 어려워짐을 보여 준다.

예를 들어 학위논문의 길이를 생각해 보자. 생물학, 화학, 물리학 박사의 학위논문 길이는 1950년에서 1990년 사이에 거의 2배가 되었다. 40년 동안 100페이지에서 거의 200페이지로 치솟은 것이다.[76] 논문에 포함된 참고문헌의 수 역시 수년간 증가했는데,[253] 이는 오늘날의 연구 논문이 그 어느 때보다 더 많은 사전 지식에 기반한다는 뜻이다. 마지막으로, 과학자 지망생에게 중요한 초석이 되는 학위논문을 출판하는 기준도 높아졌다. 1984년도 상반기와 2014년도 상반기에 주요 세 학술지에서 출판한 생물학 논문을 비교하니, 논문에 실린 차트, 그래프 등의 실험 도표가 2~4배 증가함을 발견했다.[254] 성공적으로 논문을 출판하는 데 필요한 증거의 양이 상당히 늘었음을 의미한다.

이러한 통계치는 박사학위를 취득하기가 얼마나 어려

운지 명확하게 보여 준다. 그러나 학위를 끝마치는 일은 과학에서 성공적인 경력을 향하는 첫 번째 단계일 뿐이다.

15.3.2 학계에서 직장 잡기

"지금까지 존재한 모든 과학자의 80~90%가 지금 살아 있다"라는 프라이스의 관찰은 과학 인력의 기하급수적 성장을 뇌리에 박히게 한다. 그러나 학계의 모든 자리가 그만큼 빠르게 늘어나지는 않았다. 예를 들어, 연간 과학 박사학위 취득자의 수는 1998년부터 2008년까지 거의 40% 증가했고, 경제협력개발기구(OECD) 34개국에 걸쳐 3만 4,000명에 달했다.[252] 그러나 같은 30년 동안 교수직의 수는 거의 변하지 않았고 심지어 약간 감소했다(그림 15.3).[251]

　　박사학위 소지자가 모두 학계에서 일자리를 구하려고 하지는 않지만, 대다수가 산업이나 정부, 비영리 분야 같은 대안책보다 학문적인 경력을 선호하는 것으로 보인다. 2017년《네이처》가 전 세계를 대상으로 실시한 설문 조사에서, 5,700명의 박사 과정 학생 중 거의 75%가 학계 바깥보다는 학계에서의 직업을 선호한다고 답했다.[255] 그림 15.3에 나타난 경향이 그들에게는 좌절스러울지도 모르겠다. 한정된 기회를 놓고 경쟁하는 박사 인력은 꾸준히 증가하고 있다.

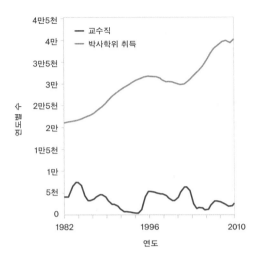

연도

그림 15.3 학계 인력 수급 현황. 1982년 이후로 과학·공학에서 거의 80만 개의 박사학위가 수여되었다. 1982년도에는 1만 9,000명이, 2011년도에는 3만 6,000명이 과학·공학 박사학위를 취득했고, 해당 기간 매년 서서히 증가했다. 그러나 매년 생겨나는 교수직의 숫자는 그대로 유지되거나 심지어 살짝 줄어들었다. 2010년도에는 4만 명의 박사 후보생이 약 3,000개의 새로운 교수 자리를 놓고 경쟁했다.[251]

상자 15.3 전 세계의 학계 인력 수급

2009년도 미국에서는 생명과학 및 물상과학 분야에서 대략 1만 9,733명의 박사가 배출되었고,[252] 그 수는 줄곧 증가해 왔다. 그러나 종신 재직권을 확보한 박사학위 소지자의 비율은 꾸준히 떨어지고 있으며, 산업계도 그 공백을 완전히 흡수하지 못하고 있다. 1973년 미국에서는 생명과학 박사의 55%가 박사학위를 마치고 6년 후에 종신 재직권을 확보했고 2%만이 여전히 박사 후 연구원이거나 다른 비종신 교수직에 머물렀다. 2006년에는 6년 내 종신 재직권을 확보한 졸업생이 15%로 떨어졌고, 18%가 비종신 교수직으로 근무하고 있었다.

그림 15.4 전 세계의 학계 인력 수급.

중국 본토 역시 박사학위 소지자의 수가 치솟고 있으며, 2009년에는 모든 분야를 통틀어 미국 학위 수여자의 2배가 넘는 약 5만 명의 학생이 박사학위로 졸업했다. 그러나 중국의 경기 호황 덕분에 대부분의 중국 박사학위 소지자들은 민간 부문에서 빠르게 직업을 찾는다.

일본 역시 서양과 동등한 수준의 과학적 역량을 갖추려고 노력해 왔다. 1996년, 일본 정부는 박사학위 소지자를 1만 명으로 늘리겠다는 야심 찬 계획을 발표했다. 그러나 정부는 그 많은 박사 졸업생이 어디서 직업을 구할지는 고민하지 않았다. 이 고학력 인재들을 고용하도록 정부가 기업에 400만 엔의 보조금을 제공했지만, 일본에서는 1만 8,000명의 박사학위 소지자가 여전히 실직 상태이다.

박사학위 취득자가 증가하면서 단기 비종신 연구직의 대표 격인 박사 후 펠로십의 수가 급증했다. 그림 15.5가 보여 주듯이 미국의 박사 후 연구원 수는 1979년도 이후 거의 3배로 늘었고, 특히 생명과학에서의 증가가 두드러진다.

많은 분야에서 박사 후 연구원이 연구를 이끌고 있지만 보통 적절한 대우를 받지 못한다. 박사학위 취득 5년 후, 종신 재직권을 얻은 과학자나 산업계에서 일하는 과학자 급여의 중간값은 박사 후 연구원의 급여를 훨씬 능가한다.

대학에 정규직으로 취업할 전망이 암울하다면 많은 과학자가 학계 밖에서 대안을 찾아야 한다. 그렇다면 과학을 떠나면 얼마나 잘 지낼까? 이 질문에 답하기 위해 연구자들은 미국 8개 대학에서 데이터를 수집해, 고용과 수입에 대한 익명 인구 조사 데이터와 8개 대학을 졸업한 대학원생들의 행정 기록을 함께 살펴보았다.[257] 2009~2011년에 졸업한 박사 과정생의 경우 거의 40%가 산업계로 진출했고, 많은 이들이 기술 및 전문 서비스 산업의 거대 고임금 직장에 취직했음을 발견했다. 상위 고용주로는 전자, 공학, 제약 회사 등이 있다. 이 결과에 따르면 과학을 떠난 박사들은 대기업을 향하는 경향이 있고, 연봉 중간값은 9만 달러 이상이다. 더불어 관련 연구에 따르면 민간 부문의 과학자들은 전반적으로 매우 낮은 실업률을 경험한다.[258] 박사학위 취득자를 대상으로 한 미국국립과학재단의 조사에 따르면, 2013년도 미국 전체에서 25세 이상의 실업률은 6.3%였지만 과학·공학 또는 보건 분야 박사학위 소지자의 실업률은 2.1%에 불과했다.

데이터를 종합하면, 과학을 향해하려는 사람들로 지식과 기회의 바다는 더욱 붐비고 있다. 박사 수는 증가하고 구할 수 있는 대학의 일자리는 그대로이기 때문에 경쟁은 심화되어 박사 후 연구원의 숫자는 치솟고, 더 많은 사람이

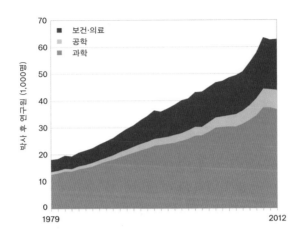

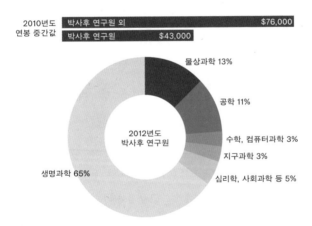

그림 15.5 누적 박사 졸업생. 미국에서 박사 후 연구원의 수는 1979년 이후 3배 이상 증가했다. 박사 후 연구원의 대부분은 생명 과학 분야에 종사한다. 박사학위 취득 후 5년 동안, 분야 막론 모든 박사 후 연구원 급여의 중간값은 그 밖의 직업을 선택한 사람들의 급여에 훨씬 못 미친다.[256]

학계를 떠나 다른 어딘가에서 직업을 찾는다. 그러나 이러한 동향이 사회에도, 다양한 범위의 직업을 추구하는 과학자들에게도 꼭 해롭지는 않다는 데에 주목할 필요가 있다. 지금까지의 결과를 보면 과학을 떠난 박사들은 성취감을 느낄 수 있는 일자리를 찾곤 한다. 학문적 의미에서 새로운 지식을 창조하지는 않을지언정 그들의 일은 중요한 특허나 상품, 혁신적인 해결책으로 이어진다. 이처럼 과학계의 손실은 종종 사회에 이득이 된다.

15.4 과학의 연료는 떨어지고 있을까

앞서 언급했듯이, 사과는 익으면 떨어진다. 즉 과학적 돌파구는 지식의 임계 질량이 모여야 가능해진다. 그런데 더 많은 사람이 잘 익은 사과를 수확하려는 지금, 나무에 남은 과일에 닿기가 더 어렵지 않을까? 그러니까 새로운 발견을 하려면 과거보다 더 노력해야 할까?

생산성의 변화를 추적하면 이 질문에 대한 답을 얻을 수 있다. 경제학자는 생산성을 자동차를 만든다거나 책을 인쇄하는 등 하나의 산출물을 만들어 내는 데 필요한 근무 시간으로 정의한다. 과학에서 '생산'은 새로운 발견을 하는 것이기에, 한 편의 연구 논문을 작성하는 데 필요한 노력의 양으로 생산성을 측정한다. 앞서 보았듯이 과학적 발견과 과학 인력 모두는 수 세기 동안 지수적으로 증가했다. 그러나 어느 쪽이 더 빠르게 증가했는지에 따라 과학자당 평균 생산성은 올랐거나 떨어졌을 수 있다. 만약 과학적 생산성이 감소했다면, 돌파구를 만들어 내기 위해서는 더 많은 노동이 필요하다는 뜻이다. 즉 과학하기가 더 어려워지고 있을 수 있다.

이와 관련해서 컴퓨터 산업의 예를 떠올려 보자. 1965년 인텔의 공동 설립자 고든 무어(Gordon Moore)는 집적회로 기판(현재는 마이크로 칩이라 한다)의 제곱인치(in^2) 당 트랜지스터의 개수가 발명 이래 매년 2배 증가함을 알아차렸다. 그는 이러한 추세가 가까운 미래까지 이어지리라 예측했다. 무어의 예측은 옳았다. 거의 반세기 동안 칩의 밀도는 약 18개월마다 2배씩 증가하며 역사적으로 강력한 성장세를 기록했다. 그러나 이러한 성장이 유지되려면 계속해서 더 많은 수의 연구자들이 노력해야 했다.[259] 실제로 오늘날 칩 밀도를 2배로 높이는 데 필요한 사람의 수는 1970년대에 필요했던 사람보다 18배 많다. 즉 가공 능력이 기하급수적으로 증가하더라도, 차세대의 마이크로칩을 생산하는 개인의 생산성은 급락했다. 신제품 출시에는 전례 없는 양의 인력이 필요하다. 농작물 산출량에서부터 연구비 10억 달러당 승인된 새로운 약의 수까지, 여러 산업에서 비슷한 경향이 발견되었다.[259] 진보의 기하급수적인 성장 때문에 각 산업에서 '사과'를 찾기가 점점 더 어려워지고 있다는 사실이 감춰진 것이다.

과학 논문의 수는 지수적으로 증가했지만, 물리학, 천문학, 생의학 출판물을 대상으로 한 대규모 텍스트 분석에 따르면 논문 제목에 포함된 독특한 구절의 수는 선형으로 증가했다.[260] 현존하는 개별 과학 아이디어의 수로 과학의 사유 공간을 근사한다면, 과학의 인지 공간은 과학적 산출량보다 훨씬 천천히 자라날 수 있음을 시사한다.

과학의 연료는 떨어지고 있을까? 이번 장에서 보이듯이 과학 출판물의 지수함수적 증가는 사실 과학자의 수의 지수함수적 증가와 함께 일어났다. 그러나 컴퓨터과학, 물리학, 화학, 생의학 등 다양한 분야에 걸쳐 두 성장률을 비교해 보면 그 정도가 서로 비슷한 경우가 많았다.[4] 1장에서 논의했듯이 과학에서 개개인의 생산성은 지난 한 세기 동안 상대적으로 안정적으로 머물러 있고, 최근에는 심지어 살짝 증가했다.

과학자로서 20세기를 되돌아보면, 내연기관에서 컴퓨터, 항생제에 이르기까지 선배들이 만들어 낸 발견과 발명에 경탄한다. 이렇듯 굉장한 진보는 수확량 감소를 의미할 수도 있다. 가장 달고 즙이 많은 사과는 이미 수확되고 있기 때문이다. 그러나 한편으로 이는 사실이 아니다. 데이터가 시사하는 바에 따르면, 다가올 20년간 우리는 역사상 이루어진 모든 과학적 발견보다 훨씬 더 많이 발견하고 발명할 준비가 되어 있다. 한 세기 동안의 엄청난 발전 후에도 오늘날의 과학은 그 어느 때보다 새롭고 활기차다.

한 세기 동안 기하급수적으로 성장한 후에도 과학은 어떻게 지치지 않고 계속 달려 나갈 수 있을까? 자동차나 박테리아 군집과는 다르게 과학은 아이디어에 의존하기 때문이다. 자동차는 가스가 떨어지고 박테리아는 영양분이 동나겠지만, 아이디어라는 자원은 사용할수록 자라난다.

현존하는 아이디어들은 새로운 아이디어를 탄생시키고, 새로운 아이디어는 이내 증식하기 시작한다. 내연기관이나 컴퓨터, 항생제의 효율을 개선하는 능력은 줄었지만, 이제 우리는 유전공학, 재생의학, 나노기술, 인공지능 등 과학과 사회에 다시 한번 혁신을 일으킬 분야들의 새로운 발전을 고대한다. 이를 통해 우리가 상상할 수 없을 정도로 새로운 국면을 맞이하게 될 것이다.

16장. 피인용 수 격차

유진 가필드(Eugene Garfield)가 개발한 과학인용색인 (Science Citation Index, SCI)의 50주년을 기념해 《네이처》 는 톰슨로이터(Thomson Reuter)*와 협력해 SCI 색인에 기재된 총 논문 수를 집계했다. 그 수는 5800만 개에 이르렀다.[261] 이 논문들의 첫 페이지만 인쇄해 쌓아도 그 높이가 킬리만자로산 꼭대기에 이른다(그림 16.1).

이 논문 산도 놀랍지만, 과학적 영향력의 차이는 더욱 놀랍다. 각 논문이 받은 피인용 수에 따라 가장 많이 인용된 논문을 가장 위에 두는 식으로 하향 정렬한다면, 아래쪽 거의 절반 2,500m는 한 번도 인용된 적 없는 논문으로 구성될 것이다. 한편 상위 1.5m는 최소 1,000회 인용된 논문들이다. 이 산의 맨 꼭대기 1.5cm만이 1만 번 이상 인용된 논문으로, 과학 역사상 가장 잘 알려진 발견들이다.

---

* 글로벌 미디어 및 정보 기업으로 금융, 법률, 세금, 의료 및 보건, 과학, 미디어 산업 등에 관한 서비스 또는 상품을 제공한다.—옮긴이

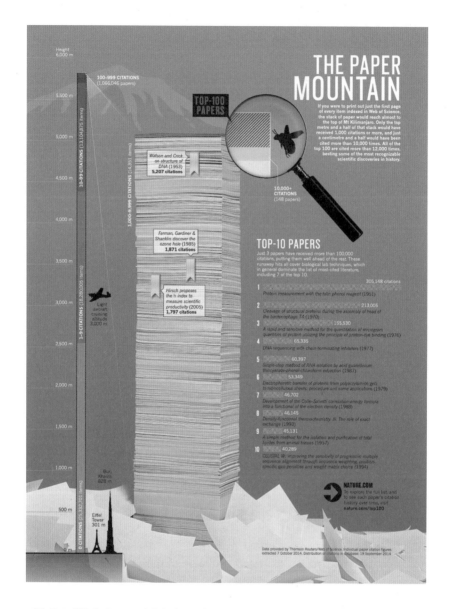

그림 16.1 과학의 산. 2014년까지 웹오브사이언스 색인에 기재된 각 연구 논문의 첫 페이지만 인쇄해 쌓아도 그 높이가 킬리만자로산의 꼭대기에 이를 정도이다. 논문 더미 상위 1.5m만 1,000회 이상 인용되었고, 1.5cm만이 1만 회 이상 인용되었다. 상위 100 편의 논문은 모두 1만 2,000회 이상 인용되었고, 역사상 가장 잘 알려진 과학의 발견들이다.[261]

16.1 피인용 수 분포

논문 간 영향력의 차이는 피인용 수 분포 $P(c)$로 나타낼 수 있다. 임의로 고른 논문은 $P(c)$의 확률로 피인용 수 c를 가진다. 1960년대 초반에 가필드와 셰어(Irving H. Sher)가 수동으로 엄선한 피인용 수 데이터를 사용해, 드 솔라 프라이스가 처음으로 이 분포를 계산했다.[262,263] 드 솔라 프라이스는 각 횟수만큼 인용된 논문의 수를 일일이 세었다. 논문 대부분은 아주 적게 인용되었지만, 소수의 논문은 아주 많이 인용되었음을 그는 발견했다. 데이터로 도표를 그리자, 피인용 수 분포는 피인용 수 지수 $\gamma \approx 3$인 아래 거듭제곱함수로 근사할 수 있었다.

$$P(c) \sim c^{-\gamma}, \qquad\qquad\qquad\qquad \text{(식 16.1)}$$

자연에 존재하는 대부분의 양(quantity)은 흔히 종 모양 곡선으로 알려진 정규분포 또는 가우스분포를 따른다. 예를 들어 당신이 알고 있는 모든 성인 남성의 키를 측정하면 대부분 대략 150cm에서 180cm 사이일 것이다. 성인 남성의 키를 나타내는 막대그래프는 150cm에서 180cm 사이 어딘가에서 최고점을 찍고, 어떤 방향으로든 최고점에서 멀어지면 막대의 높이가 빠르게 감소할 것이다. 210cm나 120cm의 성인 남성을 알고 있을 가능성은 거의 없다. 기체 분자 속도부터 인간의 IQ까지 많은 현상이 종형 곡선을 따른다.

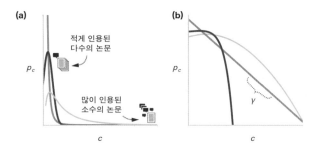

그림 16.2 정규분포, 거듭제곱함수 분포, 로그 정규분포의 예. (a) 선형-선형 도표에서 거듭제곱함수 분포(빨간 선)와 로그 정규분포(초록 선)를 정규분포(검은 선)와 비교했다. (b) 로그-로그 도표에서 나타낸 셋을 비교했다. 피인용 수가 높을 때 정규분포와 두꺼운 꼬리 분포의 근본적인 차이가 나타난다. 거듭제곱함수 분포는 로그-로그 도표에서 직선을 따르고, 그 기울기는 피인용 수 지수(exponent) γ를 나타낸다. 로그 정규분포와 거듭제곱함수는 로그-로그 도표에서 비슷해 보여 분간이 어렵다.

반면 식 16.1과 같은 거듭제곱함수는 흔히 '두꺼운 꼬리 분포'라고 불린다. 이러한 분포의 중요한 특징으로 높은 분산이 있다. 그림 16.2가 보여 주듯, 몇 번밖에 인용되지 않은 수백만 개의 논문은 수천 번 인용된 극소수의 논문과 공존한다(상자 16.1 참조). 피인용 수가 종형 곡선을 따른다면, 그렇게 많이 인용된 논문을 관측할 일은 없었을 것이다. 어떤 행성 거주민의 키가 두꺼운 꼬리 분포를 따른다고 상상해 보자. 그런 행성에서는 생명체 대부분이 30cm 아래로 꽤 키가 작을 테지만 길을 걸어가는 키 3km의 괴물을 종종 마주칠 수 있을 것이다. 이 이상한 가상 행성을 상상해 보면 피인용 수가 따르는 두꺼운 꼬리 분포와 자연에서 자주 발견되는 종형 곡선의 극명한 차이를 짐작할 수 있다(그림 16.2).

거듭제곱함수 법칙은 소득과 부의 맥락에서 자주 볼 수 있다. 19세기 경제학자 빌프레도 파레토(Vilfredo Pareto)는 인구 대부분이 적은 금액을 벌고 소수의 부유한 사람들이 대부분의 돈을 벌고 있다는 점을 알아차렸다. 자세한 연구를 통해 그는 소득이 거듭제곱 법칙(power law)을 따른다고 결론지었다.[264] 그의 발견은 80 대 20 법칙으로도 알려져 있다. 즉 대략 80%의 돈을 인구의 20%가 벌어들인다.

80 대 20 규칙은 두꺼운 꼬리 분포를 따르는 많은 양에 적용된다.[68, 265, 266] 예를 들어 영업 실적에서는 20%의 영업 담당자가 일반적으로 전체 매출의 80%를 창출한다. 월드와이드웹에서는 80%의 링크가 15%의 웹페이지로 연결된다. 병원에서는 20%의 환자가 의료 비용의 80%를 발생시킨다.

16.2 피인용 수 분포의 보편성

분야별로 피인용 수에는 엄청난 차이가 있다. 매우 영향력 있는 수학 논문은 수십 번 인용되는 정도지만 생물학 논문은 정기적으로 수백 심지어 수천 번 인용된다. 그림 16.3a은 1999년에 발행된 논문의 피인용 수 분포를 여러 분야에 따라 나타내, 분야별 피인용 수의 차이를 보여 준다. 항공우주공학 논문이 100번 인용될 확률은 발생생물학 논문이 같은 문턱을 넘을 확률보다 약 100배 높다. 즉, 구조적인 차이

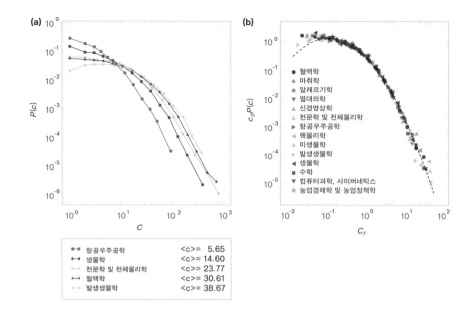

그림 16.3 피인용 수 분포의 보편성. (a) 1999년에 출판된 논문이 받은 분야별 피인용 수 분포. 몇몇 과학 분야에서 어떤 논문이 정확히 c번 인용을 받을 확률 $P(c)$을 보여 주는 그래프다. 발생생물학 같은 분야에서는 피인용 수가 높은 논문이 공학보다 흔하다. (b) 축 값을 재조정한 피인용 수 분포. 같은 분야와 연도의 피인용 수 평균 c로 축 값을 바꾸면 (a)에 나타난 곡선들이 모두 동일한 분포를 따른다. 점선은 식 16.2의 로그 정규 함수를 나타낸 곡선으로, 데이터가 여기에 수렴한다.[43]

때문에 다른 분야의 두 논문이 받은 피인용 수를 단순히 비교하는 것은 의미가 없다. 더 많이 인용된 생물학 논문이 해당 분야의 점진적인 발전에 이바지했고, 더 적게 인용된 항공우주공학 논문이 그 분야의 본질적인 발견을 이뤘을 수 있다.

어떤 논문이 얼마나 영향력이 있는지 더 잘 이해하려면 그 분야의 평균적인 논문과 비교해 보면 된다. 어떤 논문의 피인용 수를 같은 분야에서 같은 해에 출판된 논문의 평균 피인용 수로 나누면 상대적인 영향력을 더 잘 측정할 수 있다. 피인용 수 자체를 이런 식으로 정규화하면, 모든 분야에서의 피인용 수 분포가 가지런하게 단 하나의 범용적인 함수로 모이는 것을 확인할 수 있다(그림 16.3b). 그림 16.3a에서 눈에 띄게 달라 보이던 곡선들이 단 하나의 곡선으로 모이는 것에서 다음 두 가지를 알 수 있다.

(1) 인용 패턴은 놀라운 정도로 보편적이다. 수학이든 사회학이든 또는 생물학이든, 당신이 발표한 논문이 해당 분야에서 가지는 상대적인 영향력은 캠퍼스의 다른 건물에서 이루어지는 연구들과 마찬가지의 확률로 평균이거나 특출나다(그림 16.2b).

(2) 전체 곡선은 로그 정규함수로 근사할 수 있다.

$$P(c) \sim \frac{1}{\sqrt{2\pi}\sigma c}\exp\left(-\frac{(\ln c - \mu)^2}{2\sigma^2}\right) \qquad \text{(식 16.2)}$$

상자 16.2 피인용 수 분포를 포착하는 다양한 함수

그림 16.2가 보여 주듯이, 로그 정규(식 16.2)나 거듭제곱함수(식 16.1)와 같은 두꺼운 꼬리 분포는 그래프로 나타냈을 때 상당히 비슷해 보인다. 그중 어떤 함수가 가장 적합한지 어떻게 알 수 있을까? 여러 연구에 따르면 거듭제곱함수,[265-268] 이동된(shifted) 거듭제곱함수,[269] 로그 정규함

수43, 268, 270-275 및 다른 복잡한 형태276-280 등 다양한 함수가 피인용 수 분포를 잘 표현할 수 있다. 이 분포가 데이터에 얼마나 들어맞는지는 연구자들이 어떤 논문 묶음을 분석했는지, 즉 출판 연도, 학술지 종류, 학자, 학과, 대학 선별 여부와 출신 국가 등에 따라 달라진다. 다른 형태의 $P(c)$가 발생하는 메커니즘은 활발히 연구되고 있다. 이는 다음 장에서 논의할 것이다.

피인용 수 분포의 보편성 덕분에 여러 분야에 걸쳐 과학적 영향력을 간단히 비교할 수 있다. 두 가상의 논문에 초점을 맞춰 보자. 논문 A는 1978년에 출판된 계산기하학 논문이고 오늘날까지 32회 인용되었다. 논문 B는 2002년에 출판된 생의학 논문으로 100회 인용되었다. 마치 사과와 오렌지의 비교 같겠지만, 상대적인 피인용수 함수 덕분에 이 둘의 영향력을 비교할 수 있다. 우선 1978년에 출판된 모든 계산기하학 논문의 평균 피인용 수를 계산한다. 마찬가지로 2002년도 발표된 모든 생의학 논문에서 그에 상응하는 평균값을 계산한다. 논문 A와 B의 피인용 수 값을 해당 분야 및 연도 평균과 비교하면 각각의 상대적 영향력을 알 수 있어 두 논문을 편견 없이 비교할 수 있다.

표 A2.1(부록 A2)에는 2004년도에 출간된 모든 주제 범주에 대해 2012년까지의 평균 피인용 수가 실려 있다. 표에서 드러나듯이 더 많은 논문이 나오는 분야에서는 평균 피인용 수가 더 높다. 해당 분야에서 인용될 기회가 더 많기 때문이다. 예를 들어 생명과학 하위 분야들은 주로 20점 대의 높은 평균 피인용 수를 가졌지만 공학과 수학의 하위 분야들은 피인용 수가 가장 낮다. 같은 분야에서도 큰 차이가 있을 수 있다. 예컨대 재료과학 중 가장 화젯거리인 분야인 생물재료(biomaterial)의 평균은 23.02이다. 반면 '재료분석·평가(characterization and testing of materials)'의 평균은 4.59이다. 흥미롭게도 두 분야의 논문의 수는 크게 다르지 않으므로(각각 2,082와 1,239), 생물재료 논문이 종종 다른 분야에서도 인용됨을 짐작할 수 있다.

상자 16.3 점점 벌어지는 피인용 수 격차

2008년도 월스트리트 점령운동은 미국 인구의 1%가 전체 소득의 15%를 번다는 사실을 강조했다. 이는 심각한 소득 격차로, 소득 분포가 거듭제곱함수 분포를 따르는 점에 기인한다. 그러나 1% 관련 논쟁은 거기에 속한 부의 규모보다는 시간에 따른 경향에 관한 것이다. 소득 격차는 지난 수십 년간 급증하고 있다(그림 16.4).

인용 수가 두꺼운 꼬리 분포를 따른다면, 과학에서도 비슷한 영향력 격차가 생길 수 있을까? 이 질문에 답하기 위해 《피지컬리뷰》 학술지에 출판된 논문 중 가장 많이 인용된 1%를 1893년도부터 매년 살펴보고, 해당 논문들이 출판된 다음 해의 총 피인용 수 비율을 측정했다.[281] 그림 16.4에 보이듯이, 물상과학에서 영향력 격차는 지난 한 세기 동안 꾸준히 증가하고 있다.

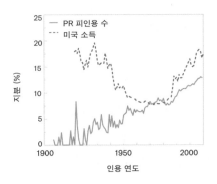

그림 16.4 과학의 상위 1%. 미국 인구의 상위 1%가 1930~2010년에 벌어들인 소득 비율과 《피지컬리뷰》 논문 상위 1%가 받은 피인용 수 지분. 1893~2009년에 출판된 《피지컬리뷰》 논문 46만 3,348편이 출판된 다음 해에 얻는 피인용 수의 비율을 조사했다.[281]

16.3 피인용 수가 알려 주는 것과 알려 주지 않는 것

피인용 수와 피인용 수 기반 지표들은 논문의 영향력이나 수준을 정량화하는 데 사용되곤 한다. 이러한 측정법은 과학 정책을 포함하여 개인 과학자, 기관, 연구 분야 등의 평가 전반에서 중요한 역할을 한다. 예를 들어 피인용 수는 수상자 추천과 더불어 고용 및 종신 재직권 결정에 참고된다. 나아가, 많은 국가가 보조금 등 자원 분배 결정을 내릴 때도 피인용 수를 고려한다. 이렇게 광범위하게 사용되다 보니, 피인용 수는 단지 영향력이나 과학적 수준을 측정하는 대용물일 뿐이라는 점을 간과하기 쉽다. 실제로 많은 획기적인 과학 발견은 비교적 적게 인용되었고, 그 와중에 상대적으로 덜 중요한 논문은 수백 번 인용되었다. 이런 일이 일어날 수 있는 몇 가지 이유를 생각해 보자.

- 어떤 분야나 주제의 상황을 요약하는 리뷰 논문은 보통의 논문들보다 더 자주 인용되는 경향이 있지만, 원래의 연구보다는 과학에 덜 기여했다고 여겨진다.[282]
- 이전 논문의 내용에 기반해서 새로운 연구를 진행하기 위해서가 아니라, 그 논문을 비판하거나 바로잡으려고 인용할 때가 있다. 이러한 경우는 '부정적 인용'이지만 피인용 수는 연구 내용을 뒷받침하는 참조 표시와 이전 연구를 비판하는 경우를 구분하지 않는다.[283]
- 논문의 주요 내용에 기여하지는 않은 다른 연구가 수행되었음을 인정하기 위한 '형식적' 인용이 있다. 실제로 1968~1972년 《피지컬리뷰》에 실린 고에너지 이론물리학 논문 30편을 일일이 조사한 결과, 그러한 인용의 비율이 상당할 수 있음이 밝혀졌다.[284] 즉 각각의 인용은 동등하게 셈에 포함되지만, 과학 발전에 서로 다른 역할을 한다.

이는 다음과 같은 질문으로 이어진다. 더 많이 인용되는 논문이 정말로 더 나을까? 인용은 과학적 영향력이나 현직에 있는 과학자들이 중요하게 여기는 바에 얼마만큼 정확하게 근접할까? 많은 연구가 이런 질문을 탐구해 왔다.

이러한 연구들에 따르면, 전반적으로 피인용 수는 과학적 기여에 대한 저자 자신의 평가[282]를 비롯해 수상, 평판[285], 동료 평가[286-290] 등 과학적 영향력이나 인정에 관련한 척도들과 양의 상관관계가 있음을 발견했다. 한 설문 조사는 가장 많이 인용되는 생의학 과학자 400명에게 간단한 질문을 던졌다.[11] "당신의 가장 많이 인용된 논문은 당신의 가장 중요한 논문이기도 한가요?" 이 엘리트 그룹의 대다수는 그렇다고 답했고, 피인용 수가 논문이 중요도를 알려 주는 귀중한 지표임을 확인했다.

그러나 현장에 있는 다른 연구원들도 동의할까? 같은 분야에서 두 논문을 골라 해당 분야에서 일하는 연구원들에게 나란히 보여 주고 어떤 논문이 그들의 연구와 더 연관성이 있는지 물어본다면, 더 많이 인용된 논문을 확실히 선호할까?

두 개의 큰 대학에 소속된 2,000명에 가까운 저자들에게 바로 이 작업을 수행하도록 요구했다. 그러나 결과는 간단하지 않았다.[291] 연구자들은 자기 일을 평가하라고 요구받으면 그렇지 않은 때와 구별되는 반응을 보였다. 연구자가 제시된 두 논문 모두의 저자이면, 더 많이 인용된 논문을 더 연관성 있는 것으로 뽑는 경향이 높았다. 그러나 연구자가 그 자신이 저자로 참여한 논문과 다른 누군가의 논문을 비교하도록 요구받으면, 자신의 논문을 압도적으로 선호했다. 다른 논문이 본인 분야에서 가장 많이 인용된 논문 중 하나이거나 영향력의 차이가 수십 배에 달하더라도 말이다.

다른 누군가의 자식이 얼마나 사랑스럽든 간에 자기 자식과는 절대 비교할 수 없는 것처럼, 과학자는 자기 일을 다른 사람들의 일과 비교할 때 맹점을 보이며 심지어 가장 중추적인 연구에 대한 인식까지도 왜곡할 수 있다는 점을 이 결과에서 알 수 있다.

종합하면 이 조사들은 두 가지 상반된 이야기를 들려주는 듯하다. 한 편으로 과학자들은 특히나 자기 일에 관해서는 편견으로부터 자유로울 수 없다. 그러나 동시에 인용은 전문가들의 인식과 대체로 일치하기 때문에 의미 있는 측정값이 될 수 있다. 피인용 수 지표는 단점도 있지만, 과학적 영향력을 측정하는 데 중요한 역할을 할 수 있다는 뜻이다.

그러나 인용이 중요한 더 근본적인 또 다른 이유가 있다. 전 세계에 어떤 과학자도 단독으로 한 논문이 인용을 누적하도록 할 수 없다.[16] 우리 각자는 누구의 어깨에 오를지 스스로 결정하며, 우리의 작업에 영감을 주고 우리의 아이디어를 발전시키는 데 실마리를 준 논문을 인용한다. 이러한 개별적인 결정이 결합해 논문의 중요성을 평가하는 과학계의 집단적 지혜가 나타난다. 어떤 논문이 훌륭하다는 한 과학자의 결정으로는 충분하지 않다. 학계의 다른 이들도 동의해야 한다. 각자가 더하는 피인용 수는 서로 다른 연구를 독립적으로 지지한다. 즉, 과학적 영향력은 **한 사람**이 아니라 **모두**가 결정하는 것이다.

인용은 발명의 중요성을 정량화하는 데에도 쓰일 수 있다. 특허청에 등록된 특허에는 학술 문헌뿐 아니라 앞선 특허에 대한 인용도 포함된다. 특허 인용은 발명가나 특허 심사관이 덧붙일 수 있다. 과학에서와 마찬가지로, 가장 많이 인용된 특허는 중요한 발명으로 여겨지곤 한다.[292, 293] 그런데 한 단계 더 나아가, 특허 인용은 발명의 중요성뿐만 아니라 경제적인 영향력도 내포한다. 예를 들어 연구에 따르면 더 많이 인용된 의료 진단 영상 특허는 더 많은 수요를 끌어모으는 기계를 만들어 내고,[294] 많이 인용된 특허를 가진 회사들은 더 높은 주식 시장가치를 가진다.[295] 더 중요한 것은, 특허의 시장가치와 피인용 수는 양의 상관관계를 가지고 상당히 비선형적이라는 것이다. 한 설문 조사는 발명 후 20년이 지난 특허권자들을 대상으로 오늘날의 가치를 고려했을 때 특허 값으로 얼마나 요구해야 했는지 물었다. 응답 결과 특허의 경제적 가치와 피인용 수 사이에 극적이고 기하급수적인 관계가 드러났다.[296] 예를 들어, 14회 인용된 특허는 8회 인용된 특허의 100배의 가치를 지녔다.

17장. 영향력이 높은 논문

어째서 대부분의 논문은 거의 인용되지 않고, 운 좋은 소수는 어떻게 엄청난 성공을 거둘까? 깊은 생각에 빠지게 하는 질문들이다. 새로운 논문의 저자들은 각자 익숙한 문헌과 더불어 원고의 주제를 고려해 어떤 연구를 인용할지 신중하게 선택한다. 그런데 어째서인지 개인의 이러한 결정이 많이 모이면 매우 안정적인 피인용 수 분포가 만들어진다. 분야를 초월하는 영향력 격차가 나타난 피인용 수 슈퍼스타는 어떻게 나타날까? 어떤 논문이 잘 인용되거나 잊힐지 결정하는 것은 무엇일까? 그리고 이러한 피인용 수 분포는 어째서 학문 분야와 무관하게 보편적일까?

　이 장에서는 개개인의 선호와 판단에 따라 인용이 이뤄지기 **때문에** 피인용 수 슈퍼스타와 보편적인 피인용 수 분포가 나타난다는, 어쩌면 다소 직관에 반하는 바를 보이려고 한다. 개개인의 선택은 대단히 다를지라도 과학계 전체의 행동은 상당히 재현 가능한 패턴을 따른다. 이처럼 각 논문의 영향력을 좌우하는 요소가 수없이 많아 보일지라도, 유난히 영향력 있는 논문의 부상은 몇 가지 간단한 메커니즘으로 설명할 수 있다.

17.1 '부익부' 현상

어떤 과학자도 매년 **100**만 편이나 발표되는 과학 논문을 모두 읽을 수는 없다. 일반적으로 우리는 논문을 읽을 때 그 논문이 인용한 연구를 살펴보다가 관심 있는 논문을 발견한다. 이는 특이한 편향으로 이어진다. 논문이 이미 널리 인용되었을수록 다른 논문을 읽다가 마주칠 가능성이 더 크다. 그리고 보통 우리는 직접 읽은 논문만 인용하므로, 우리의 참고문헌 목록은 자주 인용된 논문으로 채워진다. 이는 부익부 현상의 한 예로, 3장에서 소개된 마태 효과와 비슷하다. 논문의 피인용 수가 높을수록 훗날 다시 인용될 가능성이 크다.

간단해 보이는 부익부 메커니즘만으로도 과학 출판물 간의 피인용 수 격차와 분야와 관계없이 보편적인 피인용 수 분포를 상당 부분 설명할 수 있다. 이는 **1976**년 드 솔라 프라이스가 처음으로 제안한 모형(상자 **17.1**)으로 형태를 갖추었다. 이 **프라이스 모형**[297,298]은 인용의 두 가지 핵심적인 양상을 포함한다.

(1) **과학 문헌의 성장**. 새로운 논문들은 계속해서 출판되며, 각각은 일정한 수의 이전 논문을 인용한다.

(2) **선호적 연결**. 저자가 특정 논문을 골라 인용할 확률은

균일하지 않고, 그 논문이 이미 얼마나 많이 인용되었는지에 비례한다.

부록 A2.1에서 더 자세히 다루겠지만, 이 모형은 성장과 선호적 연결이라는 두 가지 재료로 피인용 수가 거듭제곱함수 분포를 따름을 예측한다. 따라서 실제 관측된 피인용 수 분포는 두꺼운 꼬리 분포를 따른다.

상자 17.1 부익부 효과

지난 한 세기 동안 여러 분야에서 독립적으로 발견된 부익부 효과는 도시와 기업 규모, 종의 풍부함, 소득, 단어 빈도 등에서의 격차를 설명하는 데 도움이 되었다.[60, 297, 299-304] 가장 잘 알려진 버전은 복잡계 네트워크의 맥락에서 도입되었다.[67, 68] 바라바시-앨버트 모형은 실제 네트워크에서 허브의 존재를 설명하기 위해 선호적 연결이라는 용어를 제안했다.[304] 3장에서 논의한 바와 같이 사회학에서 이를 종종 '마태 효과'라고 부르고, 드 솔라 프라이스는 '누적 우위(cumulative advantage)'라고도 칭했다.[297]

이러한 분석은 우리에게 중요한 교훈을 준다. 당연히 논문의 영향력에 기여하는 수많은 요소가 있고, 일부는 뒤에 나올 장에서 논의될 것이다. 그러나 프라이스의 모형이 실증적으로 관측된 피인용 수 분포를 정확하게 재현해 낸다는 점을 고려하면, 피인용 수 분포가 가지는 두꺼운 꼬리의 기원을 설명하는 데 추가적인 요소들은 중요하지 않음을 알 수 있다. '부익부' 효과를 불러오는 성장과 선호적 연결이라는 요소로 관측된 피인용 수 격차를 충분히 설명할수 있으며, 피인용 수 슈퍼스타가 등장하는 이유도 정확히 알 수 있다(선호적 연결의 기원에 대해서는 부록 A2.2 참조). 더불어 피인용 수 분포가 각양각색의 폭넓은 분야에 걸쳐어째서 보편적인지도 설명한다. 분야에 따라서 다른 요소가 많지만, 선호적 연결이 존재하는 한 분야별 특징과 관계없이 비슷한 피인용 수 분포가 나타날 것이다.

17.2 선점 우위 효과

프라이스의 모형에는 또 다른 중요한 교훈이 있는데, 논문이 오래될수록 더 많이 인용된다는 것이다. 경영 문헌에서는 이러한 현상을 **선점 우위 효과**(First-Mover Advantage)라고 한다. 즉, 한 분야에서 처음으로 나오는 논문은 나중에 출판된 논문보다 피인용 수를 누적하는 데에 유리하다. 그렇다면 선호적 연결로 인해 초기의 논문은 영구적으로 그 이점을 누릴 것이다.

이를 확인하기 위해 네트워크과학, 성인 신경 줄기세포[305] 등 여러 분야에서 발표된 논문의 인용 패턴을 분석하니, 프라이스의 모형이 예측하는 바와 상당히 비슷한 정도와 기간으로 지속되는 명백한 선점 우위 효과를 발견했다.

이 효과의 규모를 이해하기 위해, 1990년대 말에 생겨난 네트워크과학 분야를 살펴보자. 이 분야에서 가장 먼저 출판된 논문 10%는 평균 101회 인용되었고, 두 번째로 출판된 논문 10%는 평균 26회 인용되었다. 두 번째 묶음이 첫 번째 묶음 직후에 출판되었기 때문에, 피인용 수를 모을 시간이 짧아서 그 차이가 일어났다고 보기는 어렵다.

과학자들은 초창기 논문을 해당 분야의 창시자로 여기곤 하는데, 이 경향성으로 그 논문들의 높은 피인용 수를 설명할 수 있다. 어떤 문제에 대해 과학계의 관심을 처음으로 불러일으킨 과학자는, 뒤이은 연구들이 초기 연구와 연관성이 유지되든 말든 그에 대한 인정을 받는다.

그러나 때때로 유망한 후발 주자가 그 자리를 가져가기도 한다. 처음으로 널리 받아들여진 초전도 이론을 소개한 바딘-쿠퍼-슈리퍼(BCS) 논문이 그 예다.[306] 초전도 분야에서 비교적 뒤늦게 이뤄진 기여였지만, 해당 분야를 골치 아프게 한 광범위한 수수께끼를 설명함으로써 이내 핵심 논문으로 인정되었고 수많은 인용이 뒤따랐다. 즉 BCS 논문은 선점 우위 효과가 절대적이지 않다는 살아 있는 증거이다. 그렇다면 이런 질문이 떠오른다. 만약 부유한 사람만 더 부유해질 수 있다면, 후발 주자는 어떻게 성공할 수 있을까?

이 질문에 답하기 위해서는 선호적 연결이 피인용 수를 만드는 유일한 메커니즘이 아니라는 점을 인식해야 한다. 이어지는 절에서 다루듯, 어떤 논문이 중요한 과학 문헌이 되고 어떤 논문이 잊히는지 결정하는 다른 메커니즘이 있다.

17.3 적익부

프라이스의 모형은 그 간단함에도 불구하고 피인용 수 누적에 영향을 미치는 중요한 요소를 빠뜨렸다. 모든 논문이 문헌에 동등하게 중요한 기여를 하지는 않는다. 실제로 논문이 평가될 때 논문의 참신함, 중요도, 수준 등에는 큰 차이가 있다. 어떤 논문은 지배적인 패러다임을 바꾸는 매우 놀라운 발견을 보고하고, BCS 논문 같은 경우는 광범위하고 활발한 연구 분야에서 오랫동안 이어진 수수께끼에 명확한 해결책을 제시하지만, 오래된 아이디어를 재탕하거나 설익은 이론을 제공하는 논문들도 있다. 논문들은 출판 장소, 청중의 규모와 공헌의 성격에서도 다르다. (예를 들어 리뷰 논문과 방법 논문은 보통의 연구 논문보다 더 많이 인용되는 경향이 있다.) 즉 논문들은 인용을 획득하는 자체적 능력이 다르며, 이 일련의 고유한 속성이 여타 논문들과 구별되는 상대적인 영향력을 결정한다. 이 일련의 속성을 **적합성**(fitness)이라고 부르자. 이는 생태학과 네트워크과학에서 빌려온 개념이다.[307]

프라이스 모형은, 어떤 논문의 피인용 수 증가율은 온전히 그 논문의 현재 피인용 수로 결정된다고 가정한다. 이 기본적인 모형을 기반으로 인용률이 선호적 연결과 논문의 적합성 모두로 인해 결정된다고 가정해 보자. 이는 **적합성 모형**(fitness model)[307, 308] 또는 비앙코니-바라바시 모형(Bianconi–Barabási model)이라고 불리며, 다음 두 가지 요소로 이루어져 있다(자세한 설명은 부록 A2.3 참조).

(1) **성장:** 매시간 적합성 η_i를 가진 새로운 논문 i가 출판되고, 이 논문은 특정한 개수의 논문을 인용한다. η_i는 분포 $p(\eta)$에서 추출한 임의의 수이다. 논문에 부여된 적합성은 시간에 따라 변하지 않는다.

(2) **선호적 연결:** 새로 출판된 논문이 기존의 논문을 인용할 확률은 논문 i의 기존 피인용 수와 논문의 적합성 η_i의 곱에 비례한다.

여기에서 논문의 인용은 우리가 앞서 논한 선호적 연결 메커니즘처럼 기존 피인용 수에만 의존하지 않고, 논문의 적합성에도 의존한다. 같은 피인용 수를 가진 두 논문이 있을 때, 더 높은 적합성을 가진 논문이 더 높은 확률로 인용을 끌어모은다(fit-get-richer)는 뜻이다. 즉 비교적 새로운 논문이 초반에는 적게 인용되더라도, 다른 논문보다 적합성이 높으면 급격하게 피인용 수를 모을 수 있다.

상자 17.2 로그 정규 피인용 수 분포의 기원

16장에서 논의했듯이, 최근 몇 가지 연구들은 피인용 수 분포가 때로는 로그 정규분포로 더 잘 설명된다고 지적해 왔다. 로그 정규 형태는 거듭제곱함수 분포를 예측하는 프라이스 모형에 부합하지 않지만, 적합성 모형으로는 설명할 수 있다.[307] 실제로 모든 논문의 적합성이 같다면, 선호적 연결의 효과로 피인용 수는 거듭제곱함수 분포를 따를 것이다. 그러나 만일 각 논문의 적합성이 다르다면, 논문에 부여할 적합성을 추출하는 적합성 변수 분포 $p(\eta)$가 피인용 수 분포의 근본적인 형태를 결정한다. 예컨대 적합성과 같이 범위가 제한된 변수를 고려할 때 자연스럽게 가정하듯이 $p(\eta)$가 정규분포를 따른다고 하면, 적합성 모형은 피인용 수 분포가 로그 정규함수를 따른다고 예측한다.[273] 18장에서 보이듯이 논문의 적합성을 추정하면, 적합성 분포는 실제로 정규분포처럼 범위가 한정적이다. 실제 관찰된 피인용 수 분포를 설명하고자 한다면 개별 논문의 서로 다른 적합성을 무시할 수 없다는 의미이다.

적합성의 차이는 확실히 자리잡은 인용의 선두 주자를 후발 주자가 어떻게 추월할 수 있는지 설명한다. 실제로, 강력한 논문은 게임 후반에 등장해도 짧은 시간 동안 아주 많이 인용될 수 있다. 모든 논문의 피인용 수가 같은 속도로 자라난다고 예측하는 프라이스의 모형과 다르게, 적합성 모형의 예측에 따르면 피인용 수의 증가율은 논문의 적합성 η에 비례한다. 그러므로 높은 적합성을 가진 논문은 빠른 속도로 인용을 얻고, 충분한 시간이 지나면 낮은 적합성을 가진 오래된 논문을 제칠 것이다.

그렇다면 높은 적합성의 논문을 쓰는 데는 무엇이 필요할까?

18장. 과학적 영향력

피인용 수가 논문의 과학적 영향력을 근사한다고 가정하자. 그 경우 피인용 수 분포의 두꺼운 꼬리는 애석하게도 대부분 논문이 거의 영향력이 없음을 의미한다. 사실 문헌의 극히 일부만이 해당 분야가 발전하는 데 영향을 미친다. 이전 장에서 보았듯이 특정 아이디어가 지대한 공헌을 하려면 적합성이 높아야 한다. 그러면 무엇이 높은 적합성을 예측할까? 우리 연구가 과학에 미치는 영향력을 어떻게 증폭시킬 수 있을까? 이번 장에서는 참신함과 대중성이라는 논문의 내재적, 외재적 두 가지 상이한 요소의 역할을 살펴본다.

18.1 참신함과 영향력의 관계

여러 특성이 논문의 '적합성'에 영향을 미칠 수 있지만, 그중 참신함은 특히나 많은 관심을 받아 왔다. 참신함은 정확히 무엇이며, 과학에서의 참신함을 어떻게 측정할 수 있을까? 그리고 참신함이 논문의 영향력에 도움이 될까, 해가 될까?

18.1.1　참신함 측정하기

3.1절에서 논의했듯이, 새로운 아이디어는 보통 기존의 지식을 조합해 만들어진다. 예를 들어 발명은 기존에 존재하던 아이디어나 과정을 조합해 독창적인 것을 만들어 낸다 (그림 18.1).[309] 증기선은 범선과 증기기관의 조합이며, 최초의 자동차인 벤츠 페이턴트모터바겐(patent-motorwagen, 특허 자동차)은 자전거, 마차, 내연기관의 조합이다. 당신 주머니에 있는 스마트폰조차 메모리, 디지털 음악, 휴대폰, 인터넷 접속 그리고 경량 배터리 등 기존에 존재하던 많은 부품과 특징의 조합이다.

　기존 기술을 재조합해 새로운 발명을 만들어 낸다는 이론은 미국의 특허를 분석해 확인할 수 있다.[310] 미국특허청은 통일된 기술 코드 체계에 따라 모든 특허에 대분류/소분류 숫자 쌍을 부여한다. 예를 들어 발명 목록에 예를 들어, 스티브 잡스가 발명자 중 한 명으로 등재된 애플 컴퓨터 아이팟의 최초 특허[US20030095096A1]의 분류 체계는 345/156이다. 대분류 345는 '컴퓨터 그래픽 처리 및 선택적 시각 디스플레이 시스템', 소분류 156은 '디스플레이 주변 인터페이스 입력 장치'를 의미한다. 1790년부터 2010년까지 모든 미국 특허의 날짜를 살펴본 결과, 연구자들은 19세기 동안 미국에서 특허 등록된 발명의 거의 절반이 여러 기술 영역을 결합하기보다는 단일 기술을 활용하는 단일 코드 발명임을 확인했다. 반면 오늘날 90%의 발명은 최소한 두 코드를 결합하며, 발명이 점점 기존 아이디어를 조합하는 방식으로 이루어지고 있음을 보여 준다.

그림 18.1 새로운 아이디어는 기존 것의 독창적인 조합이다. 벤츠 페이턴트모터바겐은 1885년에 생산된 세계 최초의 자동차이다. 1886년 1월 29일 카를 벤츠가 특허출원해 독일 특허 번호 37435를 부여받았다. 모터바겐은 기존에 존재하던 자전거, 마차, 내연 기관 세 가지를 조합했다.

발명을 조합으로 보는 관점을 통해 과학에서 참신함을 정량화하는 방법을 고안할 수 있다. 과학 논문들은 여러 학술지에서 참고 논문을 뽑아내어 어떤 분야에서 아이디어를 얻었는지 표시한다.[92, 311, 312] 참고 논문의 조합이 예상되는 경우도 있지만, 상식에서 벗어나는 참신한 경우도 있다.

만일 어떤 논문이 좀처럼 함께 인용되지 않는 학술지 쌍을 인용한다면, 그 논문은 기존 연구들을 참신하게 조합해 소개할지도 모른다. 《생물화학회지(*Journal of Biological Chemistry*)》에 실린 2001년도 논문을 예로 들어 보자. 이 논문은 향정신성 약물이 상호작용하는 단백질을 정확히 짚어 냈고, 이러한 이해를 바탕으로 다른 생물학적 효과를 발견해 냈다.[313] 참고문헌으로는 《진익스프레션(Gene Expression)》과 《임상정신의학회지(Journal of Clinical Psychiatry)》가 최초로 동시 인용되었는데, 기존 지식이 참신하게 조합되었음을 나타낸다. 반면에 같은 논문에 《생물화학회지》와 《생화학회지(Biochemical Journal)》도 함께 인용되었는데, 이는 자주 함께 인용되는 평범한 조합으로 해당 분야의 주류 의견을 반영한다.

18.1.2 참신함의 역설

광범위한 조사에서 얻은 증거들이 일관적으로 뒷받침하는 바에 따르면, 희귀한 인용 조합을 가진 과학 출판물이나 특허 발명은 높은 영향력을 가질 가능성이 크다. 즉, 참신함과 더불어 홈런이 될 가능성도 증가한다. 이러한 발견은 학제간 연구의 핵심 전제를 입증한다.[315-317] 기존에 단절되어 있던 아이디어와 자원을 결합해 서로 다른 분야와 생각의 방식을 교류하면 많은 유익한 발견이 만들어진다는 것이다.[5, 317, 318]

그러나 참신한 아이디어들은 높은 영향력의 연구로 이어지는 동시에 연구 수준의 불확실성을 높이기도 한다.[311, 319, 320] 아주 참신한 아이디어와 조합은 발견으로 이어질 확률만큼 실패로 이어질 수도 있다. 1만 7,000건 이상의 특허를 분석한 결과, 협력자들의 전문 분야 간 거리가 멀수록 결과물의 성공 가능성에 더 큰 편차가 있었다. 기존 상식에서 상당히 벗어난 특허는 발견과 실패로 이어질 확률이 모두

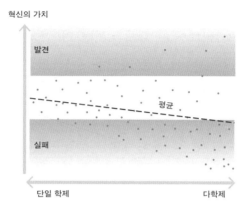

혁신의 가치

발견

평균

실패

단일 학제   다학제

그림 18.2 특허에서 다학제 협력. 발명가들이 다학제적으로 협업하면 특허의 수준이 전반적으로 떨어진다. 그러나 다학제 간 협업은 결과물의 편차를 높이며, 성공과 실패 가능성이 모두 커진다.[320]

평균보다 높았다(그림 18.2).[320]

이와 유사하게 보다 참신한 조합의 학술지를 인용하는 논문일수록 해당 분야에서 상위 **1%**의 논문이 될 가능성이 크다. 그러나 더 많은 인용을 받기 시작하기까지 더 오랜 시간이 걸리는 경향이 있으므로 더 큰 위험을 감수해야 한다.[311] 혁신 자체의 높은 위험성은 학문에서 어떤 종류의 혁신이 일어날지 일어나지 않을지 결정하는 주요한 역할을 한다. 예를 들어, 아직 검토되지 않은 두 화합물 사이의 관계를 탐구하는 생화학 연구는 잘 연구된 화학 물질에 집중하는 것보다 훨씬 더 새로운 일이다. 이러한 전략을 따른 연구는 실제로 높은 영향력으로 이어지는 경우가 많다. 그러나 기존에 연구되지 않은 조합을 탐험할 때 실패할 가능성도 매우 크며, 분석에 따르면 추가 보상이 위험 감수를 정당

화할 만큼 충분하지 않을 수 있다.[319]

　참신한 아이디어가 가지는 영향력 편차는 참신함에 대한 인간의 편견에서 비롯되었을 수도 있다. 연구 지원금 신청에 관한 연구에 따르면, 과학자들은 연구가 진행되기 전에는 참신한 생각에 대해 안 좋은 편견을 가지는 경향이 있다. 미국의 한 일류 의과대학 연구자들은 15개의 보조금 제안서를 검토하도록 세계 최정상급의 과학자 142명에게 무작위로 배정했다. 동시에 연구자들은 각각의 제안서에 희귀한 키워드 조합이 얼마나 자주 등장하는지 측정했다.[321] 예를 들어 '제1형 당뇨병'과 '인슐린'이라는 용어를 결합한 제안서는 일반적이었고, '제1형 당뇨병'과 '제브라피시(Zebrafish)'는 문헌에서 거의 보이지 않는 참신한 조합이었다. 그렇다면 더 참신한 제안서가 유리할까, 불리할까? 연구자들은 참신성에서 높은 점수를 받은 제안서가 덜 참신한 제안서들보다 전체적으로 낮은 점수를 받았음을 발견했다. 심지어 명목상 '학제 간' 연구 지원 사업조차도 비슷한 편견에 영향을 받는다.[322] 호주의 연구 지원 사업에 제출된 1만 8,476개의 제안서를 최종 선정 여부와 무관하게 모두 분석한 한 연구에서, 연구자들은 각 제안서에 얼마나 많은 분야가 제시되는지 측정했고 분야 간의 거리에 따라 가중치를 두었다. 그 결과 제안된 연구가 학제적일수록 지원받을 가능성은 작았다.

　우리는 역설적인 상황에 놓여 있다. 참신함이 과학에서 필수적이라는 것은 명백하다. 참신한 아이디어가 바로 높은 점수를 받는 아이디어다. 그러나 연구 지원 사업 신청에서 발견되는 참신함에 대한 편견을 보면, 혁신적인 과학자는 애초에 그런 아이디어를 확인하는 데 필요한 연구비를 지원받는 데부터 어려움을 겪을 수 있다. 설사 연구비를 지원받는다고 해도 참신한 아이디어는 평범한 아이디어보다 실패할 가능성이 크다.

이러한 역설을 개선하기 위해 무엇을 할 수 있을까? 최근의 연구는 한 가지 중요한 통찰을 제공했다. 바로 참신함과 관습의 균형을 맞추는 일이다. 다윈은 『종의 기원(*Origins of Species*)』 1부에서 개와 소, 새 등의 선택적 번식에 관한 관습적이고 잘 받아들여진 지식을 다뤘다. 이러한 방식은 적합성이 높은 아이디어가 갖는 주요한 특징이다. 즉 그때까지 결합한 적 없는 이례적인 지식을 병합하는 동시에 기존 연구의 관습적인 조합에 기반을 두는 것이다. 모든 과학 분야에 걸쳐 1790만 개의 논문을 분석한 결과, 연구자들은 참신한 조합을 소개하면서도 기존 연구에 여전히 기반을 둔 논문이 보통의 경우보다 성공할 가능성이 최소 2배임을 발견했다.[92] 참신함은 익숙하고 관습적인 생각과 결합했을 때에 특히 영향력이 크다는 점을 알 수 있다.[92,323]

18.2 대중성은 (좋든 나쁘든) 피인용 수를 늘린다

언론 보도가 과학의 영향력을 증폭시킬까? 미디어에 소개된 적이 있는 논문이 더 잘 인용될까? 이 질문에 답하기 위해,

주요 뉴스 매체인 《뉴욕타임스》로 넘어가 보자.

건강은 사람들의 일반적인 관심사이기 때문에, 한 연구에서는 《뉴잉글랜드의학회지(*The New England Journal of Medicine*)》에 출판된 논문들이 《타임》에서 다뤄진 적이 있는지 조사했다. 연구원들은 《타임》에 게재된 적이 있는 뉴잉글랜드의학회지 논문의 피인용 수를 《타임》에 게재되지 않은 논문과 비교했다.[324] 전반적으로 《타임》이 보도한 논문들이 첫해에는 그렇지 않은 경우보다 72.8% 더 많은 인용을 받았음을 발견했다.

그렇지만 영향력의 극적인 차이가 《타임》의 홍보 효과 덕분일까? 아니면 《타임》이 단순히 뛰어난 논문들을 다뤘기 때문에 보도가 아니었어도 그만한 피인용 수를 모을 수 있었을까? 자연 실험을 통해 연구자들은 확실한 답을 찾을 수 있었다. 1978년 8월 10일에서 11월 5일까지, 《타임》 직원들은 12주 파업했다. 이 기간 《타임》은 축약된 '기록판(edition of record)'을 계속 인쇄는 했지만 대중에게 판매하지는 않았다. 즉, 파업하는 동안 다룰 만한 가치가 있는 논문들을 여전히 선별했지만, 이 정보는 독자에게 전혀 전달되지 않았다. 이 기간 연구자들은 인용 이점이 완전히 사라졌음을 발견했다. 《타임》이 보도 대상으로 선정한 논문들은 그렇지 않은 기사들보다 피인용 수에서 더 나을 것이 없었다. 따라서 이목이 집중되면서 논문이 얻는 인용 이득은 논문의 높은 수준이나 참신함, 심지어 주제가 대중의 관심을 끄는지만으로는 설명할 수 없으며, 언론 보도 그 자체의 결과이기도 하다.

언론의 관심이 피인용 수를 끌어올리는 이유를 이해하기란 어렵지 않다. 언론 보도는 논문이 청중에게 더 쉽게 닿게 해 주고, 잠재적으로 더 많은 연구자가 연구 결과를 알 수 있게 한다. 언론 보도는 과학계가 보기에 논문의 신뢰성을 강화하는 승인 도장 역할을 할 수도 있다. 그러나 아마도 가장 기본적인 이유는 대개 언론 보도가 좋은 홍보이기 때문일 것이다. 사실 TV 방송국이나 신문사는 과학을 견제하거나 균형을 맞추려 하지 않는다. 미디어가 제한된 방송 시간이나 지면을 과학 연구에 할애하기로 할 때는 대개 진실되고, 흥미로우며 중요하게 여겨지는 발견을 소개한다. 그게 아니라면 뭐하러 청중들의 시간을 낭비하려 하겠는가?

미디어는 과학에 좋은 관심만 제공하며, 이는 과학에 대한 대중들의 인식에 중요한 결과를 가져올 수 있다(상자 18.1 참조). 그러나 과학적 연구의 정확성과 정직성을 보장하기 위한 견제와 균형 잡기는 과학자들의 몫이다. 과학적 비평과 논박은 여러 형태로 나타날 수 있다. 원래의 결과에 대안적인 해석만 제공할 수도 있고, 연구의 일부만 반박하기도 한다. 그러나 대부분 반박은 출판된 논문의 상당한 결함을 강조하는 것을 목표로 하며, 과학 연구가 동료 평가 시스템을 통과한 이후에 첫 번째 방어선 역할을 한다. 이것이 나쁜 홍보의 첫 번째 예인 듯하다. 그럼 이러한 비평과 논박이 논문의 영향력을 줄일까? 그렇다면, 얼마나 그럴까?

상자 18.1 미디어 편향과 과학

과학을 퍼뜨리는 데 미디어의 상당한 역할은 "언론이 균형 잡힌 보도를 제공하는가?"라는 중요한 질문을 제기한다. 의학 연구를 전달하는 언론 보도에 관한 연구에 따르면, 기자들은 초기 발견만 다루기를 선호하며, 언론에서 다뤄진 연구들은 많은 경우 후속 연구와 메타 분석으로 반박되었다. 그러나 기자들은 자신들이 다룬 연구가 틀렸다고 밝혀지더라도 대중에게 이를 알리지 못했다.[325, 326] 연구팀이 질병 위험 요소에 대한 5,029개의 논문과 그 논문들이 어떻게 언론에서 다뤄지는지 조사한 결과,[326] 특정한 음식이 암을 유발한다거나 특정 행동이 심장병을 예방하는 데 도움이 될 수 있다는 등 질병 위험 및 방지에 긍정적인 연관을 보고하는 논문들이 널리 보도되는 경향이 있다는 것을 발견했다. 반면 유의미한 연관성이 없음을 발견한 논문은 기본적으로 언론의 관심을 받지 못했다. 나아가 후속 연구가 널리 알려진 긍정적 연관성을 재현하는 데 실패한 경우, 결과는 언론에 거의 언급되지 않는다. 이는 골치 아픈 일이다. 신문이 보도한 156개의 연구가 처음에는 양적 상관관계를 서술했지만, 그중 48.7%만이 후속 연구로 뒷받침되었기 때문이다.

여기에서 언론과 과학 사이의 주요한 갈등을 엿볼 수 있다. 언론은 가장 최신의 발전을 보도하려는 경향이 있는 반면, 과학에서 중요한 것은 과학적 연구의 총체이다. 단일 연구가 확정적으로 어떤 효과를 증명·반증하거나, 어떤 설명을 확정하거나, 설명의 신빙성을 없애는 경우는 거의 없다.[327, 328] 사실 어떤 논문의 초기 발견이 참신할수록 반증에 더 취약하다.[8]

단순한 예비 결과를 발표하는 언론의 경향은 심각한 결

과를 초래할 수 있다. 예방접종에 관한 언론 보도가 그 예다. 현재 미국의 많은 부모는 백신이 아이들에게 자폐를 유발하리라는 두려움 때문에 MMR 백신* 접종을 거부한다. 왜 그렇게 믿을까? 이러한 두려움은 1998년 앤드루 웨이크필드(Andrew Wakefield)가 《랜싯(The Lancet)》에 발표한 논문에 뿌리를 둔다. 이 논문은 전 세계 언론에 보도되었다.[329] 그러나 이 연구는 12명의 어린이를 대상으로 했고, 모든 후속 연구는 연관성을 확인하는 데 실패했다. 더 나아가 후에 연구자들은 웨이크필드가 데이터를 왜곡했음을 발견했고 해당 논문은 철회되었다. 나중에 그는 면허를 잃었고 의료 행위를 하는 것이 금지되었다(en.wikipedia.org/wiki/Andrew_Wakefield 참조). 웨이크필드의 발견은 과학계에서 널리 반박되고 신뢰를 잃었지만, 언론 보도로 인해 미국, 영국, 아일랜드에서 백신 접종률이 감소했다.

---

* 소아에서 흔히 나타나는 바이러스성 감염 질환인
홍역(Measles), 볼거리(유행성 이하선염, Mumps),
풍진(Rubella)을 동시에 예방하는 혼합 백신.—옮긴이

논문의 타당성에 의문을 제기하는 논평은 종종 '부정적인 인용'이기에, 과학계가 보기에는 원래 논문의 신뢰성을 떨어뜨릴 것 같다. 따라서 논평을 받은 논문은 적은 영향력을 가지리라 예상할 수 있다. 그러나 관련 연구에 따르면 그 반대였다. 논평을 받은 논문은 논평이 달리지 않는 논문보다 더 많이 인용될 뿐만 아니라, 해당 학술지에서 가장 많이 인용되는 논문이 될 가능성도 상당히 크다.[283]

기존 연구의 한계, 모순 또는 결함 등을 지적하는 부정적 인용 연구에 관해서도 비슷한 결과가 밝혀졌다.[330] 연구자들은 면역학 전문가 다섯 명의 도움을 받아《면역학회지(Journal of Immunology)》에서 추출한 1만 5,000개 인용 학습 세트로 머신러닝과 자연어 처리 기술을 이용해 인용을 '부정적' 또는 '긍정적'으로 분류하도록 학습시켰다. 그리고 이를 기반으로 동일한 학술지의 논문 1만 5731편을 분석했다. 그 결과 부정적 인용을 받은 논문들은 장기적으로 약간의 페널티는 받았지만, 시간이 지남에 따라 계속해서 인용을 모았다. 무관심보다는 부정적인 관심이 더 낮다는 것이다.

종합적으로 이런 결과들에 따르면 논평과 부정적 인용이 의도한 바와 반대로 작용하는 것 같다. 오히려 그들은 논문의 영향력을 알려 주는 초기 지표이다. 어째서 나쁜 홍보가 피인용 수 영향력을 증폭시킬까?

주범은 선택 효과이다. 과학자들은 빈약하거나 무관한 결과에 대한 논평을 쓰는 데 시간을 할애하려 하지 않는다.[331] 그러므로 애초에 중요하다고 여겨지는 논문만이어야만 논평을 받을 만큼의 이목을 끈다. 게다가 논평이나 부정적 인용이 비판적일지라도 결과를 더 자세히 이해하게 해주며, 주요한 발견을 그저 무효로 만들기보다는 논문이 제시하는 논의를 진전시킨다. 나아가 논평은 논문에 관한 관심을 불러일으켜 가시성을 높인다. 과학에서조차 나쁜 관심은 없는 것 같다.

19장. 과학의 시간 차원

알렉산드리아도서관은 단순하지만 야심 찬 목표가 있었다. 바로 당시에 존재하던 모든 지식을 모으는 일이었다. 이집트 알렉산드리아 동쪽 항구(클레오파트라 여왕이 율리우스 카이사르에게 처음으로 눈길을 줬던 곳)에 지어진 이 도서관은 독특한 방법으로 소장품을 늘려 나갔다. 당시 분주하던 알렉산드리아항구에 정박하는 모든 배를 수색해, 책이 발견되면 그 자리에서 압수해 도서관으로 가져갔고, 필경사들이 한 글자 한 글자 베껴 쓰는 식이었다. 소유주는 결국 적당한 보상과 함께 복사본을 돌려받았고, 원본은 도서관이 보관했다. 역사학자들은 알렉산드리아도서관이 얼마나 많은 책을 모았는지 논쟁을 계속하고 있지만, 전성기 시절 즉, 율리우스 카이사르가 기원전 48년에 모두 불태우기 전까지 거의 50만 개의 두루마리를 소장했으리라 추산하고 있다.

알렉산드리아도서관에서 화염이 건물을 향해 서서히 번져 가는 장면을 보고 있다고 상상해 보자. 당신은 세계에서 가장 위대하고 유일한 지식 보관소에 둘러싸여 있고, 이것이 곧 재로 변하리라는 것을 알고 있다. 당신은 여기에 개입해 몇 개의 두루마리를 구할 시간이 있다. 어떤 것을 구조하겠는가? 세월의 풍파를 견뎌 낸 아이디어를 담고 있는 가장 오래된 두루마리를 집어 들겠는가? 아니면 기존 지식 중 최고를 조합한 최신의 문서를 향해 달려가겠는가? 어쩌면 무작위로 골라야 할 수도 있다. 불은 도서관 건물에 가까워지고 있고, 시간은 촉박하다. 당신은 어떻게 하겠는가?

　　미래의 가장 거대한 발견은 필연적으로 과거 지식에 기반한다. 그렇다면 우리의 연구를 쌓아 올릴 토대가 될 발견을 결정할 때 시대를 얼마나 거슬러 올라가야 할까? 그리고 시간의 불길에 관련성이 사라지기 전에 사람들은 얼마나 오랫동안 현시대의 연구를 계속해서 인용할까? 이러한 질문들을 이 장에서 다루려고 한다. 우리는 새로운 돌파구를 만들어 낼 가능성이 가장 큰, 기존 지식과 상대적으로 새로운 지식 사이의 독특한 조합을 정확히 찾아내려 한다. 그 과정에서 우리가 기존 지식 위에 새로운 지식을 쌓는 방식이 명확한 패턴을 따름을 볼 수 있을 것이다. 또 이러한 패턴들이 미래의 과학적 담론을 어떻게 형성하는지 탐구한다. 간단한 질문으로 시작해 보자. 과학자들은 일반적으로 얼마나 거슬러 올라가 자신들 연구의 닻을 내릴까?

19.1 가까이서 혹은 멀리서 보기

"내가 멀리 본 것은 거인의 어깨에 올라섰기 때문이다." 뉴턴의 유명한 이 말은 시간의 도전을 이겨 낸 오래된 연구들이 새로운 발견의 토대임을 시사한다. 그러나 프랜시스 베이컨은 적당한 시대가 도래했을 때 발견이 이루어진다고 주장하며 이에 반대했다.[245] 베이컨이 옳다면, 혁신을 견인하는 것은 가장 **최근의** 연구이다. 그러니 발견의 기회를 놓치고 싶지 않다면 지식의 첨단에 머물러야 할 것이다.

　뉴턴이 옳을까, 베이컨이 옳을까? 두 이론을 확인하는 한 가지 방법은 연구 논문이 출판된 연도와 참고문헌이 출판된 연도 사이의 시간 차를 측정해, 참고문헌의 나이 분포를 집계하는 것이다. 이 접근법은 오랜 역사가 있다. 도서관 사서들은 얼마나 오래된 학술지까지 버려 선반에 공간을 확보할지 결정하려고 참고문헌의 나이를 살펴보곤 했다.[332]

　그림 **19.1**은 어떤 논문이 t년 앞서 출판된 논문을 인용할 확률을 보여 준다. 이 분포는 과학의 근시안적 성질을 생생하게 보여 준다. 대부분의 참고문헌은 2~3년 앞서 출판된 연구이다. 누군가는 몇 년 전보다 최근에 출판된 논문이 훨씬 많았기 때문이라고 주장할 수도 있다.[298,333] 그러나 문헌의 기하급수적 성장을 고려하더라도, 확률분포는 시간에 따라 급격하게 감소한다. 학자들은 20년 넘은 '빈티지' 지식을 정기적으로 돌이켜보기는 하지만 그보다 더 오래된 연구를 인용할 가능성은 빠르게 감소한다.

　과학자들의 집단적 탐색 패턴을 나타낸 그림 **19.1**의

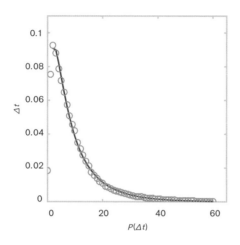

그림 19.1 인용된 논문의 나이. 새로운 지식이 어디서 오는지 이해하기 위해 논문이 참고한 문헌의 나이를 살펴보자. 2010년도에 발행된 논문에 인용된 논문들의 나이 분포는 2년 근처에서 최고점을 보이고 그 후 빠르게 감소한다. 수많은 연구가 인용된 문헌의 나이 분포를 특정하고자 했다. 20개 이상의 연구를 고전적 방식으로 메타 분석한 결과, 참고문헌의 나이는 지수분포에 가장 잘 근접한다.[297] 지수 컷오프가 있는 로그 정규분포가 더 적합하다는 최근 분석도 있다.[253]

분포를 살펴보면, 과학자들은 최근 정보에 상당히 의존하는 경향이 있지만, 고전적이고 표준적인 지식과도 균형을 맞춘다. 그런데 개개인 과학자는 과거의 지식을 찾는 방법에 차이가 있을 것이다. 그렇다면 정보를 찾는 패턴에 따라 연구의 영향력을 예측할 수 있을까? 내일의 돌파구를 마련하는 데 특히 적합한 탐색 전략이 있을까?

19.2 발견의 성지

문헌을 인용하는 방식을 몇 가지 상상해 보자(그림 19.2). 어떤 방식을 취하는 논문이 가장 높은 영향력을 가지게 될까? 네 가지 사례를 생각해 볼 수 있다. 심층적으로 접근하는 논문(그림 19.2a)은 주로 오래된 논문들을 인용하며, 잘 확립되고 검증된 고전을 토대로 한다. 반면 그림 **19.2b**의 논문은 현재 학계의 관심을 끌어모으는, 지금 활발히 연구되는 주제만을 기반으로 한다. 그림 **19.2c**의 논문은 새로운 지식과 오래된 지식을 신중하게 배합하면서 최신의 발견에 좀 더 무게를 두는 방식으로 두 세계의 장점을 결합한다. 그림 **19.2d**의 논문은 시대별 지식을 고루 참고한다.

어떤 전략을 취한 연구가 가장 영향력이 클까? 이 질문에 답하기 위해 한 연구팀은 웹오브사이언스 색인에 기록된 **2800**만 개 이상의 논문을 분석해 각 논문의 참고문헌 나이 분포에서 참고문헌의 평균 나이($\langle T \rangle$)와 변동계수(coefficient of variation, σ_T)[*], 두 개의 변수를 측정했다.[334] 여기서 변동계수는 참고문헌의 출판일이 얼마나 멀리 퍼져 있는지 측정한다. 그리고 연구자들은 각 논문이 출판되고 **8**년이 지났을 때 축적한 피인용 수를 측정했다. 어떤 논문이 세부 분야에서 피인용 수 상위 **5%**에 속할 때 높은 영향력

---

[*] 표준편차를 평균으로 나눈 값으로, 상대 표준편차라고도 한다. 측정 단위 혹은 평균이 다른 데이터를 비교할 때 사용된다. — 옮긴이

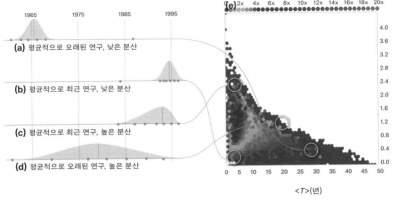

그림 19.2 높은 영향력을 예측하는 지식의 성지. (a~d) 개별 논문을 특징 짓는 잠재적 정보 탐색 패턴. (e) 붉게 표시된 '성지'는 히트 논문의 영역이다. 주로 참고하는 연구의 평균 나이 $\langle T \rangle$가 어리고, 변동계수(coefficient of variation) σ_T가 높다. (1995년도에 출간된 N=546,912편의 논문 데이터를 대상으로 했다.) 배경 비율은 임의의 논문이 해당 분야 피인용 수에서 상위 5%에 들 가능성이다. 성지 부근의 논문이 히트할 가능성은 배경 비율의 평균 2배 이상이다. 성지 바깥에 있는 75%의 논문이 히트할 가능성은 우연히 히트할 가능성과 비슷했다.[334]

을 가진 히트 논문이라고 정의했다.

그림 19.2e는 $\langle T \rangle$와 σ_T의 관계 그리고 영향력을 나타낸다. 각 점의 위치는 1995년도에 출판된 논문의 $\langle T \rangle$와 σ_T 값을 나타내고, 색깔은 특정 $\langle T \rangle$, σ_T 조합에서 히트 논문을 찾을 확률로 발견의 '성지(hot spot)'를 규정한다. 그림 19.2e에서 다음과 같은 주요 결론 세 가지가 도출된다.

- $\langle T \rangle$가 낮고 σ_T가 높은 논문들은 발견의 성지 한가운데에 위치하며, 영향력이 가장 높다. 즉 참고문헌이 지식의 최첨단에 집중되어 있으면서도, 그림 19.2c의 논문처럼 유난히 광범위하게 오래된 지식과 새로운 지

식을 결합하는 논문이 가장 많이 인용되는 경향이 있다. 이러한 종류의 논문은 무작위로 고른 논문에 비해 해당 분야에서 홈런이 될 가능성이 2.2배 높다.

- $\langle T \rangle$와 σ_T가 모두 낮은, 새로운 지식만 집중해 참고하는 논문들은 놀라울 정도로 영향력이 낮으며, 우연으로 예상되는 수준을 거의 넘어서지 않는다. 최신 연구 결과에만 지나치게 무게를 두는 관습적인 편향이 잘못되었을 수 있음을 시사한다. 최신 연구 결과는 오래된 문헌으로 보완될 때에만 가치가 있다.

- $\langle T \rangle$가 높고 σ_T가 낮은, '빈티지' 지식에 참고문헌이 집중된 논문들은 특히나 낮은 영향력을 가진다. 이 논문들이 해당 분야에서 홈런이 될 가능성은 우연으로 예상되는 수준의 약 절반이다. 전체 논문의 **27%**가 이 카테고리에 해당한다는 점을 고려하면, 상당히 주목할 만한 결과다.

그림 19.2e에 따르면, 향후 영향력을 가지려면 지식의 최첨단에 머무름과 동시에 오래된 연구의 가치를 인정해야 한다. 오로지 최신의 지식만 기반으로 하는 것은 다트를 던져 당신 논문의 영향력을 결정하는, 전적으로 우연의 일치에 맡기는 일과 같다. 더 나아가 가장 낮은 영향력을 가지는 연구는 최근의 발전을 망각한 채 과거의 오래된 지식에만 기반을 두는 경우이다. 이는 단순히 포괄적인 일반화가 아니다. 분야별로 데이터를 세분화하면 거의 모든 과학 분과에서 같은 패턴이 나타난다. 게다가 이러한 패턴은 최근 수

십 년 동안 더욱 만연하게 되었다. 제2차 세계대전 이후 초기에는 약 **60%**의 분야에서 참고문헌과 논문의 성공 사이에 명백한 연관성이 나타났지만, 2000년대에 들어서는 거의 **90%**의 연구 분야에서 연관성을 발견할 수 있었다.

과학 분야 간에는 방법론, 문화, 데이터와 이론의 쓰임새 등 중요한 차이가 있다. 그런데도 과학자가 어떤 선행 연구를 기반으로 쌓아 올릴지 결정하는 방식에 따라 (분야와 관계없이) 한결같이 그 연구가 돌풍을 일으킬 가능성이 달라진다는 뜻이다.

19.3 오래된 발견의 영향력은 자라난다

학문적 지식에 접근하는 방식은 지난 몇 년간 근본적으로 바뀌어 왔다. 오늘날 학생들은 도서관에 발붙일 일이 없을지도 모른다. 대신에 구글학술검색 같은 강력한 검색 엔진을 이용해 웹 브라우저에서 관련 문헌을 물색한다. 교수의 연구실에 있는 무거운 책장과 인쇄되어 가지런히 쌓여 있는 논문 더미에 감명을 받을 수도 있지만, 교수가 한때 그 분야에서 최신의 발전을 따라가고자 어떻게 그것들을 활용했는지는 상상하기 어려울지 모른다. 오늘날 많은 과학자는 동료들의 새로운 연구 소식을 소셜 미디어에서 접하고, 누군가 자신이 가장 최근에 출판한 논문을 리트윗하면 만족감을 느낀다.

그렇다면 정보에 접근하는 방식의 변화는 우리가 과거 지식을 기반으로 쌓아 올리는 방법을 어떻게 바꾸었을까? 새로운 도구와 기술은 우리가 더 오래된 과거에 닿을 수 있게 해 준다.[335-337] 오늘날 모든 학술지는 온라인으로 접근할 수 있고, 디지털 저장소에서 오래된 논문을 찾아볼 수 있으며, 누구나 인터넷 접속을 통해 365일 24시간 모든 연구 논문을 조회할 수 있다. 이러한 변화 덕에 오래된 지식에 접근하기 더 쉬워졌고,[337] 과학자들이 오래된 지식을 기반으로 새로운 연구를 쌓아 올릴 가능성을 표면적으로는 증가시켰다. 특히 검색 엔진은 가장 최신의 연구가 아니더라도 가장 연관성 있는 결과를 보여 준다.

그러나 이러한 변화로 과학자들이 기반으로 하는 아이디어의 폭이 사실은 줄어들었다고 볼 수 있는 근거도 있다.[338] 연구자들이 하이퍼링크를 따라가다 보면 기록 저장소의 깊숙한 무언가보다는 현재의 지배적인 의견으로 향할 가능성이 있다. 실제로 도서관으로 발걸음을 옮기는 일은 비효율적일지언정 뜻밖의 기회를 제공하기도 했다. 먼지가 앉은 종이를 넘기면서 학자들은 먼 과거의 발견과 조우하고, 그들이 찾고 있지 않던 논문과 지식에도 관심을 기울여야 했다. 디지털 출판은 우리를 더 근시안으로 만들 수 있다. 편리함은 우리를 고전에서 멀어지게 하고 최신의 연구에 가까워지게 한다. 게다가 우리가 의존하는 디지털 도구들은 우리를 지식의 첨단으로 더 가까이 밀어붙인다. 오늘날의 과학자들은 자기 분야에 새로운 논문이 나오거나 그것이 소셜 미디어에 공유되는 순간 이메일 알림을 받는다. 이 최신의 발견을 알기까지 정식 출판을 기다릴 필요도 없다. 동료 평가를 거치고 학술지에 정식 발표되기 전에 출판

전 논문을 공개적으로 배포하는 일은 이제 여러 분야에서 일반적이다. 종합적으로 이러한 변화들은 과학자들이 만들어 내는 새로운 연구와 그들이 기반으로 삼는 연구 사이의 시간 간격을 더욱 줄일 것이다.

디지털화의 영향을 추정하기 위해, 연구진은 1990~2013년에 출판된 논문들을 연구해, 출간된 지 최소 10년이 지난 논문을 인용하는 경우를 세어 보았다.[337] 이렇게 오래된 논문을 인용하는 비율은 1990~2013년에 꾸준히 증가했고, 심지어 2000년 이후에는 가속되고 있었다. 이 변화는 정교한 검색 엔진이 등장한 2002~2013년에 가장 두드러졌다. 2013년이 되자 9개의 광범위한 연구 영역 중 4개 분야에서 최소 40%가 오래된 논문을 인용했으며, '인문학, 문학, 예술' 카테고리가 51%로 선두를 달렸다.

이러한 추세는 지난 20년에만 국한되지 않는다. 시간에 따라 참고문헌의 평균 나이를 그래프로 나타내면, 1960년대부터 과학자들이 체계적으로 문헌에 더 깊이 접근해 더욱더 오래된 논문을 인용하는 것을 알 수 있다(그림 19.3). 어째서 1960년대에 뿌리 깊은 문헌으로 거슬러 올라 인용하는 경향이 시작되었을까? 아주 명확하지는 않지만, 동료 평가의 출현에 뿌리를 두고 있다는 것이 한 가지 가능한 답변이다.[5] 1960년대 이전 논문들은 주로 편집자의 재량에 따라 수락되었다.[339] 20세기 중반 과학이 점점 전문화되면서 전문가의 의견이 더욱 필요해졌지만, 지리적으로 흩어진 독자들에게 논문을 퍼뜨리는 일은 복사가 가능해진 1959년까지 어려운 일이었다.[340] 《네이처》는 1967년에 공

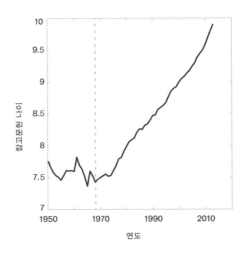

그림 19.3 과거를 기반으로 쌓아 올리기. 1950~1970년 논문이 참고한 문헌의 평균 나이는 대략 7.5년에 머물다가 그 후 현저히 증가하는 경향이 관측되었다. 과학자들이 체계적으로 오래된 문헌을 들춰 보게 된 것이다. 점선은 《네이처》가 공식적으로 동료 평가를 도입한 1967년을 나타낸다. 동료 평가의 시작과 참조 패턴의 변화가 동시에 일어나는 점에 착안해 연구자들은 그 둘 사이에 연관성이 있으리라 가정했다.[5]

식적으로 동료 평가를 도입했고, 얼마 지나지 않아 학술 출판 전반에 걸쳐 이러한 관행이 주류가 되었다. 검토위원들은 저자가 고려할 만한 오래된 관련 연구를 지적해 고전 문헌 인용을 북돋고, 저자들이 더욱 주의 깊게 선행 연구의 기여를 인정하도록 유도하는 행동의 변화까지 이끌어 냈다.

　　종합해 보자면, 기술의 변화가 논문의 나이에 개의치 않고 가장 연관성 있는 논문을 찾을 수 있도록 했음을 알 수 있다. 다행스럽게도 중요한 발전들은 책꽂이에서 유실되지 않고 수십 년 동안 후속 연구에 영향을 미칠 수 있게 되었다. 그렇다면 연구자들은 자신들의 연구 말뭉치가 얼마나 오랫동안 연관성을 유지하리라 기대할 수 있을까?

인용 나이의 분포를 측정하는 데에는 다소 구별되는 두 가지 접근법이 역사적으로 사용되었다. 소급적(retro-spective) 접근법은 특정 연도의 출판물이 인용하는 논문을 고려해 나이 분포를 분석하며,[272] 시간을 거슬러 올라간다.[341-343] 반대로 장래적(prospective) 접근법은 특정 연도에 출판된 논문이 시간이 지남에 따라 얻는 인용의 분포를 연구한다.[272, 341-344]

연구에 따르면 두 가지 접근법은 엄밀한 수학적 관계로 연결되어 있어 하나의 방식에서 다른 방식을 도출하고 심지어 예측할 수도 있다.[253] 그러나 인용의 나이를 측정하는 두 가지 접근법은 서로 다른 과정에 주목한다. 우리가 이 장에서 지금까지 사용한 소급적 인용 접근법은 논문의 저자가 선행 연구를 참조할 때 얼마나 시간을 거슬러 올라가는지 측정하며, 논문의 인용 '기억력'을 특징으로 삼는다. 반면 장래적 접근법은 특정 논문이 시간이 지남에 따라 어떻게 기억되는지 정량화하는 종합적인 척도를 나타낸다. 따라서 앞으로 사용할 장래적 접근법은 시간에 따라 영향력이 어떻게 변화하는지 이해하는 데 유용하다. 하지만 2000년도 이전의 연구들은 대부분 소급적 접근법에 의존했다. 주로 계산 관련 이유에서인데, 소급적 접근법은 인용하는 논문이 고정되어 있기 때문에 구현하기가 더 쉽다.

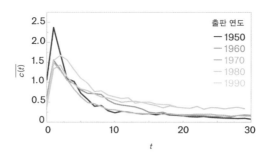

그림 19.4 인용의 급등-감퇴 패턴. 출판 후 시간에 따른 평균 피인용 수. 각 선은 논문 묶음을 나타내고, 색은 각 묶음의 출판 연도를 나타낸다. 곡선이 보여 주듯이, 대부분의 인용은 출판 후 첫 5년에 발생한다. 그 후에 논문이 다시 인용될 가능성은 극적으로 감소한다.

19.4 논문의 만료 기한

그림 **19.1**에서 보듯이 오래된 논문이 인용될 가능성은 논문의 나이에 따라 빠르게 감소한다. 그렇다면 과학자에게 불편할 수 있지만 중요한 질문을 던져보자. 논문이 과학계와 연관성을 잃게 되는 만료 기한이 있을까?

이 질문에 답하기 위해, 어떤 논문이 출판 후에 매해 얻는 평균 피인용 수 $c(t)$를 고려할 수 있다. 그림 **19.4**가 보여 주듯이, 피인용 수는 **급등-감퇴 패턴**(jump-decay pattern)을 따른다.[298, 345] 논문의 인용률은 출판 후에 급격히 치솟아 대략 2~3년 차에 정점에 도달하고, 그 이후에는 떨어지기 시작한다. 즉, 일반적인 논문은 출판 후 첫 몇 년 안에 가장 높은 영향력을 달성하고 그 후로 논문의 영향력은 빠르게 줄어든다. 상자 **19.2**에 설명되어 있듯이, 학술지

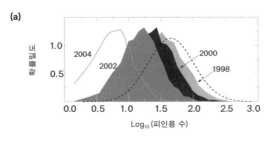

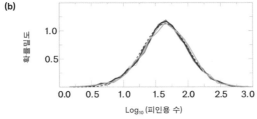

그림 19.5 피인용 수 분포의 시간 발달. (a)는 《생물화학회지》에 발표된 논문들이 2006년 말까지 받은 피인용 수 분포를 보여준다.[273] 2004년에 출판된 논문은 2년밖에 인용을 모을 수 없었기 때문에 가장 왼쪽의 곡선을 구성한다. 더 이른 시기에 출판된 논문들은 인용을 모을 더 많은 시간이 있었기 때문에 더 오른쪽에 있다. 그러나 논문들이 나이가 들수록 이러한 시간에 따른 변화는 사그라든다. (b)는 1991~1993년에 출판된 논문들의 피인용 수를 고려했다. 1991년에 출판된 논문 중 대부분은 2006년에 새롭게 인용되지 않기 때문에, 1993년에 출판된 논문들과 같은 피인용 수 분포를 따른다.[273]

를 평가하는 지표인 '영향력 지수'를 측정할 때 2년의 기간을 고려하는 것은 급등-감퇴 패턴이 근거다.

인용의 급등-감퇴 패턴에 따르면, 두 논문을 공정하게 비교하고 싶다면 논문의 나이를 먼저 고려해야 한다. 2000년에 출판된 논문은 단순히 더 오래되었다는 이유로 2010년도에 출판된 논문보다 더 많이 인용되었을 수도 있다(그림 19.5a). 그러나 그림 19.5b가 보여 주듯이, 논문의 누적 피인용 수는 무한정 증가하지 않고 몇 년 후에 포화된다. 예를 들어 1991년과 1993년에 출판된 논문이 2006년 까지 누적한 피인용 수 분포는 통계적으로 구분할 수 없었 다(그림 19.5b). 즉, 피인용 수 분포는 특정 기간이 지나면 (이 기간은 학술지에 따라 다르다) 평형 상태로 수렴한다.[273] 그 시점부터 논문이 얻는 새로운 피인용 수는 무시해도 될 정도이다. 논문의 유효 기간이 만료한 것이다.

상자 19.2 영향력 지수

영향력 지수는 학술지의 영향력을 정량화하는 데 사용되 며, 해당 학술지에 발표된 논문이 출판 후 2년간 모은 평균 피인용 수를 포착한다. 예를 들어 2015년 《네이처》의 영향 력 지수는 38.1, 《피지컬리뷰레터》는 7.6, 《미국사회학회보 (*American Sociological Review*)》는 4.3, 《성격및사회심리 학회지(*Journal of Personality and Social Psychology*)》는 7.6이었다.

그러나 사람들이 최근 영향력 지수에 새로운, 그리고 우려되는 기능을 부여하기 시작했다. 독자들이 특정 학술지 에 출간된 논문의 잠재적 중요성을 학술지의 영향력 지수 를 사용해 평가하는 것이다. 이는 책을 표지만으로 판단하 는 것만큼이나 잘못되었다. 실제로 그림 19.6에서처럼, 같 은 학술지에 출판된 논문이라도 영향력은 상당히 다를 수 있다. 즉, 영향력 지수로는 개별 논문의 영향력을 예측할 수 없다.

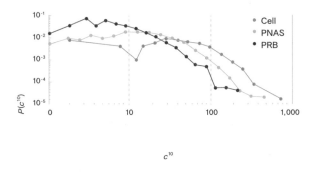

그림 19.6 영향력 지수는 개별 논문의 영향력을 예측하지 않는다. 《셀》 (1992년 IF = 33.62), 《국립과학원회보》(IF = 10.48), 《피지컬리뷰B(PRB)》(IF = 3.26)에 발표된 모든 논문의 출판 10년 후 누적 피인용 수(c^{10}) 분포. 같은 학술지에서 출판된 논문들은 영향력 지수를 공유함에도 상당히 다른 영향력을 가진다.[298]

요약

이 장의 서두에서 우리는 어려운 질문을 던졌다. 만약 당신이 알렉산드리아도서관에 불길이 점점 다가오는 것을 보고 있다면 어떤 연구를 구하겠는가, 오래된 연구 아니면 새로운 연구? 이번 장에서 논의한 사안들은 이 질문에 답을 내놓는 것과 더불어, 과학자들이 자기 연구의 수명을 보다 현실적으로 이해하는 데도 도움이 된다.

앞서 논의했듯이 과학자들은 재현 가능한 패턴에 따라 사전 지식을 활용한다. 대부분의 참고문헌이 지난 2~3년간 출판된 논문이라는 점을 감안하면, 발견으로 향하는 과정에서 새로운 연구의 최첨단에 머무는 일은 필수적이다. 그러나 개척지의 연구를 인용하는 것만으로는 영향력이 담보되지 않는다. 새로운 지식과 표준적인 지식을 고루 참고한 논문은 해당 분야의 일반적인 논문보다 홈런이 될 가능성이 2배 더 높다. 따라서 최첨단의 연구를 기반으로 쌓아 올리는 것이 중요하지만, 더 넓은 지평을 고려하면 논문의 영향력은 올라간다. 앞으로도 위대한 과학 발견이 이어지도록 하려면, 도서관에 있는 사람은 새로 출판된 두루마리를 무더기로 챙기고 더 오래된 두루마리도 몇 개 챙겨야 한다.

일반적으로 논문은 출판 이후 첫 몇 년 동안 피인용 수 대부분을 얻는다. 그러나 오래된 논문은 결코 완전히 잊히지 않는다. 따라서 첫 몇 년 동안 얻은 영향력에만 집중한다면 발견의 장기적인 영향력을 놓칠 수 있다. 즉, 두 논문이 인용을 모을 시간이 비슷했거나, 두 논문 모두 대부분의 인용을 이미 모았을 만큼 충분히 오래되었을 때만 두 논문을 공정하게 비교할 수 있다. 우리는 10년 이상 된 논문의 진정한 영향력을 알 수 없다.

과학자를 위한 또 다른 교훈이 있다. 우리가 쓰는 논문은 각각의 만료일이 있다. 좋든 싫든, 우리가 쓴 모든 논문은 학계에서 유의미하지 않게 되는 순간이 올 것이다. 그러나 이 먹구름에는 한 줄기 실낱같은 희망이 있다. 디지털화 덕분에 오래된 논문은 더 많은 관심을 받고 있으며, 과학의 종합적인 지평선이 확장되고 있다.

그러나 모든 논문이 이내, 혹은 나중에 더 인용되지 않는다면, 각 논문의 '궁극적인' 영향력은 무엇일까? 그리고 어떤 논문의 전체적인 영향력을 미리 추정할 수 있을까?

20장. 최종 영향력

이전 장에서 논의한 인용의 급등-감퇴 패턴은 '15분의 유명세(15 minutes of fame)'*라는 개념을 상기시킨다. 우리가 밤낮으로 연구하고, 쓰고, 고민한 작업물인 논문이 출판 후 기껏 몇 년 동안만 읽힐 것이라고 결론을 내려야 할까? 그림 20.1은 1960~1970년에 《피지컬리뷰》에서 출판한 논문 200편을 무작위로 선정해 각 논문의 연간 피인용 수를 보여 준다. 여기에는 분명한 메시지가 있다. 개별 논문이 인용되는 패턴은 복잡하다. 논문들의 전체적인 피인용 수는 획일적인 급등-감퇴 패턴을 따를지 모르나, 개별 논문의 피인용 수는 시간에 대해 명백한 어떤 패턴을 따르지는 않아 보이고 오히려 놀라울 정도로 다양하다. 대부분의 연구는 출판 직후 빠르게 잊히는 반면에 몇 편의 논문은 특히나 수명이 길다. 이 다양한 궤적을 어떻게 이해할 수 있을까?

---

* 예술가 앤디 워홀이 1968년에 "미래에는 모든 사람이 15분 동안 세계적으로 유명해질 것"이라고 말한 개념을 가리킨다. 15분이라는 시간은 상징적인 단위로 잠시 또는 찰나를 의미한다.—옮긴이

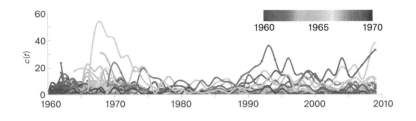

그림 20.1 개별 논문의 인용 이력. 1960년에서 1970년 사이에 《피지컬리뷰》에 출판된 논문 200편을 무작위로 골라, 각 논문이 출판 후 매년 얻은 피인용 수를 나타냈다. 선의 색깔은 출판 연도를 나타낸다. 파란색 논문은 1960년 즈음에 출판되었고, 붉은색 논문은 1970년 즈음에 출판되었다.[298]

　　모든 논문이 급등-감퇴 패턴을 따른다면, 어떤 논문이라도 첫 몇 년 후의 미래 영향력을 쉽게 예측할 수 있을 것이다. 그러나 개별 발견은 최종 영향력에 도달하기까지 상당히 다른 경로를 취하기 때문에, 논문의 미래 영향력을 추정하는 것은 불가능해 보인다. 게다가 많은 영향력 있는 발견들이 처음에는 과소평가되기로 악명이 높다는 점은 문제를 더 어렵게 만든다. 연구에 따르면 발견이 현재 패러다임에서 벗어날수록 학계가 인정하는 데 더 오랜 시간이 걸린다고 한다.[59] 실제로 연구의 본질적인 가치부터 발표된 시기, 출판 장소, 우연한 기회 등 새로운 발견이 받아들여지는 데 영향을 미치는 수많은 요소를 고려하면, 개별 논문의 피인용 수에서 규칙성을 찾기란 어려운 일이다.

　　그러나 이번 장에서 보이게 될 것처럼, 무작위성과 명백한 불규칙성 이면에는 몇 가지 놀라운 패턴이 자리 잡고 있다. 이러한 패턴들을 통해 개별 논문의 인용 동역학을 상당한 정도로 예측할 수 있다.

20.1 개별 논문의 인용 동역학

앞서 소개한, 논문의 영향력에 관여하는 메커니즘을 간략히 살펴보자.[298]

- 첫째는 **과학의 기하급수적 성장**(15장)이다. 논문이 새로운 인용을 얻으려면 새로운 논문이 반드시 출판되어야 한다. 따라서 이 새로운 논문들이 출판되는 속도가 기존 논문이 피인용 수를 누적하는 데 영향을 미친다.
- 둘째, **선호적 연결**에 따라 많이 인용된 논문은 더 눈에 띄므로 덜 인용된 논문보다 다시 인용될 가능성이 더 크다(17장).
- 셋째, **적합성**은 발견의 중요성과 참신하다고 여겨지는 정도 등을 반영해 논문들 사이의 본질적인 차이를 반영한다(17장).
- 마지막으로, **노화**는 새로운 아이디어가 어떻게 후속 연구와 통합되는지 보여 준다. 모든 논문의 인용 경향은 결국 로그 정규 생존 확률에 가깝게 사그라든다(19장).

이 요소들은 인용 패턴에 관해 무엇을 알려줄까? 이 특징을 수학적 모형으로 결합해 해석적으로 풀 수 있음이 밝혀졌다(부록 A2.4 참조). 그리하여 출판 후 t년이 지난 논문 i의 누적 피인용 수를 설명하는 공식은 다음과 같다.

$$c_i^t = m\left(e^{\lambda_i \varphi\left(\frac{\ln t - \mu_i}{\sigma_i}\right)} - 1\right)$$

(식 20.1)

여기에서 $\Phi(x) \equiv \frac{2}{\sqrt{\pi}} \int_{-\infty}^{x} e^{-\frac{y^2}{2}} dy$는 누적 정규분포로, m은 새로운 논문이 인용하는 참고문헌의 평균 숫자에 해당한다. 그림 20.2가 보여 주듯이, 식 20.1은 몇 가지 매개변수로 광범위한 인용 궤적을 설명한다.

　　식 20.1의 예측력은 놀랍다. 개별 논문의 인용 패턴이 노이즈가 많고 예측하기 어려워 보일 수 있지만(그림 20.1), 이들은 모두 같은 방정식을 따른다. 논문 간의 차이는 세 가지 핵심 매개변수 λ, μ, σ의 차이로 환원할 수 있다. 실제로 식 20.1은 다음과 같이 예측한다. 우리가 각 논문의 (λ_i, μ_i, σ_i) 변수를 알고 있고, $\tilde{t} \equiv (\ln t - \mu_i)/\sigma_i$와 $\tilde{c} = \ln\left(1 + \frac{c_i^t}{m}\right)/\lambda_i$에 따라 축을 재조정하면 각 논문의 피인용 수 이력은 보편적인 곡선을 따른다.

$$\tilde{c} = \Phi(\tilde{t})$$

(식 20.2)

즉, 모든 인용 이력은 보이는 것과는 다르게 하나의 공식으로 이해할 수 있다. 다음으로 실제 증거가 이 뜻밖의 예측을 뒷받침하는지 확인해 보자.

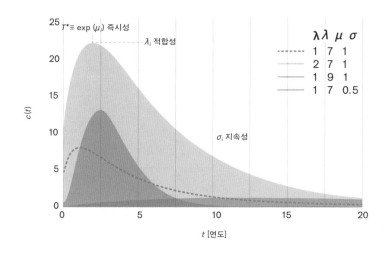

그림 20.2 식 20.1로 예측한 인용 패턴. 논문 *i*의 인용 이력은 세 가지 변수로 특정된다. (1) 상대적 적합성 λ_i는 다른 논문에 비해 인용을 끌어오는 논문의 능력을 반영한다. (2) 즉시성 μ_i는 논문이 얼마나 빠르게 학계의 주목을 받는지 반영하며, 논문이 피인용 수 정점에 도달하는 데 필요한 시간을 좌우한다. (3) 지속성 σ_i는 관심이 시간에 따라 얼마나 빠르게 감소하는지 반영한다.

20.2 놀랍게도 보편적인 인용 동역학

인용 이력이 명확하게 다른 논문 4편을 골라 보자(그림 20.3a). 식 20.1에 따르면, 각 논문의 인용 이력을 가장 잘 설명하는 매개변수 (λ_i, μ_i, σ_i)를 알고 식 20.2에 따라 축을 조정한다면 서로 다른 모든 곡선이 하나로 모인다. 그림 20.3b가 보여 주듯이, 정확히 그 일이 일어났다. 즉 다양한 인용 이력을 가진 논문을 특별히 선정했지만 그중 어느 것도 이 보편적인 패턴을 거스르지 않는 것으로 보인다. 그림 20.3c에서는 8,000개의 물리학 논문을 골랐지만, 사실 서

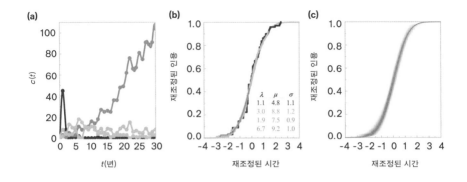

그림 20.3 인용 동역학의 보편성. (a) 1964년에 《피지컬리뷰》에 출판된 논문 네 편은 각각 고유한 인용 이력 패턴을 가진다. 남색은 '급증-감퇴' 패턴, 하늘색은 지연된 정점 패턴, 초록색은 시간이 지나도 계속 인용되는 패턴, 빨간색은 매년 증가하는 인용 패턴을 보인다. (b) 개별 논문의 피인용 수는 적합성 λ_i, 즉시성 μ_i, 지속성 σ_i의 세 가지 매개변수로 좌우된다. (a)의 적절한 (λ_i, μ_i, σ_i) 값에 따라 축을 조정하면, 네 논문의 인용 이력은 보편적인 단일 함수로 모인다.[298] (c) 1950~1980년에 《피지컬리뷰》에 출판되어 30년간 30회 이상 인용된 모든 논문 약 8,000편의 축을 재조정했다.[298]

로 다른 분야의 서로 다른 학술지에서 서로 다른 시기에 출판된 논문을 골라도 된다. 식 20.2에 따라 이 논문들은 같은 보편적 곡선으로 모여야 한다. 논문 표본이 커질수록 불규칙한 인용 이력을 가진 논문이 불가피하게 포함된다(상자 20.1 참조). 그러나 각 논문에 해당하는 변수를 결정하고 그에 맞춰 궤적의 축을 조절하면, 놀랍게도 논문들의 인용 이력은 대체로 식 20.2의 곡선을 따른다.

이처럼 인용 이력에서 관측된 모든 차이는 측정 가능한 세 가지 매개변수(적합성, 즉시성, 지속성)로 이해할 수 있다. 잡음이 많고 종잡을 수 없으며 셀 수 없이 많은 요소들이 영향을 미치는 시스템에서 놀라운 정도의 규칙성이 나타나는 것이다. 이 규칙성은 피인용 수가 논문의 중요성에 대한 과학계의 종합적인 의견을 반영하는, 종합적 측정값이라는 데에 기인한다. 따라서 개인의 행동은 논문이 성공할지 잊힐지에 그다지 영향을 미치지 않는다. 논문의 영향력을 형성하는 것은 수없이 많은 과학자의 집단적 행동이다. 집단으로서 학계의 인식은 상당히 재현 가능한 패턴을 따르며, 몇 가지 알아내기 쉬운 메커니즘으로 좌우된다.

이러한 보편성이 왜 그리도 중요한 것일까?

상자 20.1 잠자는 숲속의 미녀와 논문 생의 제2막

인용 패턴이 식 20.2의 전형적인 상승-하강 궤적에서 벗어나는 논문들이 있다. 이는 최소 두 가지 범주로 분류된다. 첫 번째로, 출판 후 몇 년이 지나도록 중요성이 인정되지 않는 '잠자는 숲속의 미녀' 논문이다.[346-348] 인용 지수를 소개한 가필드의 고전적인 논문이 좋은 예로(그림 20.4),[349] 1955년에 발표되었으나 인용 네트워크에 관한 관심이 증가한 덕분에 2000년 이후 '깨어났다.' 새로운 과학계가 독립적으로 발견했을 때 비로소 깨어나는 숲속의 미녀도 있다. 한 가지 예로 에르되시 팔과 알프레드 레니(Alfréd Rényi)가 1959년에 발표한 무작위 네트워크에 관한 수학 논문이 있다.[350] 이 논문의 영향력은 21세기 네트워크과학이 등장하면서 폭발적으로 증가했다(그림 20.4).

바딘, 쿠퍼, 슈리퍼(BCS)가 발표한 "초전도 이론" 논문[306]은 '제2막'의 예로,[272] 또 다른 형태의 이례적인 궤적이다(그림 20.4). 이 논문은 1957년에 출판된 후 빠르게 인기를 얻었고, 1972년에는 저자들에게 노벨상을 안겨주기까지 했다. 그러나 논문에 대한 열광은 이내 식어 1985년에 바닥을 친다. 그러나 1986년에 고온 초전도 현상이 발견됨에 따라 그들의 논문이 다시 유의미해지고, 논문은 생애에서 '제2막'을 경험했다.

이러한 이례적인 궤적이 특별히 드문 일은 아니다.[347] 실제로 여러 학문 분야에 걸쳐 있는 학술지에 발표된 논문 7% 이상이 잠자는 숲속의 미녀로 분류될 수 있다. 앞서 논의한 인용 모형을 두 번째 전성기를 포함하도록 확장하면 약 90%의 이례적인 경우를 예측할 수 있다.[348]

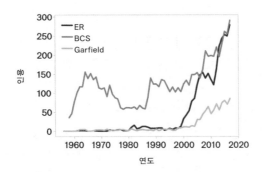

그림 20.4 이례적인 인용 이력. 피인용 수를 다룬 가필드의 논문은 '잠자는 미녀'의 전형적인 예시이다.[349] 마찬가지로 에르되시와 레니(ER)의 논문은 수학에서는 높은 평가를 받았지만 분야 밖에서의 영향력은 한정적이었다. 하지만 1999년 네트워크과학이 등장하면서 이 논문에 새롭고 다학제적인 관심이 집중되었고, 논문의 피인용 수가 폭발적으로 증가했다. 바딘, 쿠퍼, 슈리퍼의 초전도 논문은 고온 초전도 현상이 발견되었을 때 제2막을 경험했다.

20.3 최종 영향력

발견의 영향력이 가지는 변동성은 대단히 흥미롭지만, 많은 과학자는 최종 결과에 관심이 있다. 모든 것을 고려했을 때 논문의 최종 누적 영향력이 궁금한 것이다. 식 20.1은 이 누적 영향력을 계산하는 명쾌한 방법을 제시한다. 그 기한을 무한대로 설정하면 식 20.1은 어떤 논문이 평생 얻을 총 피인용 수, 즉 다음과 같은 **최종 영향력(c^∞)**을 나타낸다.

$$c_i^\infty = m\,(e^{\lambda_i}-1) \qquad\qquad\text{(식 20.3)}$$

시간에 따른 논문의 피인용 수를 설명하기 위해 세 가지 매개변수가 필요했다. 그러나 최종 영향력에 관해서라면 식 20.3에 따라 단 하나의 변수, 상대적 적합성 λ만 의미 있다. 얼마나 빠르게 논문이 관심을 얻기 시작하는지(즉시성 μ), 얼마나 빠르게 논문의 매력이 쇠퇴하는지(지속성 σ)는 중요하지 않다. 다른 논문과 비교한 상대적인 중요도, 즉 **상대적 적합성만으로 논문의 최종적인 영향력이 결정된다.**

이러한 이유로 논문이 어떤 학술지에서 발표되었는지 고려할 필요 없이 논문의 장기적인 영향력을 평가할 수 있다. 이를 설명하기 위해 매우 다른 학술지에 출판되었으나 비교할 만한 적합성이 $\lambda \approx 1$로 비슷한 논문들을 골라, 출판 후 20년 동안의 인용 이력을 따라가보자. 상당히 다른 독자층과 영향력을 가진 학술지에 출간되었음에도 이 논문들이 얻은 최종 피인용 수는 현저하게 유사했다(그림 20.5). 이

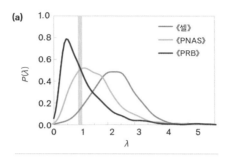

적합성이 같은 논문 추려내기

(a)

《셀》
《PNAS》
《PRB》

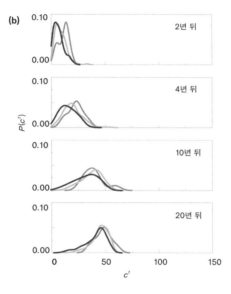

(b)

2년 뒤

4년 뒤

10년 뒤

20년 뒤

그림 20.5 최종적인 영향력. 독자층과 영향력이 다른 학술지 세 편을 골랐다. (1) 1992년에 영향력 지수(IF)가 약 3.26이었던 《피지컬리뷰B(PRB)》는 《피지컬리뷰》 학술지 중 가장 규모가 크며 물리학의 전문 영역을 다루고 있다. (2) 《국립과학원회보(PNAS)》(IF=10.48)는 과학의 모든 분야를 포괄하는, 영향력이 높은 다학제 학술지이다. (3) 《셀》(IF=33.62)은 선도적인 생물학 학술지이다. 학술지에서 발표된 각 논문에 대해 적합성 λ를 측정해 (a) 학술지별 고유의 적합성 분포를 구했다. 그 뒤에 각 학술지에서 출판된 논문 중 적합성 $\lambda \approx 1$을 가진 경우를 모두 추려내어 인용 이력을 살펴보았다. 예상한 바와 같이, 논문들의 특정 경로는 학술지의 명성에 달려 있었다. 초기에는 《셀》 논문이 약간 앞서 있고, 《PRB》 논문은 뒤에 남아, 2년 차에서 4년 차까지는($T=2\sim4$) 인용 분포가 구분된다. 그러나 20년이 지나면 이 논문들이 얻은 누적 피인용 수는 놀랍게도 수렴한다(b). 이는 정확히 식 20.3이 가리키는 바이다. 논문들의 λ가 비슷함을 고려하면, 이 논문들은 결국 모두 최종 영향력 $c^{\infty}=51.5$를 가져야 한다.[298]

는 정확히 식 20.3이 의미하는 바이다. 논문들의 적합성이 유사하다면, 궁극적으로는 같은 영향력 $c^\infty = 51.5$를 가져야 한다. 우리가 책을 표지로 판단하지 않는 것처럼, 논문을 학술지로 판단할 수는 없다. 《셀》은 《국립과학원회보》보다 더 탐나는 지면일 수 있지만, 논문의 적합성이 같으면 궁극적으로는 같은 피인용 수를 얻으리라고 예상할 수 있다.

20.4 미래 영향력

그림 20.6은 TV 뉴스에 자주 방송되는 전형적인 일기예보로, 카리브해에서 발생한 허리케인이 언제 테네시를 강타할지 예측한다. 자세한 예보는 주민과 응급 요원들이 계획적으로 식량을 비축하고 대피처를 찾는 데 도움이 된다.

과학자들은 어떻게 그런 예측을 할 수 있을까? 첫째, 과거 허리케인 궤적에 대한 방대한 양의 데이터 덕분에 이러한 궤적들의 특징적인 패턴과 이를 추동하는 물리적 요인을 상세하게 연구할 수 있었다. 이러한 정보를 바탕으로 허리케인이 어디로 향하는 경향이 있는지 알려 주는 예측모형을 만들었다. 논문의 영향력을 예측하는 데에도 같은 접근법을 사용할 수 있을까?

이번 장에서 소개한 모형을 각 논문의 미래 피인용 수를 예측하는 데 사용할 수 있는 것으로 밝혀졌다. 이를 위해 논문이 출판되고 T_{Train}년까지 논문의 인용 이력을 모형을 훈련하는 데 사용해 각 논문의 매개변수 $\lambda_i, \mu_i, \sigma_i$를 추정

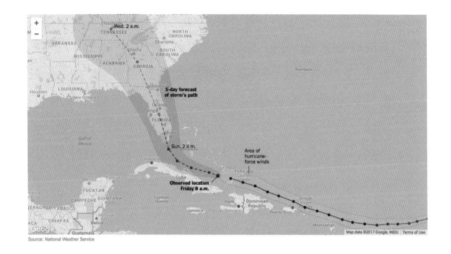

그림 20.6 허리케인 예보. 폭풍이 수천 마일 떨어져 있어도 테네시 주민들은 언제 어디서 폭풍이 들이닥칠지, 폭풍이 도착하면 어느 정도의 강도일지를 미리 잘 알고 있다. 과학에서도 유사한 예측 도구를 개발할 수 있을까?

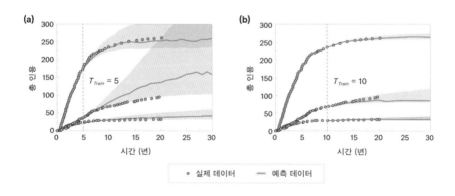

그림 20.7 미래 인용을 예측하기. 논문의 인용 이력에서 모형의 매개변수를 익히도록 피인용 수 모형을 조정하면, 모든 논문에 대해 미래 피인용 수를 예측할 수 있다. 허리케인의 예시에서 본 것과 같이 매개변수들을 추정하는 불확실성은 가장 가능성이 큰 궤적을 감싸는 예측의 불확실성으로 변환된다. 더 많은 인용 기록을 관찰할수록 불확실 영역은 줄어들어, 더 정확하게 논문의 인용 이력을 압축할 수 있다.[298]

했다. 5년의 훈련 기간으로 세 논문의 차후 인용 궤적을 예측하는 과정을 그림 20.7a에 나타냈다. 그림에서 빨간 선은 가장 가능성이 큰 인용 궤적이고, 음영 영역은 예측이 불확실한 영역이다. 우리의 예측을 실제 인용 이력과 비교했을 때 세 논문 중 2편이 불확실성 영역 안에 떨어짐을 확인했다. 세 번째 논문의 경우에는 미래 인용이 과대평가되었다. 그러나 훈련 기간을 더 길게 잡으면 문제는 개선된다. 훈련 기간을 5년에서 10년으로 늘리면 예측의 불확실성이 줄어들고(그림 20.7b) 모형의 예측 정확도가 향상된다. 이제 세 번째 논문의 궤적은 예측 영역 안에 잘 들어오고, 다른 두 논문의 예상 경로는 실제 인용 궤적과 훨씬 더 가까워졌다. 이번 장에서 논의한 모형은 피인용 수에 영향을 미친다고 알려진 메커니즘을 통합하는 최소한의 모형이라는 점에 주목하자. 그림 20.7의 예시는 초기 시도이며, 더 정교한 모형에서 예측 정확도와 엄밀함이 더욱 향상될 것이다.

요약하자면 논문들은 각각의 최종적인 영향력을 달성하기까지 상당히 다른 경로를 따른다. 그러나 이번 장에서 보았듯이, 인용 동역학의 다양성은 놀라운 수준의 규칙성을 숨기고 있다. 실제로 인용 이력은 간단한 모형으로 정확하게 포착할 수 있으며, 이 모형에는 적합성, 즉시성, 지속성이라는 세 개의 매개변수만 사용된다. 논문의 인용 이력을 특정하는 이 변수들을 식별하고 나면, 논문이 언제 얼마만큼의 피인용 수를 누적할지 추정할 수 있다.

인용 수 증가의 특정한 패턴을 포착하는 데는 세 매개변수가 필요하지만, 논문의 궁극적인 영향력, 즉 논문이 평생 누적할 총 피인용 수를 예측하는 데는 적합성이라는 단 하나의 변수만이 중요하다. 앞서 보았듯 적합성이 같은 논문들은 어디에 발표되는지에 관계없이 장기적으로는 같은 피인용 수를 획득하는 경향이 있다. 예측력이 부족한 영향력 지수와 단기 피인용 수와는 다르게, 최종 영향력은 논문을 발표하는 학술지와는 무관한, 논문의 장기적인 영향력에 대한 척도를 제공한다.

　모형의 예측 정확도는 흥미로운 질문을 제기한다. 논문의 영향력을 예측하는 행위가 논문의 성공, 나아가 과학적 담론 전체를 바꿀 수 있을까?[351] 그렇게 생각할 만한 이유가 있다. 아이디어의 미래 영향력이 어떨지 예측하는 일이 계속 널리 일어난다면, 필연적으로 아이디어가 수용되는 속도가 빨라지고, 긍정적인 예측을 받지 못한 아이디어는 관심이나 자원을 받을 자격이 없다고 여겨져 불리할 수 있다. 이처럼 논문의 평판을 예측하는 일은 자기 실현적 예언처럼 작용해 이른 시기에 가치 있는 아이디어를 중단시킬 수 있다. 그러나 논문의 미래 영향력을 잘 예측하면, 논문 발표 후 학계가 수용하기까지의 시간을 줄여 논문의 생애 주기를 가속하는 긍정적 측면도 있다.

4부. 전망

1~3부에서는 지난 수십 년간 과학의 과학이 현재까지 제공한 개략적인 지식 체계를 살펴보는 것을 목표로 했다. 그럼에도 이 주제의 넓은 범위를 충분히 다루지 못했다. 4부에서는 공동체에서 주목을 받기 시작한 몇몇 분야를 논의하면서, 떠오르는 선구적 주제들과 다가오는 미래에 새로운 전망을 내놓을 주제들을 살펴보겠다. 1~3부에서 취했던 접근법과 다르게 4부에서는 포괄적인 이해를 제공하는 것을 목표로 하지 않는다. 오히려 기존 연구에서 제기한 몇 가지 흥미로운 문제들을 소개하고, 대표적인 예를 보여 주면서 새로운 기회를 제시하고, 그 기회들이 어디로 이어질지 생각해 본다.

과학을 하는 방식에 대한 이해가 실제 과학이 수행되는 방식(어떻게 지식이 발견되고, 가정이 세워지며, 실험에 우선순위가 매겨지는지)을 어떻게 변화시키는지 살펴볼 것이다. 그리고 이러한 변화가 과학자 개인에게 어떤 의미인지를 알아보자. 다가오는 인공지능의 시대가 과학에 어떻게 영향을 주는지, 인간과 기계가 협업해 인간이나 기계 혼자서는 이룰 수 없는 빠르고 효과적인 성과를 어떻게 얻을 수 있는지도 고민해 볼 것이다. 또한, 과학의 과학이 잠재적인 편견을 교정하려는 현재의 시도를 넘어 어떻게 더 나아갈 수 있을지, 실행 가능한 정책 적용을 통해 어떻게 인과적인 통찰을 얻어 낼 수 있을지 등을 살펴보자.

21장. 과학은 가속할 수 있는가

18세기 중반, 증기기관은 일상생활의 거의 모든 측면에 영향을 끼쳤다. 힘과 번영으로 가는 새로운 길이 열려 국가는 이익을 얻었고, 산업혁명이 급격하게 시작되었다. 증기기관은 한 형태의 에너지(열)가 다른 형태(움직임)로 변환될 수 있다는 반직관적이지만 심오한 아이디어에서부터 시작했다. 누군가는 증기기관을 과학에서 가장 혁신적인 아이디어 중 하나로 생각하고, 가장 과소평가된 기술이라고 주장하기도 한다.[352] 물을 끓이는 데 불을 사용하는 방법을 알게 된 이후로, 물이 펄펄 끓을 때 주전자 뚜껑이 진동하면서 만드는 거슬리는 소리는 누구에게나 익숙해졌다. 수백만 명의 앞에서 꾸준히 열은 움직임으로 변화되었지만, 수 세기 동안 아무도 이 과정의 실제적인 활용에 대해 생각하지 못했다.

증기기관 같은 혁신적인 아이디어가 코끝을 맴도는 것과 같은 가능성은 과학의 과학에서 가장 생산적인 미래를 보여 준다. 지식에 대한 지식이 질과 양 측면에서 성장해 나간다면, 이 지식으로 연구자들과 정책 결정자들이 분야를 재형성하도록 할 수 있을까? "재정의가 필요한 영역을 판별하고, 이전에 확실했던 것들에 다시 가중치를 부여하며, 이미 밝혀진 가정, 경험, 분과의 경계를 가로지르는 새로운 길을 알려 줄 수 있을까?"353

수십 년간 기계는 과학의 진보를 보조했다. 이들은 다음 단계로 넘어가 전망 있는 새로운 발견과 기술을 자동으로 분별하도록 도와줄 수 있을까? 그럴 수 있다면 과학의 진보는 급격히 가속할 것이다. 실제로 과학자들은 약물과 유전자 서열을 가려내는 데 로봇 기반 실험 기기를 활용해 보고 있다. 하지만 여전히 인간이 가정을 세우고, 실험을 설계하며, 결과 도출에 책임을 진다. 기계가 인간의 개입 없이 가설 수립, 실험 설계와 수행, 데이터 분석, 후속 실험 결정 등 과학의 **모든** 과정에 책임을 진다면 어떻게 될까? 미래적인 SF 소설에서 온 이야기처럼 들릴지 모르지만, SF 소설 같은 일들이 이미 벌어지고 있다. 실제로 약 10년 전인 2009년, 실질적인 인간의 지적 개입 없이 로봇으로 이루어진 시스템이 새로운 과학적 발견을 이룬 적이 있다.354

21.1 로봇 과학자 애덤

그림 21.1은 믿음직스러운 로봇 과학자 '애덤(Adam)'을 보여 준다. 애덤의 주 활동 무대는 더 복잡한 생명 시스템의 모형으로 사용되곤 했던 유기체인 빵의 효모였다. 효모가 유기체 중 가장 많이 연구되기는 했지만, 6000여 개에 달하는 유전자 중 10~15%의 기능은 여전히 알려지지 않았다. 애덤의 임무는 이 알려지지 않은 유전자 중 일부의 역할을 밝혀내는 것이었다. 애덤은 효모의 신진대사에 관한 모형과 다른 종의 신진대사에 필수적인 단백질과 유전자 데이터베이스로 무장했다. 그다음 임무를 시작했을 때 감독 과학자의 역할은 주기적으로 실험실의 소모품을 추가하거나 쓰레기를 비우는 정도였다.

애덤은 어느 부모 유전자와도 연결되지 않은 '외톨이(orphan)' 효소를 발견해 대사 모형의 부족한 부분을 찾고자 했다. 찾고자 하는 외톨이를 선택한 다음, 애덤은 데이터베이스에서 다른 유기체에 존재하는 그와 유사한 효소와 그에 해당하는 유전자를 샅샅이 뒤졌다. 이 정보를 활용해 애덤은 효모에 있는 유사한 유전자가 외톨이 효소를 암호화한다고 가정했고, 이 가정을 검증하기 시작했다.

애덤은 이를 위해 아주 간단한 작업을 수행했다. 먼저 특정된 효모 품종을 냉동고에 보관된 목록에서 선택하고, 이 품종을 풍부한 배양액이 있는 우물 모양의 미량정량판(microtiter plate)에 접종한 다음 그들의 성장 곡선을 측정하고, 개별 우물에서 세포를 얻어 이 세포들을 정해진 배

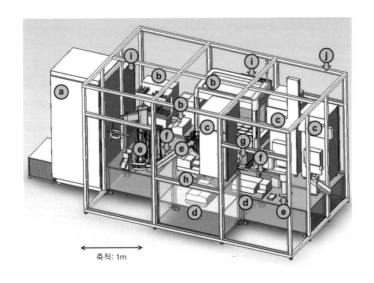

그림 21.1 로봇 과학자 애덤. 애덤은 가설을 검증하고 복잡한 내부적 순환을 활용하는 실험을 위해 개별적으로 설계된 다른 복잡한 실험실 시스템과는 다르다. 애덤은 다음의 구성 요소로 이루어진다. (a) 자동화된 섭씨 20도 냉각기. (b) 액체 처리기 3개. (c) 자동화된 섭씨 30도 인큐베이터 3개. (d) 자동화된 플레이트 리더기 2개. (e) 로봇 팔 3개. (f) 자동화된 플레이트 슬라이드 2개. (g) 자동화된 플레이트 원심 분리기 1개. (h) 자동화된 플레이트 세척기. (i) 고효율의 미립자 공기필터 2개. (j) 단단하고 투명한 플라스틱 가림막. 여기에 더해, 바코드 리더기 2개, 카메라 7개, 환경 센서 20개, 개인용 컴퓨터 4대와 소프트웨어를 사용하여 매일 1,000개 이상의 새로운 변종과 정의된 증식 배지 실험을 설계하고 수행할 수 있다.[354]

양액이 들어 있는 우물 모양 실험 장비에 다시 접종한 다음, 그 특정한 배양액에서의 성장 곡선을 다시 측정한다. 이 작업은 실험실 보조원이 수행하는 과제들과 아주 유사하지만, 로봇에 의해 자동으로 수행된다.

애덤은 좋은 연구실 보조원이지만 이 장비가 진정으로 특별한 이유는 애덤이 과학자처럼 '과정을 마무리'할 수 있다는 점이다. 데이터를 분석하고 뒤따르는 실험들을 수행한 후, 애덤은 수천 개의 **새로운** 실험을 설계하고 시작한다. 애덤은 모든 것을 검토한 후 13개의 서로 다른 외톨이 효소를 암호화하는 데 관여하는 유전자와 관련한 20개의 가설을 체계화하고 검증했다. 이 가설들에 대한 실험적 증거의 신빙성은 각기 다르지만, 애덤의 실험은 12개의 새로운 가설을 확인했다.

애덤의 발견을 검증하기 위해 연구자들은 탐구 대상인 20개 유전자에 대한 과학 문헌을 평가했다. 그들은 애덤의 12개 가정 중 6개를 지지하는 강력한 실험적 증거를 발견했다. 다시 말해, 애덤의 12개 발견 중 6개는 이미 문헌에서 보고된 바 있으므로 기술적으로 새로운 것은 아니었다. 하지만 애덤이 가진 생물정보학 데이터베이스가 완전하지 않았기 때문에 애덤에게는 새로운 발견이었다. 따라서, 애덤은 6개의 가설이 이미 다른 문헌에서 확인된 것을 알지 못했다. 즉 이 여섯 가지 발견을 독립적으로 찾아낸 것이다.

가장 중요한 것은 애덤이 외톨이 효소를 암호화하는 데 참여하는 3개의 유전자를 발견했다는 것이다. 이것은 기존 문헌에는 없던 새로운 지식이었다. 연구자들이 직접 실험을 수행했을 때에도 애덤의 발견을 확인할 수 있었다. 이 결과의 함의는 아주 놀랍다. **기계가 혼자 움직여 새로운 과학적 지식을 만들어 낸 것이다.**

애덤에 대해 정당한 비판을 제기할 수 있다. 특히, 애덤의 발견이 갖는 새로움에 관해서 말이다. 애덤이 '발견한' 과학 지식이 뻔한 것은 아니었지만, 정립된 문제에 이미 내재한 것이었다. 논란의 여지는 있겠지만 그 발견의 참신함은 최대한 높게 평가한다고 해도 중간 정도일 것이다. 하지만 애덤의 진정한 가치는 그가 **오늘날** 무엇을 할 수 있는가가 아니라 그가 **앞으로** 무엇을 성취할 수 있을 것인가에 있다.

'과학자'로서 애덤은 몇 가지 눈에 띄는 이점을 갖고 있다. 먼저, 애덤은 잠들지 않는다. 콘센트에서 전원이 뽑히지 않는 이상, 그는 지치지 않고 끈질기게 부릉거리며 새로운 지식을 찾아낼 것이다. 다음으로, 이런 종류의 '과학자'는 쉽게 여러 복제품으로 복제되어 확장될 수 있다. 세 번째, 소프트웨어와 하드웨어를 모두 포함해 애덤을 움직이는 엔진은 해마다 효율이 2배씩 증가한다. 하지만 인간의 뇌는 그렇지 못하다.

애덤은 아직 시작 단계에 있다. 컴퓨터는 과학자들이 데이터를 저장하고, 다루고, 분석하는 일을 돕는 데 이미 핵심적인 역할을 하고 있다. 하지만 애덤의 것과 같은 새로운 능력 덕에, 그저 분석 도구이던 컴퓨터는 가설을 정립하는 일까지 맡게 될 것이다.[355] 강력해진 계산 장비는 자동으로 고용량의 가설을 생성하고, 고성능의 실험을 지도하는 등 과학 지식 생성에 점점 더 중요한 역할을 하게 될 듯하다. 이런 실험들은 생의학부터 화학과 물리, 심지어 사회과학에 이르는 넓은 영역을 발전시키리라 본다.[355] 실제로 계산 장비들은 기존의 지식에서 새로운 개념과 관계성을 효율적으로 결합해 내기 때문에 이 장비들을 통해 새로운 가설을 세우고, 새로운 결론을 유도해 유용하게 기존 지식의 범위를 확장할 수 있다.[355]

이러한 진보는 중요한 질문을 던진다. 더 효과적으로

과학을 진보시키는 가장 생산적인 가설을 어떻게 세울 수 있을까?

21.2 실험의 미래

새롭고 생산적인 가설을 발견하는 능력을 향상하려면, 어떻게 과학자들이 최전선에 있는 지식을 탐구하고 어떤 종류의 탐색과 개발을 해 나가는지 이해하는 것이 가장 효과적일 것이다. 실제로, 단순히 개념과 그들 사이의 관계를 확장하기만 하면 질 낮은 가설들만 많아진다. 그보다는 판별해야 한다. 귀중한 발견에 도달하는 방법의 한 가지 예가 스완슨 가설(Swanson hypothesis)이다.[356] 스완슨은 개념 A와 B가 같은 문헌에서 다뤄졌고, B와 C가 또 다른 문헌에서 함께 탐구되었다면 A와 C의 관계를 탐구할 가치가 있다고 가정했다. 이 접근법을 통해 스완슨은 생선 기름이 레이노 증후군(Raynaud's blood disorder)을 완화한다는 가설과 마그네슘 부족이 편두통과 연관된다는 가설을 세웠고, 두 가지 모두 나중에 검증되었다.[356]

　　방대한 과학 문서의 단어 자료와 실험 결과 데이터베이스에 계산 도구를 적용하고자 하는 최근의 시도들로 선구적 지식의 동역학을 추적하는 능력이 개선되었다.[319, 357] 한 연구는 1983~2008년 출판된 수백만 개의 생의학 논문 초록을 분석해 한 논문에서 함께 연구된 화학 물질을 판별했고, 다양한 과학적 요인 사이의 연결을 통해 구체적인 연

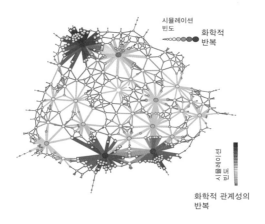

시뮬레이션
빈도

화학적
반복

시뮬레이션

화학적 관계성의
반복

그림 21.2 협력적 발견을 가속화하기 위한 실험 선택. 실제 진행되는 것으로 추정되는 탐색 과정을 가상의 화학물질 관계 그래프로 표현했다. 개별 노드는 화학 물질이고 링크는 한 논문에서 함께 고려된 화학물질의 쌍으로, 출판될 만한 화학적 관계를 나타낸다. 이 그래프는 탐색 전략을 500회 시뮬레이션해 평균을 구한 결과이다. 대부분이 몇 안 되는 '중요하고' 연결성 높은 화학물질을 탐색하는 경향이 있지만, 최적화된 전략은 더 고르게 퍼져 있고, 과학적인 가능성의 공간을 탐색할 때 '군중을 따르는' 경향성이 낮으리라고 추산된다.[357]

구 문제를 찾았으며, 그들을 지식 그래프로 구성했다.[357] 이 그래프를 통해 새로운 화학적 관계를 탐구하려는 과학자들이 활용하는 일반적인 전략을 추론할 수 있다.

한 예로, 그림 21.2는 과학자들이 **장래성 있는** 화학 물질의 이웃을 탐구하는 경향이 있음을 보여 준다. 이는 '밀집된 개척지(crowded frontier)' 그림을 떠올리게 한다.[358] 다수의 연구자는 아직 미지의 영역을 광범위하게 탐구하기보다, 발견의 영역 바로 옆에 있는 혼잡한 이웃을 연구하는 데 집중하고 있다.

이 장래성 있는 화학 물질이 더 많은 연구를 가능하게

할지 몰라도, 이 예시에 따르면 지식의 지도를 탐구하는 더 최적화된 방법이 있을 수 있다. 모형의 예측에 따르면, 그래프의 **50%**를 발견하는 데 있어 모든 링크를 동일 확률로 탐색하는 무작위 전략보다 최적화된 전략이 약 **10배** 이상 효과적이다. 과학의 진화 방식을 이해하면 분야의 성장이 빨라지고, 최적의 후속 실험을 전략적으로 선택할 수 있다.

21.3 새로운 도전들

'비어 있는 공간(white spaces)'은 기회와 위험을 동시에 제공한다. 물론 새로운 연결을 탐구하면 아직 손길이 닿지 않은 잠재성을 발견할 수도 있다. 반면 그 밑바탕에 깔린 위험은 '서랍 문제(file-drawer problem)'라 부를 수 있다. 이는 과학자들이 긍정적인 결과[8, 359] 혹은 분야의 기준을 넘는 결과(즉, $p<0.05$)만 출판하고자 하기 때문에 어떤 결과는 절대로 출판되지 못하는 현상을 말한다.[360, 361] 이 때문에 이전 세대의 과학자가 이미 문헌 간의 견해 차이를 탐구했지만, 해석할 만한 결과를 찾지 못해 보고하지 못했을 수 있다.[353]

과학 진보를 가속하고 싶다면, 이 부정적인 결과들도 활용할 수 있다. 이 결과들을 버리는 대신 보존하고, 공유하고, 축적하며, 분석하는 것이다. 이를 통해 지식 지형에 덜 편향적으로 접근하고 실패한 결과로부터 거리를 둘 수 있다. 나아가 실패한 결과의 맥락에서 성공적인 발견을 바라보면 긍정적인 결과들에 대한 신뢰도가 높아져 발견의 재현성을 향상할 수 있다. 임상 실험에서는 이런 과정이 이미 시도되고 있고, 그 결과와 상관없이 웹사이트*에 보고된다. 실제로 실패한 임상 실험이 공공의 건강에 핵심적으로 중요한 역할을 하므로, 생화학 학술지들은 연구자들에게 임상 실험의 초기 1단계를 등록하도록 요구하고 있다. 임상 1단계의 결과가 긍정적이든 부정적이든, 이것이 우선 보고되지 않으면 3단계의 발견도 출판하지 않기로 모든 최상위 학술지가 동의했다.[362]

2019년 이후 과학의 다른 분야들도 이러한 방향으로 변화하고 있다는 긍정적인 지표가 나타나고 있다. 과학자가 데이터를 획득하기 전 연구 계획을 미리 구체화하도록 장려하는 '사전등록 혁명(preregistration revolution)'이 그 예다.[363] 심리학에서 먼저 시작했고, 다른 분야에서도 이를 수용하기 시작했다. 학술지와 기금 지원 기관이 올바르게 간섭한다면, 사전 등록된 연구는 예외가 아닌 일반적인 규칙이 될 것이다.

지식 지형을 탐색하는 방식을 최적화하려는 시도에는 두 번째 도전 과제가 있다. 개인이 위험을 감수하도록 장려하는 보상 구조를 설계하는 것이다. 과학자 전체는 알려지지 않은 공간을 탐구하려는 목적을 전반적으로 공유하지만, 개별 과학자의 목적은 과학계 전체의 최적화에만 있지 않을 수 있다. 과학사회학자들에게는 연구자의 선택

* https://clinicaltrials.gov

이 생산적인 전통과 위험한 혁신 사이의 '필수적인 긴장 (essential tension)'으로 인해 형성된다는 오래된 가설이 있다.[364, 365] 전통적 연구를 고수하는 과학자들은 집중하고 있는 연구 주제를 발전시키는 논문을 꾸준히 출판해 분야에 이바지하기 때문에 아주 생산적으로 보인다. 그러나 한 주제에만 집착하면 새로운 아이디어를 포착하거나 구상할 기회가 줄어든다. 혁신적인 출판물은 전형적인 출판물보다 영향력이 클 가능성이 있지만, 잠재적 보상 때문에 아예 출판하지 못하는 위험을 감수하기는 쉽지 않다. 고위험의 혁신 전략을 찾기 어려운 이유다.[353]

과학적 수상과 포상을 통해 혁신적인 연구에 필요한 위험 감수를 북돋고 이를 장려할 방법을 제공할 수 있다. 자금 지원 기관도 도움이 될 수 있다. 탐구된 적 없는 가설을 다루는 위험성 있는 프로젝트를 적극적으로 지원한다면, 더 많은 과학자가 기존의 낡은 연구 경로에서 벗어나 모험을 떠나는 것을 볼 수 있을 것이다. 하지만 이를 실제로 해내는 것은 말만큼 쉽지 않다. 미국에서 생의학 분야의 연구 기금 할당 정도를 주제와 분과에 따라 측정해 보았는데, 질병의 심각성 정도로 정의되는 실제 필요보다 이전에 자금 지원을 받은 이력이 더 중요하다는 사실을 확인했다.[366] 예를 들어, 미국에서 유전자 변형은 질병의 원인 중 15~30%만 설명할 수 있음에도 불구하고, 생의학 연구 기금의 55%가 유전적 접근에 사용되고 있었다.[367] 전체 인구의 상당수가 겪고 있는 당뇨나 심장병은 환경적 요인이나 식이 문제가 더 중요한 원인이지만 그쪽에는 훨씬 적은 연구 기금이 사용되고 있었던 것이다.[367] 이러한 발견에 따르면 미국의 건강 연구 수요와 연구 투자에 구조적인 불일치가 있다. 과연 어떤 연구 기금 지원 기관(대부분 이미 잘 정립된 체계에 속한 과학자들이 운영하고 있다)이 불공평한 선택, 보상, 피드백 없이 과학의 진보에 성공적으로 영향을 줄 수 있을까?

월가에서는 개별 주식이 아닌 포트폴리오에 투자하는 식으로 위험을 관리하는데, 과학자들도 이 방식을 참고할 수 있다. 어떤 실험이 성공하고 실패할지 아무도 예측할 수 없으므로, 실험의 포트폴리오에 위험을 분산시켜야 한다. 그러면 개인적인 연구 노력과 개별 과학자의 압박감도 어느 정도 벗어 낼 수 있을 것이다. 예컨대 정책 입안자들은 벨 연구소처럼 개인이 아닌 그룹을 평가해, 지성적으로 위험을 관리하는 기관을 설계할 수도 있다. 하워드휴즈의학연구소처럼 장래성 있는 프로젝트 대신 장래성 있는 인물을 지원할 수도 있다. 올바른 보상과 기관이 있다면 연구자들은 자신에게 이익이 될 뿐 아니라, 과학과 사회에도 이득이 되는 실험을 선택할 수 있을 것이다.[357]

*

물론 이런 비전을 실현하려면 많은 어려움이 따를 것이다. 하지만 이를 실현했을 때 이득은 상당히 크리라 본다. 지난 25년간 가장 혁신적인 약물의 80%는 기초적인 과학적 발견에 기원을 뒀다.[368] 놀라운 것은, 결과물로 만들어진 약물들이 FDA 승인을 받았을 때로부터 평균 31년 전에 원본 연구가 출판되었다는 것이다. 원본 연구와 FDA 승인 사이에 자리한 수십 년이라는 긴 시간은 어떻게 '과학의 과학'이 과학의 실행과 정책을 변혁하는 데 핵심적인 역할을 할 수 있을지 강조한다. 새로운 발견이 새로운 약물으로 이어지리라는 것을 그 발견의 출판 시점에 바로 알 수 있다면 어떨까? 새로운 기술과 응용에 도달하는 데 걸리는 경로를 단축할 수 있다면 어떨까?

다음 장에서 논의하겠지만 인공지능의 출현으로 인해 이 목표 중 몇 가지는 실현 불가능한 일이 아니다. 도래한 발전들이 과학을 한다는 의미 자체를 바꿀지도 모른다.

22장. 인공지능

"무슨 일이 일어난 거지?"

2018년 12월 2일, CASP(Critical Assessment of Structure Prediction) 학술대회장의 복도에 떠도는 감탄사들은 당혹스러움으로 가득했다. CASP는 생명을 유지하는 데 필수적인 크고 복잡한 분자, 단백질의 3차원 구조를 예측하기 위해 2년마다 열리는 대회이다. 단백질의 모양을 예측하는 것은 세포 내에서 단백질의 역할을 이해하는 데 핵심적일 뿐만 아니라, 알츠하이머병, 파킨슨병, 헌팅턴병, 낭포성 섬유증 등 잘못 접힌 단백질로 인한 질병을 진단하고 치료하는 데도 중요하다.[369] 하지만 단백질이 어떻게 아미노산으로 이루어신 긴 체인을 작고 꽉 찬 3차원 모형으로 접는지는 생물학에서 풀리지 않은 가장 중요한 문제 중 하나이다.

1994년에 설립된 이후로 CASP는 단백질 접힘 분야의 켄터키 더비[*]로 여겨졌다. 2년마다 선도 그룹들은 가장 우수한 방법들의 '경마' 대회를 소집해 전 분야에 새로운 기준을 세운다. 그 후 연구자들은 다시 연구실로 돌아가 다른 사람들의 방법을 공부하고, 다음에 다시 모여 경주할 때까지 2년 동안 그들만의 접근법을 정교화하고 발전시키는 것이다.

2018년의 대회에는 두 가지 특이한 점이 있었다. 첫 번째, 행사 조직자의 말을 빌리면 "단백질 구조를 예측하는 데 전례 없던 계산적 방법 능력의 발전"이 있었다. 이 진보에 대해 말하자면, 거의 두 번의 대회에 맞먹는 가치의 진보가 한 번에 이루어졌다고 할 수 있다. 두 번째, 이 거대한 발전은 이 분야의 과학자가 이룬 것이 아니었다. 우승한 팀은 이 커뮤니티에서 완전히 낯선 외부인이었다.

2018년도 CASP 대회에서 일어난 일은 지난 수년 동안 인공지능(artificial intelligence, AI)이 다양한 분야에서 체계적으로 인간 전문가를 능가한 많은 사례 중 하나에 불과했다. 이러한 발전들로 인해 현재 진행 중인 AI 혁명이 거의 모든 직업군을 변화시키면서 거대한 사회·경제적 기회와 그만큼 많은 도전을 낳을 것이라는 인식이 널리 퍼졌다.[370] AI가 사람을 능가하고, 심지어 인간 의사, 운전자, 군인, 은행원을 **대체할** 순간을 사회가 예비하고 있는 것처럼, AI가 과학에 어떤 영향을 줄지, 그리고 과학자들에게 있어 이러한 변화는 어떤 의미를 가질지도 물어봐야만 한다.

---

[*] 미국의 켄터키에서 열리는 세계적인 경마 대회.—옮긴이

22.1 AI가 불러오는 새로운 물결

현재 AI 혁명의 배경이 된 기술은 **딥 러닝(deep learning)**으로, 좀 더 구체적으로는 심층 신경망(deep neural network)이라 불린다. 이 분야를 '인공지능'이라 불러야 할지 '머신러닝(machine learning)'이라 할지 등 AI 전문가들이 아직 합의에 이르지 못한 것들이 많지만, 학계 안팎에서 합의에 이른 것 중 하나는 이 분야가 다음 세대를 이끌 중요한 기술이라는 것이다.

딥 러닝의 특성은 **실제로** 작동한다는 점이다. 2012년 이래로 이 기술은 몇몇 분야에서 따라가기 버거울 정도로 기존 머신러닝 기술을 능가했다. 이러한 진보 때문에 전형적인 컴퓨터과학 분야에 속하는 이미지[371-374]와 음성 인식,[375-377] 질의응답,[378] 언어 번역[379, 380] 분야가 완전히 변화했다. 하지만 심층 신경망은 약물 기작 예측,[381] 입자가속기 데이터 분석,[382, 383] 두뇌 회로 재구성,[384] 유전자 돌연변이와 표현 예측[385, 386] 등 멀리 떨어진 분야들의 기록도 갈아 치우고 있다.

더 중요한 것은 이러한 성능 진보의 상당수가 점진적이기보다 급진적이라는 점이다. 2012년에 딥 러닝이 이미지 속 사물을 인식하는 최고의 연간 대회인 이미지넷대회(ImageNet Challenge)에 처음으로 출전했는데, 당시의 최신 오차율을 거의 **절반으로** 줄였다. 그 이후로 딥 러닝 알고리듬은 빠른 속도로 인간 수준의 성능에 다가갔다. 심지어 바둑이나 쇼기(일본의 장기) 같은 전략 게임이나 다수의 플레이어가 참여해 협력해야만 하는 비디오 게임, 혹은 속임수가 필요한 텍사스 홀덤* 등 몇몇 경우에 딥 러닝 알고리즘은 인간 전문가의 성능을 능가하기도 한다. 딥 러닝은 2018년 CASP 대회에서 인간을 넘어서는 성능으로 기나긴 이력서에 하나의 수상 이력을 더 추가했다. 딥 러닝이 모든 **과학자**보다 단백질의 3차원 구조를 더 잘 예측한 것이다.

간략하게 설명하면 AI는 데이터에 분명히 나타나 있지는 않은 숨겨져 있거나 확률적으로 있을 법한 패턴과 구조를 찾을 수 있다. 인간에게는 찾기 쉬운 패턴인데(그림에서 고양이가 어디에 있는지 등), 전통적으로 컴퓨터에게는 어려운 일이었다. 정확히 말하자면 인간이 이러한 과제를 컴퓨터에 전달하는 것이 어려웠다. AI를 통해 기계들은 이러한 과제를 본인 스스로에 부여하는 특이한 방식을 개발한 것이다.

비록 AI가 모든 곳에서 등장하고 있기는 하지만, 최근의 주요한 발전은 모두 하나의 방식에 의존한다. 바로 지도 학습(supervised learning)이다. 지도 학습은 알고리즘에 두 가지 종류의 정보만 제공하는데, 대량의 입력 혹은 '학습 데이터', 그리고 입력을 정렬하는 데 사용되는 명확한 정보(이름표)이다. 예를 들어 스팸 이메일을 분류하는 것이 목표라면, 알고리즘에 수백만 개의 이메일과 어떤 것이 스팸이고 어떤 것이 스팸이 아닌지 정보를 함께 제공하면 된다. 그

---

* 대표적인 카드 포커 게임.—옮긴이

러면 알고리듬은 데이터를 전체적으로 꼼꼼히 살펴보면서 어떤 종류의 이메일이 스팸인지 결정한다. 그리고 새로운 이메일이 도착하면 이전까지 확인한 데이터에 기반해 그 메일이 '스팸 같은지'를 알려 준다.

딥 러닝의 마술은 인간의 개입 없이 데이터를 표현하는 최고의 방법을 알아내는 능력이다. 이는 알고리듬이 가진 많은 중간 레이어에 의해 이루어진다. 개별 레이어는 주어진 이름표에 기반해 데이터를 표현하고 변환하는 방법을 제공한다. 그 시스템에 충분한 레이어가 있다면 데이터에 숨겨진 복잡한 구조 혹은 패턴도 잘 판별해 낼 수 있다. 더 놀라운 것은 알고리듬이 이러한 패턴을 스스로 찾아낸다는 것이다. 심층 신경망의 서로 다른 레이어는 수백만 개의 조절 스위치를 미세하게 조정하면서 얻는 유연성과 같다. 시스템에 **충분한 양의 데이터**와 **분명한 방향**이 주어지기만 한다면, 알고리듬이 모든 조절 손잡이를 자동으로 조절해 이 데이터를 표현하는 최고의 방법을 찾아낼 것이다.

지금의 AI는 무엇이 다른가? 20년도 더 전, IBM의 체스 프로그램 딥블루(Deep Blue)는 당시의 체스 챔피언 가리 카스파로프를 이겼다. 과거의 AI는 꼼꼼했지만 지능은 부족했다. 딥블루가 카스파로프를 이길 수 있었던 것은 1초에 2억 개의 위치를 평가해 어떤 위치에 둘 때 가장 승리할 확률이 높은지를 계산할 수 있기 때문이었다. 이런 형태의 AI는 바둑이나 단백질 접힘 같은 좀 더 복잡한 문제에서는 모든 가능성을 계산할 수 없었기 때문에 성능이 좋지 않았다.

반면 딥 러닝은 이런 영역을 포함한 광범위한 영역에

서 성과가 좋았다. 딥마인드(DeepMind)의 연구자들이 개발한 알파고(AlphaGo)는 2016년에 세계 챔피언인 이세돌을 5번의 경기 끝에 꺾었다. 알파고는 모든 움직임에 대한 확률을 계산해 이긴 것이 아니었다. 대신 인간 선수들이 완료한 바둑 게임을 학습했고, 어떤 형태의 움직임이 승리 혹은 패배로 이끌 가능성이 있는지 배웠다.

그런데 꼭 인간에게 배워야 할까? 언제쯤 시스템은 스스로 학습할 수 있을까? 이 부분이 **아주** 흥미로운 지점이다. 알파고가 인간을 이긴 지 1년 후 딥마인드는 알파제로(AlphaZero)[387]를 소개했는데, 게임의 규칙 외의 사전 지식이나 데이터 입력 등이 없었다. 다시 말해 알파제로는 완벽하게 처음부터 시작해 자신을 상대로 게임을 진행하면서 스스로 반복적으로 가르쳤다. 알파제로는 바둑뿐 아니라 체스와 쇼기를 완벽하게 습득했고, 모든 인간 선수와 컴퓨터 프로그램을 상대로 승리를 거뒀다.

가장 중요한 것은 알파제로가 인간의 게임을 학습하지 않았기 때문에 인간처럼 게임을 하지 않는다는 것이다. 알파제로는 그랜드 마스터가 한 번도 본 적이 없는 직관과 통찰을 보여 주는 외계인에 가깝다. 바둑의 세계 챔피언 커제는 AI가 "신처럼" 게임을 했다고 말했다. 실제로 알파제로는 복잡하고 우아한 해법을 발견할 때 인간의 지식에 기대지 않았다. 그리고 초인적인 속도로 실력을 발휘했다. 체스를 훈련하는 데 겨우 4시간, 바둑을 훈련하는 데에는 8시간을 들인 후 기존에 가장 성능이 좋던 프로그램을 뛰어넘었다.

이 숫자들을 다시 생각해 보자. 인류 역사상 가장 풍

부하고 많이 탐구된 게임의 규칙을 AI 알고리듬에 주고, 오직 그 규칙과 게임 판만 남겨 둔 채 알고리듬이 스스로 전략을 짜도록 했다. 알고리듬은 모든 초보자가 그렇듯 모든 종류의 어리석은 실수들을 하며 입문했다. 그러나 다음 날 다시 돌아와 알고리듬을 확인하자 그 알고리듬은 이제까지 본 적 없는 최고의 선수가 된 것이다.

딥 러닝이 이전에는 상상해 본 적 없는 복잡한 문제의 해법을 찾아내면서 보드게임에서 인류를 이길 수 있다면, 창의적인 혁신을 이루는 데 헌신해 온 과학 분야에는 어떤 영향을 줄까?

22.2 AI가 과학에 미치는 영향

인간이 과학을 하는 방식에 AI가 영향을 줄 수 있는 두 가지 주요한 방법이 있다. 하나는 구글이 인터넷에 영향을 주었던 것과 비슷한 방식으로, AI는 정보 접근성부터 과학자들이 현재 수행하고 있는 많은 과정들의 자동화까지 과학의 다양한 측면을 최적화하면서 정보 접근성을 급격히 향상시킬 수 있다. 이는 이상적인 형태로, 대부분 과학자는 창의적인 과정에 집중하게 해 줄 반복적인 과제의 자동화를 반길 것이다. 다른 방식은 알파고가 바둑에 미쳤던 것과 유사한 방식으로, 복잡한 문제에 대한 창조적 해법을 AI 시스템이 빠른 속도로 제공하는 것이다. 암울한 방향으로 생각하면, AI가 오늘날 수준으로는 생각할 수 없는 속도와 정확도로 과학계를 움직이면서 언젠가 과학자들을 대체할 수도 있을 것이다.

22.2.1 정보 조직화

인공지능은 이미 현대 과학 여러 분야의 동력이 되고 있다. 구글에 검색어를 입력할 때마다 AI는 웹을 삳삳이 뒤져 당신이 무엇을 원하는지 추측한다. 페이스북 앱을 열 때도 AI가 당신이 가장 먼저 보게 될 친구의 업데이트를 결정한다. 아마존에서 쇼핑할 때도 AI는 당신이 좋아할 만한 물건을 추천한다(장바구니에 담은 적이 없는 물건일지라도 말이다). AI는 우리가 사용하는 기기에도 점점 더 많이 포함되고 있다. 사진을 찍으려고 스마트폰을 들고 있으면, AI는 얼굴 주변을 맴돌면서 사진이 잘 나오도록 초점을 잡는다. 시리나 빅스비 같은 '개인 비서'에게 말을 걸 때도 AI가 명령어를 문자로 변환해 준다.

　이런 종류의 AI는 어떤 과학 분야를 강화해 줄까? 우선 오늘날에는 따라잡기를 바랄 수도 없을 정도로 많은 문헌이 출판되고 있다. AI가 반드시 읽어야 하는 논문들을 판별하고 개인화해 줄 수 있지 않을까? AI가 논문을 개연성 있게 요약하고, 가장 상관성 있는 핵심 발견들을 뽑아내며, 해당 분야의 핵심적 발전을 요약하는 뉴스레터 형태의 요약문을 만들 수 있지 않을까? 이런 능력들은 더 깊고 질 좋은 지식을 얻고 새로운 연구 가능성도 찾을 수 있도록 도울 것이다.

　과학계 결정권자에게 AI는 전략적인 투자가 필요한

영역을 제안하거나, 아이디어를 판별하고 혁신적인 과학을 이끌 수 있는 팀을 구성하는 등 좀 더 포괄적인 '환경 탐색(horizon scanning)' 능력을 제공할 수 있다. 출판인들은 딥 러닝을 사용해 임의의 논문 초고를 검토해 줄 적합한 심사자가 누구인지 알아내거나, 논문 초고의 분명한 오류와 비일관적인 부분들을 알아내 인간 심사자들을 피곤하게 할 일을 자동으로 처리할 수 있다.

그러나 과학자나 결정권자가 요구하는 높은 수준의 정확도와 신뢰성을 확보하려고 하는 경우 이 도구가 도움이 되지 않을 수도 있다. 기술이 지난 20여 년 동안 인간 사회의 상당 부분을 재구성했음에도 불구하고, 과학적 과정을 운용할 수 있는 기술들은 정체되어 있다. 믿지 못하겠다면, 미국국립과학재단의 연구 과제 제출용 웹사이트 혹은 대부분 웹사이트의 편집 기능을 담당하는 스콜라원(Scholar-One) 초고 시스템을 살펴보길 바란다. 닷컴 붐 이후로 사라져 화석이 된 웹사이트를 닮아 있다.

22.2.2 과학적 문제 해결하기

언젠가 AI가 근본적인 과학적 문제를 제기하고 풀어내는 것을 도울 수 있을까? AI 시스템이 어느 개인 과학자도 섭렵할 수 없었던, 다양한 근원에서부터 오는 정보를 결합해 과학자가 창의적인 해법을 이전보다 빠르게 생각해 내도록 도울 수 있을까? AI가 새로운 가설, 새로운 탐색 영역을 제안할 수 있을까?

우리는 이미 이런 영역에서의 고무적인 초기 수준의

진보를 확인했다. 한 예로, 연구자들은 딥 러닝을 의학 진단에 적용했고, 인간 전문가와 같은 수준의 정확도를 갖는 광범위한 망막 병리학 분류 알고리듬을 개발했다.[388] 또 다른 예에서는 AI 알고리듬이 피부 병변의 이미지가 양성인지 악성인지 판별하도록 훈련했고, 승인된 피부과 전문의의 정확도만큼 분류해 냈다.[389] 응급실에서는 딥 러닝이 환자의 CT 스캔을 통해 뇌졸중 신호를 판별하는 데 도움을 준다.[390] 새로운 알고리듬은 그 수준이 의학 전문가의 수준에 필적한다는 신호들을 가감 없이 보여 주었는데, 중대한 차이는 알고리듬이 150배 빨랐다는 것이다.

물론 CASP 참가자들을 놀라움에 빠뜨린 딥 러닝 시스템 알파폴드(AlphaFold)도 있다. CASP 대회의 경진 팀들에게는 90개 단백질 아미노산의 선형적 배열이 주어진다. 이 단백질들의 3차원 구조는 알려졌지만 당시까지 출판되지는 않았다. 팀들은 어떻게 이 단백질들이 접힐지를 계산했다. 알파폴드는 과거에 밝혀진 단백질 접힘 구조를 꼼꼼하게 추려 내 다른 97팀의 경쟁자들보다 평균적으로 훨씬 정확한 예측을 해 냈다.

이러한 AI 기술의 성공적 활용에는 딥 러닝에 필요한 두 가지 핵심적인 요소가 포함되어 있다. 바로 대규모의 훈련 데이터와 그 데이터를 분류하는 확실한 방법이다. 한 예로 연구자들은 피부암을 발견하기 위해서 알고리듬에 수백만 개의 피부 병변 이미지와 그 병변이 악성인지 양성인지 정보를 제공했다. 알고리듬이 피부과 전문의와 같은 훈련을 받지 않았기 때문에 피부과 전문의가 발견하도록 훈련

받은 패턴과 같은 패턴을 발견하지 못할 수도 있다. 다시 말해, 지금까지 밝혀지지 않은 패턴들을 찾아낼 수도 있는 것이다.

이런 발전을 통해 가장 이득을 얻는 과학 분야는 어디일까? 이 질문을 고민할 때 딥 러닝의 두 가지 핵심적인 요소가 도움이 될 것이다. 엄청나게 방대한 데이터와 그 데이터를 분류하는 확실한 경계 말이다. AI 기술을 통해 직접적인 이득을 얻을 과학 분야는 충분히 좁은 분야여서 알고리듬에 분명한 분류 전략을 제공할 수 있어야 하고, 동시에 충분히 깊어서 (개인 과학자가 수행하지 못했을) **모든** 데이터를 살펴본 AI가 새로운 결과에 도달할 수 있어야 한다.

기계의 효율과 정확도가 빠르게 발전하고 있지만, 가장 흥미로운 과학의 미래는 인간 혹은 기계 둘 중 하나가 아닌 둘의 전략적 파트너십에 달려 있다는 것이 중요하다.

22.3 인공지능과 인간 지능

알파폴드의 경우 어떤 일이 일어났는지 다시 살펴보자. 새로운 기술을 사용하지만 특정 영역에 대한 전문 지식이 없고 훈련받지 않은 과학자가, 전통적인 기술에 의존하는 전체 전문가 공동체보다 앞서 나갔다. 이 예는 중요한 질문을 제시한다. 최신 기술과 연구자의 전문 분야를 **연결**하면 어떻게 될까?

앞으로 다가올 '과학의 과학' 연구의 핵심 분야는 AI

와 결합해 기계와 인간의 정신이 함께 일하는 상황을 고민하고 있다. 인간 공동 연구자가 할 수 없는 방식으로 AI가 인간 과학자의 관점을 넓혀 과학에 광범위한 영향을 줄 수 있다면 이상적일 것이다.

최근의 한 예가 있다. 오늘날 과학계의 큰 과제인 '재현성 위기(reproducibility crisis)'를 해결할 목적으로, 연구자들은 과학 발견이 강한지 약한지 판별하는 신호 패턴을 과학 논문 서술에서 발견할 수 있는지 딥 러닝을 사용해 확인하고자 했다. 2015년에 수행된 '재현성 프로젝트: 심리학(Reproducibility Project: Psychology, RPP)'은 최고 수준의 심리학 학술지에서 100개의 논문을 선정해 해당 논문들의 재현성을 원래 연구에 적용된 정확한 과정을 하나하나 따라가면서 확인했는데, 100개 논문 중 61개가 재현 검증을 통과하지 못했다.[328] 그 이후로, 심리학, 경제학, 금융학, 의학 연구에서도 재현 검증에 실패한 논문 사례들이 보고되었다.[391-394]

이어서 연구자들은 인공지능과 인간 지능을 결합해 재현성을 평가했다.[395] 엄격하게 수작업으로 이루어진 재현성 검증을 거친 96개의 연구 데이터를 사용해 신경망이 논문의 재현성 정도를 평가하도록 훈련했고 모형의 일반성을 249개의 표본 외 연구들에 적용했다. 결과는 대단히 흥미로웠다. 모형의 성능 평가 지수 중 하나인 AUC(Area Under the Curve) 값이 0.72가 나왔는데 이는 모형을 통한 예측이 우연으로 얻은 것보다 훨씬 우수함을 의미한다. 이 결과를 전문 심사자가 제공한 예측 정보와 비교하기 위해, 새로운

AI 모형에 같은 데이터에 대한 전문 심사자의 측정값만 제공해 훈련했다. 결과적으로, 전문가의 측정값만 사용한 모형은 서술 분석만 한 모형보다 훨씬 정확도가 낮았다(AUC =0.68). 전문 심사자들이 잡아내지 못한 진단 정보를 AI가 사용하고 있다는 뜻이다. 실제로 해당 논문에서 보고한 통계치들은 일반적으로 논문의 가치를 평가하는 데 사용되는 값이었는데, AI의 정확도를 보면 본문 서술이 이전에 탐구되지 않은 설명력을 갖고 있음을 알 수 있다. 더 중요한 점은 서술을 사용한 모형과 전문가 수치 모형에서 얻은 정보를 결합한, 즉 기계와 인간의 통찰을 결합한 새로운 AI 모형에서 정확도가 가장 높았다는 것이다(AUC=0.74).

모형의 예측력 뒤에 있는 분석 메커니즘은 단어, 설득 구문 등장 빈도, 문체, 분야, 학술지, 저자권, 주제 등 눈에 띄는 요소들이 결과를 설명하지 못한다는 사실을 보여 준다. 오히려 AI 시스템은 재현성을 예측할 때 복잡한 언어적 관계 네트워크를 사용했다. 본문의 단어들은 과학 논문의 통계보다 수의 단위적 측면에서만 봐도 훨씬 많지만, 논문의 본문은 과학의 과학 분야에서 여태 탐구가 활발히 이루어지지 않았다. 알고리듬은 이제 논문의 전체 본문 활용에서 이점을 얻어 인간 전문가가 놓칠 수 있는 새로운 형태나 약한 과학적 발견을 탐지할 수 있다.

이 예는 인간-기계 파트너십이 가질 수 있는 참신하면서도 어마어마한 파급력을 뚜렷이 보여 준다. 실제로 기계들은 인간이 할 수 있는 것보다 훨씬 더 많은 정보를 활용할 수 있지만, 현재의 AI 활용은 모두 '좁은 AI(narrow

AI)' 영역에 속해 구체적으로 정의된 문제만 해결할 수 있다. 이런 관점에서 현재의 AI 시스템은 세탁기에 가깝다. 세탁기는 그 안으로 던져진 어느 옷이든 세탁할 수 있지만, 그릇을 어떻게 처리해야 할지 알 수 없다. 그릇을 처리하려면 또 다른 좁은 범위를 담당하는 기계, 식기세척기를 만들어야 한다. 이와 유사한 방식으로 단백질 접힘에는 아주 성능이 좋은 AI 시스템을 만들 수 있지만, 그 시스템은 다른 데에서는 쓸모가 없다. 반면 인간은 기계가 할 수 없는 방식으로 배우고, 추론하고, 창의적으로 생각할 수 있다.

노벨물리학상 수상자 프랭크 윌첵(Frank Wilczek)은 100년 내에 최고의 물리학자는 기계가 될 것이라는 유명한 예측을 했다. 알파폴드와 같은 진보를 보면 이 예측에 대한 신뢰가 생기는 것도 사실이다. 하지만 윌첵의 예측은 복잡한 문제를 단순화한 것이다. 과학은 단순히 잘 정의된 문제를 푸는 것이 아니다. 가장 존경받는 과학자들은 새로운 문제를 제기하거나 새로운 연구 분야를 발굴해 낸 사람들이다. 새로운 발견이 가능한 정도까지 도구와 지식이 발전했음을 깨달은 사람들만이 휴지기인 땅에서부터 돌파구를 찾아낼 수 있다. 따라서, 사람들이 새로운 영역에 들어갈 시간이 무르익었음을 깨닫고, 그들이 보여 주고자 하는 도전을 설명할 수 있을 때까지는 시간이 걸린다. 성공적으로 앞으로 나아갈 수 있을 만한 데이터와 도구가 충분히 성숙했음을 알아채는 데에도 시간이 필요하다. 다시 말해, 과학은 문제 해결에 대한 것만이 아니다. 직관이고, 새로운 한계를 발견하는 능력이며, 그곳으로 가는 용기와 리더십이다.

AI는 인간이 제기한 문제를 푸는 데 엄청난 진보를 이룩했다. 심지어 기존의 지식과 패러다임의 영역 안에서 새로운 가설을 세울 수도 있다. AI가 진화 혹은 양자역학에 관한 새로운 이론의 필요성을 탐지하고, 이를 끈기 있게 추구할 수 있을까? 지금까지는 AI가 그 수준까지 다다를 수 있다는 증거가 없고, 다수의 AI 전문가도 그 가능성을 의심하고 있다.[396] 따라서 당분간은 기계가 과학의 미래에 잠재적인 소유권을 주장하지는 못할 것 같다. 오히려 가장 흥분되는 미래의 발견은 인간과 기계의 전략적 파트너십으로 열릴 것이다. 실제로 개별 파트너의 능력에 기초해 과제를 분배한다고 하면, 기계와 함께 일하는 과학자들은 잠재적으로 과학적 진보의 속도를 급격히 올리고 인간의 사각지대를 줄이면서 실제적인 과학에 혁신을 가져올 것이다.

*

　　하지만, 여기서 중요한 '반전'이 있다. 현재의 AI 물결의 가장 큰 약점은 AI가 블랙박스(black box)라는 점이다. AI는 정말 작동을 잘하지만, 아무도 그 이유를 모른다. 이는 과학에 있어 특히 큰 문제가 될 수 있다. 그 이유를 살펴보기 위해 아마존이 AI를 사용해 고용자를 선정했던 경우를 살펴보자. 아마존은 2014년부터 지원자들의 이력서를 살펴보는 컴퓨터 프로그램을 개발해 왔다. 아마존의 실험적인 AI 도구는 구매자들이 아마존의 제품을 평가하는 방식처럼 지원자들을 별 하나에서 다섯 개로 평가했다. 처음에 이 프로그램은 인적자원팀에게 궁극의 해결사처럼 보였다. 프로그램은 100개의 이력서를 주면 최상위 5명을 알려줬다. 하지만 얼마 지나지 않아 아마존은 이 새로운 알고리듬이 체계적으로 여성 후보자들을 불리하게 평가한다는 것을 알게 되었다. 이 프로그램은 지난 10년간 회사에 제출된 이력서의 패턴을 관찰해 지원자들을 판단하도록 훈련되었는데, 이 이력서 데이터는 대부분 남성 지원자로 구성되어 있었다. 따라서 그 시스템은 빠르게 남성 후보자들을 선호하도록 학습했다. '여성'이라는 단어가 들어간 이력서에는 불이익을 주었고, 두 군데의 여자 대학교 졸업자들의 점수가 하향 조정되었다.[397]

이 이야기의 교훈은 AI가 맡겨진 과제를 올바르게 처리하지 못한다는 것이 아니다. 어쨌거나 이 시스템은 훈련받은 대로 일을 처리했다. 인간은 고용되거나 되지 않았던 지난 수백만 개의 이력서를 살펴보도록 했고, 이 정보를 활용해서 앞으로의 고용 여부를 결정하게 했다. 아마존의 대실패가 알려 주는 것은 이 도구의 정확도가 높아지고 복잡해질수록 인간이 이제까지 갖고 있었던 편향을 증폭시키고 지속하도록 돕는다는 점이다. 과학의 과학 역시 진보해 나가면서, 공동체가 정립한 분석법과 도구에 어떤 인과적 관계와 편향이 있는지 더 깊이 이해해야 한다.

23장. 과학의 편향과 인과성

과학의 과학 연구에서는 출판물과 피인용 수가 1차 자료원으로, 이는 다음을 암시한다.

첫째, 탐구로 얻은 통찰과 발견은 출판될 만한 이점이 있는 성공적인 아이디어의 경우로만 제한된다. 그러나 대부분 아이디어는 실패하고, 가끔은 엄청나게 실패한다. 실패 데이터는 부족하므로 어떻게 과학이 동작하는지에 관한 현재의 이해는 사각지대가 많다. 성공적인 연구에만 집중하면 실패에 대한 체계적인 편향이 이어질 것이다.

둘째, 이 책 대부분에서 사용한 성공적 결과는 피인용 수로 측정되었다. 피인용 수에 대한 편향은 이 분야의 현재 지형을 반영하지만, 과학의 유일한 '화폐'로 피인용 수만 사용하는 것을 넘어서야 할 필요가 있음을 강조하고 싶다.

셋째, 데이터에 기반하는 과학의 과학 연구의 성질 때문에 대부분의 연구는 관찰적이다. 이러한 서술적 연구가 사건과 결과 사이의 강력한 연관성을 밝혀낼 수 있지만, 임의의 특정 사건이 임의의 결과를 '유발하는지' 이해하기 위해서는 관찰 연구를 넘어 체계적으로 인과성을 평가해야 한다.

이어서 과학의 과학이 나아가야 할 이 중요한 방향들의 세부적인 사안을 논의할 것이다. 간단한 질문으로 시작해 보자. 실패를 고려하지 않는 것이 얼마나 큰 문제일까?

23.1 실패

제2차 세계대전에서 영국군은 자국의 비행기를 방탄으로 만들 외장재를 얻었다. 하지만 이 새로운 외장재는 무거워서, 비행기의 비행 범위와 기동성을 해치지 않는 선에서 비행기 일부분에만 적용할 수 있었다. 이를 해결하기 위해 설계자에게는 중요한 질문이 생겼다. 비행기의 어느 부분에 외장재가 우선 적용되어야 할까?

연합군은 데이터에 기반해 접근하기로 했다. 그들은 귀환한 B-29 폭격기를 살펴보면서 충격을 받은 모든 위치를 표시했다. 데이터를 다 수집하자 결정은 간단했다. 총알 흔적이 가장 많이 남은 부분에 방호재를 적용하는 것이다 (그림 23.1). 이 계획이 추진되고 있을 때 통계학자 에이브러햄 월드(Abraham Wald)가 연구 그룹에 참여했다. 그는 국방부에 올바른 전략은 그 반대라고 설명했다. 총격 흔적이 전혀 기록되지 **않은** 부분에 방호재를 적용하라는 것이다. 결과적으로 모든 데이터는 기지에 **성공적으로** 귀환한 전투기에서 얻었다. 왕복 비행을 해 냈다면 스위스 치즈에 뚫린 것 같은 구멍은 상관할 바가 아니었다. 오히려 총격흔이 없는 엔진, 문제의 원인이 된 부분, 그리고 다른 핵심적인 부

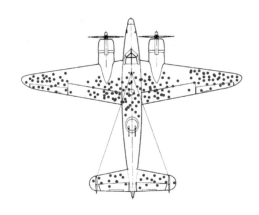

그림 23.1 생존자 편향 오류. 제2차 세계대전 폭격기의 손상 패턴을 가상으로 묘사했다. 돌아온 비행기의 손상된 부분은 타격을 받아도 본국으로 안전히 돌아올 수 있는 위치이다. 이 외의 위치에 타격을 받은 비행기는 살아 돌아오지 못했기 때문이다. (cc) wiki commons.

품들이 추가적인 보호가 필요한 부분이었다. 그런 부분에 공격을 받은 비행기들은 돌아오지 못했기 때문이다.

결론을 얻는 데 사용한 데이터가 오직 성공한 표본만 포함하고 있으므로 초기 결론이 완전히 뒤집혀야만 했음을 보여 주는 훌륭한 예이다. 과학에도 이와 유사한 편향이 아주 많다. 연구 문헌들은 성공적으로 연구 기금을 얻을 수 있었고, 동료 평가를 하는 학술지에 출판할 수 있었고, 특허를 출원하고, 새로운 모험을 시도하고, 길고 생산적인 경력을 누린 연구자에게 집중한다. 이를 고려하면 핵심적인 실문이 떠오른다. 현재까지 이루어진 과학에 관한 이해는 거의 모두 예외적으로 성공적인 이야기에 기반하고 있음을 고려할 때, 이 결론들에 대한 주요한 수정이 필요하지 않을까?

과학에서 실패가 탐구되지 못한 영역으로 남아 있는

핵심적인 이유는 실패한 아이디어와 개인, 팀을 정확하게 추적해 실제 정보를 수집하는 것이 어렵기 때문이다. 하지만 이러한 상황은 새로운 데이터를 탐구하고 기존에 존재하는 정보들과 결합하면 해결할 수 있다. 한 예로 2001년 이래 미국특허청에 신정된 특허들은 우선일 기준 18개월 이내로 허가 여부와 상관없이 공개된다. 연구자들은 모든 출원 영역을 추적해 미국특허청으로부터 특허를 인정받은 성공적인 아이디어와 함께 허가받지 못한 아이디어를 확인할 수 있다. 지원을 받거나 받지 못한 연구 과제 정보를 저장하고 있는 연구 과제 응모 데이터베이스는 과학에서 성공과 실패에 관한 이해를 깊이 있게 해 줄 또 다른 풍부한 정보 제공원이다. 제한된 수의 연구자들만이 미국국립보건원[398]이나 네덜란드과학연구협회(NWO)[399] 같은 연구 기금 기관의 내부 데이터베이스에 접근할 권한을 갖고 있다. 기존 출판 및 인용 데이터베이스와 이를 결합하면 이 데이터를 통해 성공과 실패에 관한 풍부한 맥락을 알아낼 수 있을 것이다.

이 방향으로 진행되었던 초기 연구들은 몇 가지 반직관적인 결과를 보여 줬다. 이 책의 저자들의 연구 중 하나를 예로 살펴보자.[398] 이 연구는 미국국립보건원에 제출한 R01 제안서가 간신히 재정 지원 기준을 넘거나, 아깝게 넘지 못한 젊은 연구자들을 중점적으로 연구했고, '아깝게 떨어진' 연구자들과 '가까스로 합격한' 연구자들을 비교해 그들의 장기적인 경력 성과를 평가해 보았다. 두 그룹의 젊은 과학자들은 '기금 획득 여부'가 결정되기 전까지는 근본적으로 같았지만, 그 후부터는 완전히 다른 현실을 마주했다. 한 그룹은 평균 130만 달러를 5년간 지원받았고, 다른 그룹은 지원 받지 못했다. 젊은 연구자들에게 초기 경력 단계에서 겪는 지원의 부재가 얼마나 큰 차이를 만들어 낼까?

이를 알아내기 위해 이후의 경력을 추적한 결과, 경력 초기의 연구자에게 있어 지원 공백은 실제 차이를 만든다는 것을 확인했다. 지원의 부재는 연구자를 상당한 수준으로 감소시켰다. 실제로, 아깝게 떨어진 연구자의 경우 그렇지 않은 경우보다 약 **10% NIH** 시스템에서 영구적으로 사라질 확률이 높았다. NIH의 책임 연구자가 되려면 지원자는 검증된 출판 이력과 수년의 훈련이 필요하므로 이 감소 비율은 다소 충격적이다. 한 번의 지원 기회를 놓친 것이 경력을 끝낼 수도 있는 것이다.

하지만 더 놀라운 것은, 데이터에 따르면 아깝게 떨어졌지만 과학자 경력을 지속하는 연구자들이 장기적인 측면에서는 가까스로 합격한 연구자들을 **뛰어넘는다**는 것이다. 아깝게 지원을 놓친 연구자들의 이후 10년간의 출판의 영향력이 훨씬 높았다. 이 발견은 놀랍다. 경력을 발전시키고자 하는 비슷한 성과의 두 연구자를 생각해 보자. 한 명은 초기 연구 지원 기금을 받는 데 실패했고, 다른 한 명은 초기 연구 지원을 받았던 것 외에 이 둘은 가상적인 쌍둥이다. 여기서 그 **실패한** 사람이 나중에 더 높은 영향력의 논문을 쓰게 될 사람이라는 발견은 잘 이해가 되지 않는다.

이 발견을 설명하는 한 가지는 심사 메커니즘이다. 아깝게 떨어진 그룹에서 '살아남은' 연구자들은 변하지 않는 장점들을 갖고 있을 것이며, 이를 통해 분야에 남아 있는 사람들은 간신히 성공한 대조군들의 평균보다 성과가 더 좋을 것이다. 하지만 심사 효과 하나만으로는 성과의 차이를 설명할 수 없다. 다시 말해, 초기 지원을 받는 데 실패했지만 살아남은 연구자들은 더 나은 성과를 내는 사람이기만 한 것이 아니다. 그들은 이전의 자신보다 더 나은 연구자가 되고, "당신을 죽이지 못하는 고통은 당신을 더 강하게 한다"라는 사실을 몸소 확인해 준다.

과학계가 '부익부' 동역학(이전의 성공이 장래의 성공을 가져다준다)이 우세한 곳임을 기억할 때 더욱 반직관적인 결과다. 따라서 이 발견은 과학에서의 실패가 강력한 반대 효과가 있음을 보여 준다. 어떤 경력에는 위협적이지만, 다른 누군가에게는 기대 이상으로 강력한 성과를 내게 하는 것이다. 이전 성공만큼, 이전 실패도 장래의 성공적 경력을 예측하는 지표로 작용할 수 있다. 매일 혹은 주 단위로 실패를 마주하는 과학자들에게 이는 아주 좋은 소식이라 할 수 있다.

이 연구는 더 넓은 관점을 제공한다. 과학의 과학은 성공을 이해하는 데 어느 정도 성과가 있었지만, 실패를 이해하는 데에는 실패했는지도 모른다는 것이다. 과학자들이 성공할 때보다 실패할 때가 더 많음을 생각하면, 언제, 왜, 어떻게 실패하는지 그리고 그 결과를 이해하는 일은 과학을 발전시키고 이해하려는 시도에 핵심적이다. 나아가 그러한 탐구는 창조적 활동의 전체적인 공급 경로를 밝혀 인간 상상력에 대한 이해를 획기적으로 넓힐 것이다.

새로운 논문을 제출한 과학자가 매번 거절을 당한다면, 그 논문이 그렇게 훌륭한 것은 아니라고 간단히 결론을 내리거나 출판이 된다 해도 희미하게 사라질 것이라 예상하기 쉽다. 하지만 데이터에 따르면 그 반대다. 거절은 논문의 영향력을 올린다. 이 사실을 2006~2008년 923개의 생명과학 학술지에 출판된 8만 748개 논문의 제출 이력 분석 덕분에 확인할 수 있었다.[400] 이 연구에 따르면 재제출은 드물다. 모든 논문의 75%는 처음 제출된 학술지에 출판되었다. 다시 말해, 과학자들은 자신들이 작성한 논문에 맞는 학술지를 판별하는 데 능숙하다. 하지만, 재제출된 논문과 첫 시도만에 출판된 논문을 비교하면 놀라운 사실을 확인하게 된다. 첫 제출에 거절되었다가 두 번째 시도로 출판된 논문들이, 동일 학술지에 거절 없이 출판된 논문 대비 출판 후 6년 내 피인용 수가 높다. 어떻게 실패가 영향력을 높인 것일까?

　한 가지 가능성은 저자들이 자기 연구의 잠재적 영향력을 잘 평가한다는 것이다. 초기에 영향력이 높은 학술지에 제출된 원고들은, 거절되더라도 본질적으로 인용에 '적합'하다. 하지만 이 이론은 연구자들이 관찰한 다른 사실, 곧 평균적으로 더 높거나 낮은 학술지로의 이동 여부와 상관없이 재제출의 경우 더 많은 인용을 받았음을 충분히 설명하지 못한다. 따라서 다른 가능성을 살필 수 있다. 편집자와 심사자에게 얻는 피드백과 논문을 수정하는 데 사용된 추가적인 시간이 논문을 더 훌륭하게, 피인용 수가 높은 최종 작업물로 만든다는 것이다. 그러니 논문이 거절되어도 다시 제출해야 한다는 사실에 좌절할 필요 없다. 거절이 당신을 죽일 수는 없어도 당신의 결과물을 더 강력하게 만들어 줄 테니.

23.2 영향력의 넓은 정의

과학자들은 논문을 평가하는 모든 측정치와 애증의 관계에 있다.[401] 왜 연구자들은 논문을 직접 평가하는 대신 대체재를 쓰려고 할까? 현재까지는 동료 연구자들에게 비치는 한 과학자의 인지도를 평가하는 데 피인용 수가 가장 빈번하게 사용된다. 과학에 대한 정량적 이해가 진보하면서, 성과 지표의 수와 범위를 확장해야 할 필요가 생겨났다. 바둑을 둘 때 우리는 단계마다 스스로 질문해야 한다. 어디로 움직이는 것이 맞을까? 이 질문은 모호하지 않다. 맞게 움직인다는 것은 게임을 이길 가능성이 가장 큰 위치로 이동하는 것이다. 하지만 과학에는 하나의 '올바른 이동'이 없고, 가능한 많은 경로가 서로 얽혀 있다. 과학의 과학이 발전하면 여러 선택이 어떻게 서로에게 영향을 주는지, 그리고 이들이 어떻게 과학 생산과 보상의 새로운 차원들을 측정하는지 등 다수의 '올바른 움직임'을 목격할 수 있을 것이다. 이 새로운 발견들을 다음 세 가지로 분류할 수 있다.

첫 번째 분류는 피인용 수의 변형된 형태이다. 여기에 속하는 측정값들은 여전히 논문들 사이의 피인용 수 관계성에 의존하지만, 단순히 피인용 수를 세는 것을 넘어서 인용 네트워크의 복잡한 구조를 사용한다. 12장에서 살펴본 파괴적 혁신성[207]이 이에 대한 예가 될 수 있다. 임의의 논문이 얼마나 많은 인용을 받았는지 물어보는 대신 해당 논문과 연관된 문헌들의 맥락 안에서 개별 인용을 살펴볼 수 있다. 주어진 논문을 인용하는 논문들이 해당 논문의 참고문헌 상당 부분을 함께 인용하고 있으면, 해당 논문은 기존 과학적 개념을 공고히 하는 데 일조한다고 생각할 수 있다. 하지만 그 논문을 인용하고 있는 다른 논문들이 이전의 지적 조상들을 무시하고 있다면, 그 논문은 이전 문헌들에 주목하는 대신 혁신을 일으키면서 분야에 새로운 아이디어를 제공하고 있음을 알 수 있다.

두 번째 분류는 전통적인 피인용 수 기반 영향력 측정의 대안적인 측정값 혹은 그와 관련되거나 그를 보완하는 측정값들이다. 웹2.0의 발전으로 학계 내외부에서 연구가 공유되는 방식이 변했고, 이 때문에 과학적 업적의 더 넓은 영향력을 측정할 수 있는 새롭고 혁신적인 측정값을 만들어야만 했다. 이런 목적으로 사용된 첫 번째 관련 지표는 논문의 페이지를 사람들이 몇 번 방문했는지를 알려 주는 것이다. 학술지들이 웹으로 이동하면서, 이 논문을 사람들이 얼마나 자주 봤는지를 구체적으로 셀 수 있게 되었다. 이와 유사하게 다양한 플랫폼에서 논문이 얼마나 논의되고 있는지도 그 논문의 잠재적 영향력이 될 수 있다. 과학자들은 페이스북이나 트위터, 블로그, 위키피디아 등과 같은 소셜 미디어에서 데이터를 얻어 이에 해당하는 값을 계산할 수 있다.

연구자들은 여러 논문과 관련된 페이지 방문 횟수와 트윗 수를 계산했다.[402,403] 이 측정치들을 이후로 얻은 피인용 수들과 비교하면 약간의 상관성만 존재한다. 피인용 수와의 약한 상관성은 대안적 측정치에 좋은 소식일 수도 있고, 나쁜 소식일 수도 있다. 한 편으로 상관성이 없는 대안적 측정값은 대중적인 인식의 근삿값을 사용해 피인용 수 기반 측정이 갖지 못한 관계성을 보완한다. 기금 지원자들은 그들이 지원한 연구의 넓은 영향력을 측정 가능한 성과로 확인하고자 하므로, 이러한 보완적인 측정값들도 유용할 수 있다. 특히 이 대안적 측정치들은 논문이 출판된 지 얼마 되지 않았을 때도 계산할 수 있어 피인용 수보다 즉각적인 피드백을 제공할 수 있다.

반면, 전통적인 측정치와 상관성이 적다는 것은 대안적 측정값이 과학적 영향력을 평가하고 측정하는 데 유용하지 않다는 뜻일 수도 있다. 실제로 몇몇 대안적 측정값들은 논문의 단기적 가시성을 높여 주는 자기 홍보, 게이밍 등의 메커니즘에 취약하다. 무엇보다 '좋아요'와 멘션은 구매가 가능하며, 온라인에서 대중적인 것이 과학계에서의 가치와 일치하지 않을 수 있다. 따라서 대안적인 측정치가 과학적 의사 결정에 포함될지, 된다면 어떻게 포함될지는 불분명하다. 그럼에도 대안적 측정값들은 과학계를 넘어선 과학의 영향력을 추적할 수 있는 방식을 다양화해 올바른 방향으로 한 걸음 나아가도록 해 준다. 이는 세 번째 분류로 연결된다.

이와 유사한 수준으로 가능성 있는 방향은, 영향력을 더 넓게 정의해 과학계를 넘어서는 영향력의 물결까지 포함하는 것이다. 미국국립보건원 연구 과제의 성과를 분석한 한 예에서, 연구자들은 출판이나 피인용 수가 아닌 민간 부분에서의 약물, 기계, 기타 의학적 기술과 관련된 특허를 연구해 공적 연구 투자와 민간 활용을 연결했다.[404] 이 연구에 따르면 미국국립보건원 연구 과제의 **10%** 정도가 직접 특허를 발생시켰고, **30%**는 특허를 적용할 때 자주 인용되었다. 이 결과는 학계 연구가 민간 혁신에 예상보다 더 큰 영향을 준다는 것을 보여 준다. 이와 연관된 예로 연구자들은 논문과 특허 사이의 인용 네트워크를 만들어 특허받은 발명이 이전 과학 연구에 어떻게 기반하고 있는지 확인했다.[405] 이 연구는 출판된 논문의 무려 **80%**가 미래의 발명과 연관되어 있음을 발견했다. 이 두 연구는 과학적 진보와 시장의 특허가 상당 부분 긴밀하게 연결되어 있음을 보여 주고, 영향력의 정의를 확장해 과학 연구의 가치가 과학계를 넘어선다는 것을 증명한다. 비록 연구의 상당수가 상아탑에서 이루어지고는 있지만, 이 연구들은 특허받은 발명의 개발에 영향을 주고, 생산적인 민간 영역 활용을 만들어 낸다.

물론 각각의 새로운 측정값들이 어떤 역할을 하는지, 어떻게 남용을 방지할 수 있는지 등에 대한 더 많은 연구가 필요하다. 영향력의 정의를 확장하려 하는 앞으로의 과학의 과학 연구는 매우 중대한 역할을 할 것이다. 연방 기금 지원 기관에서 최선의 자금 분배를 계획하려면 과학 연구의 실제적 가치를 이해하는 일이 필요하기 때문이다.

23.3 인과성

누군가를 재정적으로 지원하면 그 사람의 생산성이 올라갈까? 개인의 연구 기금 지원 이력과 이후의 생산성을 연계한 대규모 데이터로 이 질문에 답할 수 있다. 이 데이터에서 연구 기금의 양과 지원받은 후 5년간 출판된 논문 수에 분명한 연관성이 드러난다고 하자. 그럼 이 질문에 결정적인 답을 얻었다고 할 수 있을까?

꼭 그렇지만은 않다. 연구 기금을 받을 가능성과 그 후에 더 생산적으로 보일 가능성을 모두 높이는 여러 요인이 있다. 한 예로 어떤 분야가 다른 분야보다 더 유행을 따른다면, 이 분야에서 일하는 사람들이 기금도 얻고 **동시에** 출판도 더 많이 할 가능성이 크다. 기관의 특권 역시 작용할 것이다. 하버드에 있는 연구자들이 그보다 낮은 수준의 기관에 있는 연구자보다 연구 기금 얻기가 쉬울 것이다. 물론 하버드 교수들이 더 생산적이기 때문일 수 있다.

회귀 표에서 고정 효과를 사용해 이 요인들을 통제할 수 있다. 이 접근법의 한계점은 관측될 수 있는 요인들만 통제할 수 있다는 것인데, 영향을 줄 가능성이 크지만 관측되지 않는 요인들도 많이 있다. '그릿(grit)'*이라는 특성을 예로 들어 보자.[406] 더 끈기 있는 연구자가 기금을 얻을 가능

---

* 성장(Growth), 회복력(Resilience), 내재적 동기(Intrinsic motivation), 끈기(Tenacity)의 앞글자를 딴 단어로, 미국의 심리학자 앤절라 더크워스가 개념화했다. 사전적으로는 투지, 끈기, 불굴의 의지를 모두 아우르는 의미이다.─옮긴이

성이 크고, 더 생산적일 것이다. 이러한 유형의 교란 변수들은 관찰 연구의 최악의 적이다. **어떤** 상관성이 관찰되기만 하면 그것이 두 변인 사이의 인과적 상관성 때문인지 질문하기 때문이다.

관계성이 인과적인지 아닌지가 왜 신경써야 할까? 첫째로, 인과성을 이해해야 우리가 얻은 통찰로 무엇을 할지 결정할 수 있기 때문이다. 만약 기금 지원이 결과적으로 더 많은 출판을 낳는다고 하면, 특정 영역에 대한 투자를 늘려 해당 영역의 연구량을 증가시킬 수 있다. 하지만 연구 기금 지원과 출판물 양의 관측된 상관성이 순전히 끈기 때문이라면, 탐구되지 못한 분야에 연구 기금을 증액해도 별반 영향이 없을 것이다. 대신 해당 분야에서 진득하게 연구하는 연구자들을 판별하고 지원하는 것이 낫다.

다행히 과학의 과학 연구자들은 경제학을 참고해 인과성에 관한 이해를 넓힐 수 있다. 지난 30년 동안, 미시경제학자들은 몇 가지 실증적 질문에 믿을 만한 답을 제공하는 여러 기술을 개발해 왔다. 통틀어 신뢰 회복 혁명(credibility revolution)[407]이라 알려진 이 방법은 두 가지 기본적인 기술로 이루어진다.

첫 번째 기술은 의학 연구에서 기원한 무작위 대조 시험(randomized controlled trial, RCT)을 활용하는 것이다. 특정 치료법이 효과가 있는지 확인하기 위해 해당 실험에 참여한 사람들은 (1) 치료를 받은 그룹과, (2) 치료를 받지 않았거나 가짜 치료를 받은 대조군으로 나뉜다. 무작위로 간섭해 치료군과 대조군이 구분되지 않는다는 것이 핵심적이다. 실험 후 두 그룹에서 차이가 보인다면, 이는 단지 치료로 인한 결과이지 다른 요인으로는 설명될 수 없다. 다음 예를 살펴보자.

3장에서 팀 기반으로 이루어진 연구의 생산물의 영향력이 높은 경향이 있음을 알아보았다. 하지만 과학적 협력이 애초에 어떻게 이루어지는지는 거의 알려진 바가 없다. 다만 지리적으로 가까운 사람들 간에 새로운 협력이 이루어질 가능성이 크다는 실제 증거가 있다. 이 사실을 설명하기 위해 설정된 가설에 따르면, 협력 연구자를 찾는 것은 탐색 문제이다. 딱 맞는 사람을 찾는 데는 비용이 들기 때문에 물리적으로 가까이 있는 사람들과 일하려는 경향이 있다는 것이다. 일리 있는 이론이지만, 다른 설명도 가능하다. 현재 관찰되는 협력 관계의 지역 인접성은 근무 공간을 공유한 덕분에, 혹은 작은 학부에서 공통된 연구 흥미가 공유되어 발생했을 수도 있다. 탐색 문제 가설을 검증하기 위해 RCT를 핵심으로 사용할 수 있다. 몇몇 쌍의 사람들에게는 대면 접촉을 활성화해 탐색 비용을 감소시키고, 다른 사람들에게는 그렇게 하지 않음으로써 실험군과 대조군을 만든다면 협력에 있어 어떤 차이를 확인할 수 있을까?

이는 하버드 의과대학에서 내부적인 연구 지원 기회를 위한 심포지엄을 개최했을 때 연구자들이 수행했던 실험이다.[408] 연구자들은 400여 명의 참석자 중 몇몇 과학자들을 선정해 90분간 대면 아이디어 공유 세션을 진행하도록 했다. 아이디어를 비대면으로 공유한 그룹에 비해, 대면 그룹 과학자들의 협력 가능성은 75% 증가했다. 두 그룹은 무작위적으로 구성되었기 때문에, 대면 그룹에서의 협력 증가는 흥미 공유나 기존 친분 등의 다른 요소 때문이 아니다. 협력 가능성의 증가는 실험에 참여한 연구자들이 직접 만났기 때문인 것으로 생각할 수 있다.

무작위화한 통제 실험은 인과 추론의 세계에서 가장 믿을 만한 방법으로 남아 있다. 하지만 이를 과학에서 실험하는 것은 도전적인 일이다. RCT는 주로 세금으로 지원받는 연구자나 기관의 성과에 영향을 주므로 비판이나 반발을 불러일으키기 쉽다.[79] 이런 점에서 유사 실험적 접근법이 유용하다.

인과적 관계를 밝힐 수 있는 두 번째 기술이 있다. 무작위로 발생한 사건을 기준으로 삼고, 그 전과 후로 어떤 일이 일어났는지 확인하는 것이다. 이는 '자연 실험' 혹은 '유사 실험(quasi-experiment)'으로 알려져 있다. 초기 경력에서의 자금 지원 지연이 어떻게 장래 성공에 영향을 주는지에 관한 예가 바로 이 방법을 사용한 것이다.[398] 젊은 책임 연구자가 NIH의 기금을 받을 수 있는 문턱 값의 바로 위인지 바로 아래인지는 모든 연구 책임자 개인의 외생적 특징이다. 투지가 강한 사람들은 지연에 더 회복력이 있거나, 영향력이 더 높은 논문을 출판했을 수 있겠지만 이 문턱 값바로 위와 바로 아래 양쪽 모두일 수는 없다. 문턱 값의 위혹은 아래에 있는 것은 기금을 받을 확률에만 영향을 주기 때문에, 이것이 장래 경력의 성과를 예측한다면 관찰 가능/불가능한 다른 요인과 상관없이 기금을 지원받는 것과 경력 성과 사이에 연결성이 있다는 뜻이다.

연구에서 인과성을 찾아낼 수 있다면 그 결과를 더 신뢰할 수 있다. 부분적으로는 이런 이유로 인해 신뢰성 회복혁명이 경제학에 큰 영향을 줬다. 실제로, 2017년에 전미경제조사회(NBER)에서 출판된 50% 정도의 조사 보고서에는 '확인(identification)'이라는 단어가 포함되어 있었다.[409] 하지만 더 큰 확실성에는 비용이 따른다. 인과관계가 명확할수록 더 좁은 주제에만 적용되는 경향이 있다는 점이다. RCT로 얻은 결과를 해석할 때 가장 핵심적인 교훈은, 인과관계가 성립할 때 그 관계는 연구의 대상인 무작위적 인구에만 적용된다는 것이다. 뉴욕 소재 병원의 60세 환자에게 적용한 약물 치료가 중국의 청소년에게 반드시 같은 효과가 있지는 않을 것이다. 비슷하게, NIH의 책임 연구자들에게서 발견된 연구 기금 문턱 값 효과가 반드시 다른 인구집단에 일반화될 수는 없다. 이는 실험의 조건을 설명하는 것이 결과를 설명하는 것만큼 중요함을 의미한다. 이처럼 RCT 등의 인과성 판별 방법은 구체성과 일반화 사이의 필수적인 긴장을 강조한다. 작고 제한된 질문에는 확신을 가지고 답할 수 있지만, 더 광범위한 질문에는 불확실성이 늘어나기 마련이다.

구체성과 일반화 사이의 긴장 속에서, 실험적·관찰적 통찰 모두 과학의 작동을 이해하는 데 중요한 역할을 한다. MIT의 경제학자 피에르 아줄레(Pierre Azoulay)는 과학 자체에 관한 더 많은 실험이 필요하다고 역설하면서 다음과 같이 지적했다.[79] "우리가 물려받은 과학 제도는 제2차 세계대전 직후에 생겨난 것이다. 20세기에 우리에게 큰 도움이 되었던 시스템이 21세기의 필요에도 똑같이 적용된다면 그것은 정말 우연의 일치일 것이다." 유사 실험을 비롯해 주의 깊게 설계된 실험들을 통해, 과학의 과학이 이 새로운 시대를 위한 정책을 수립하는 데 즉시 사용할 수 있는 인과적 통찰을 줄 수 있기를 바란다.

그러나 경제학 내에서조차 지구 온난화의 영향처럼 사회적으로 논의해야 할 수많은 거대한 질문들에 완전히 신뢰할 만한 기술을 써서 답할 수 없다는 데에 의견이 모이고 있다.[410] 그러나 이런 심각한 질문들을 무시해서는 안 된다. 그렇기 때문에 미래 과학의 과학은 관찰 연구와 실험 연구 모두 융성한 생태계 속에서 더 많은 역할을 하게 될 것이다. 과학의 과학 연구자들은 실험 연구자들과 더욱 긴밀한 파트너십을 맺음으로써 모델과 대규모 데이터에서 인과적 통찰력을 가진 연관성을 더 잘 파악할 수 있게 되고, 이로써 정책 및 의사 결정에 있어 관련성을 더욱 강화할 수 있을 것이다.

맺음말: **모든** 과학의 과학

책의 도입부에서 최근의 데이터 혁명을 현미경, 망원경 같은 도구가 해당 분야를 변혁한 것에 비유했다. 지금까지 논의한 것처럼, 과학의 과학은 과학 영역의 서로 다른 측면을 설명하고 평가하기 위해 정보과학과 도서관학, 사회학, 심리학, 생명과학부터 공학과 디자인에 이르는 다양한 분야에서, 각 분과에 특화된 모형, 기술, 직관, 표준, 주제를 사용해 온 연구자들의 핵심적 공헌을 통해 진보해 왔다.

하지만 이 최신의 도구는 현미경이나 망원경과 근본적으로 다른 특성을 갖는다. 과학의 과학의 특별한 자연적 성질은 **과학의, 과학에 의한, 그리고 과학에 대한 것이어야 한다**는 것이다. 정보과학, 사회과학 혹은 공학 등 일부 분과에만 의존하는 과학의 과학은 점점 더 커지고, 복잡해지고, 지수적으로 상호 연결되고 있는 이 분야의 핵심적 측면을 놓칠 수 있다. 다시 말해, 과학의 과학이 성공적이려면 **모든 과학**이 필요하다.

실제로 다음 **10년** 동안 과학과 '과학의 과학' 사이의 관계는 더 가까워질 것으로 기대된다. 과학의 과학은 단지 과학이 어떻게 수행되는지를 이해하는 데 그치지 않고, 과학을 더 잘할 방법에 관한 깊고 창의적인 질문을 던질 것이다. 그 결과 모든 분과에 속한 과학자들은 (1) 중요하지만 간과된 분야를 탐구하려 할 때, (2) 이미 수행하고 있는 일을 더 효과적으로 수행해 성과를 올리려고 할 때 과학의 과학에 투자하면 혜택이 있을 것이다. 쉽게 읽어 낼 수 있는 것 이상의 다양한 문헌을 통해 추론하고, 앞으로의 탐구를 안내해 줄 메커니즘을 정제해 이러한 혜택을 얻을 수 있다. 과학 생산과 과학에 대한 이해 사이의 관계를 자세히 탐구해, 빠르게 연구를 직·간접적으로 재현할 수 있고 이를 통해 재현성과 과학적 주장의 확실성에 대한 신뢰를 높일 수 있다.

모든 과학에서 사용되는 과학의 과학 연구로 넓은 범위의 연구자들이 이익을 보지만, 모든 연구자가 똑같이 이바지하는 것은 아니다. 과학의 과학이 성공하려면 전통적인 분야의 한계를 넘어서는 일이 중요하다. 그러려면 다양한 분야의 청중이 접근해, 결과와 방법, 통찰을 효과적으로 소통할 수 있는 출판 장소를 찾아야 하고, 다양한 분과적 관점을 지원하고 알게 된 정보를 특정 분과에 전달해 기관과 시스템이 정교하게 조정될 수 있도록 하는 연구비 지원 출처를 찾아야 한다.

과학의 과학을 전체적으로 아우르는 일은 이 분야를 진보시키기 위해 참여하고 있는 연구자 공동체에도 당연히 이로울 것이다. 비록 이 분야의 몇몇 핵심적 진보는 과학 전체에 걸친 보편성을 발견하고자 하지만, 분과 간의 문화적,

관습적, 선호적 차이 때문에 교차 영역에서 적용되는 통찰이 특정 분야에서는 적용되기 어렵기도 하다. 이는 지나치게 포괄적인 정책으로 이어져, 구체적인 영역에 적용하는 데에는 어려움을 줄 수도 있다. 과학이 점점 더 크고 복잡해지면 특정 분과의 특징들을 잡아내지 못하는 '과학의 과학'의 통찰은 점점 더 부적절해질 것이다.

즉 과학이 최적의 상태로 모두에게 이익이 되도록 하려면, 과학의 과학은 모든 분과의 재능, 전통, 경험으로부터 나와야 한다. 그러니 이 진심 어린 초청에 응해 주길 바란다. 함께 이 멋진 여행을 떠나자.

부록 A1. 팀 구성 모형

어느 팀에든 두 유형의 구성원들이 있다. 첫째는 새로운 사람들 혹은 신입자이다. 이들은 경험이 적고 기술은 숙련되지 않았지만 분위기를 새롭게 하며 자신만만하게 혁신에 도전한다. 둘째는 경험자들이다. 이들은 증명된 실적이 있는 베테랑으로서, 명성과 눈에 띄는 재능이 있다. 모든 과학자를 신입자 혹은 베테랑으로 구별한다면 공동 출판물에서 서로 다른 네 종류의 저자권 연결 유형을 찾을 수 있다. (1) 신입자-신입자, (2) 신입자-경험자, (3) 경험자-경험자, (4) 협업 경험이 있는 경험자-경험자 연결이다.

연구자들은 팀에서 이 네 가지 유형의 연결 비율을 변화시켜 팀이 어떻게 구성되었는지를 보여 주는 모형을 개발할 수 있다. 이 모형은 저자권 패턴이 팀의 성공에 영향을 주는지 이해하는 데 도움을 줄 것이다.[187] 신입자-신입자, 신입자-경험자, 경험자-경험자, 그리고 협업해 본 경험자-경험자 연결의 비율은 두 가지 매개변수로 특징지을 수 있다. **경험자 매개변수(incumbency parameter, p)**는 팀 내에 경험자의 비율을 나타내고, **다양성 매개변수(diversity** parameter, q)는 경험자 중 이전 공동 연구자가 얼마나 포함되어 있는지를 보여 준다.

그림 A1.1에서처럼 이 모형은 이제까지 아무와도 일해 본 적 없는 다수의 신입자(초록색 원)로부터 시작한다. 신입자들은 처음으로 팀에 참여하게 되면 경험자(파란색 원)로 바뀐다. 단순화를 위해 모든 팀이 같은 크기라 가정하자. 팀 구성원을 뽑을 때 확률 p로는 경험자 중에 구성원을 뽑고, $1-p$ 확률로는 신입자를 뽑는다. 경험자 중 구성원을 뽑고자 하는데 이미 다른 경험자가 팀 내에 있다면, 새로운 경력자를 뽑을 것인지 이미 협업해 본 연구자 중에서 뽑을 것인지 결정을 내려야 한다. 이 부분을 기술하는 것이 다양성 매개변수 q이다. (1) 확률 q로 이미 팀 내에 있는 무작위로 선정된 경험자들이 이전에 협업해 본 연구자 중에 새로운 구성원을 무작위로 뽑는다. 이는 이미 참여하고 있는 팀 구성원이 이전에 협업해 본 연구자와 함께 일하기로 선택하는 경향성을 모사한다. (2) 다른 경우, 새로운 구성원은 모든 경험자 중 무작위로 선택된다(두 번째 패널).

예를 들어, 3명으로 이루어진 팀을 구성한다고 해 보자(m=3). 시간이 0일 때, 공동 연구 네트워크는 5명의 경험자(파란색 원)로 이루어져 있다. 다수의 경험자와 다수의 신입자(초록색 원)가 새로운 팀에 합류하길 원하고 있다. 확실한 예를 위해 경험자4가 새로운 팀의 첫 번째 구성원으로 뽑혔다고 해 보자(하단 왼쪽 그림). 두 번째 구성원도 경험자라 가정하자(하단 두 번째 그림). 이 경우, 이전에 협업해 본 연구자 중에 선택할지, 새로운 경험자를 고를지 다시 결정

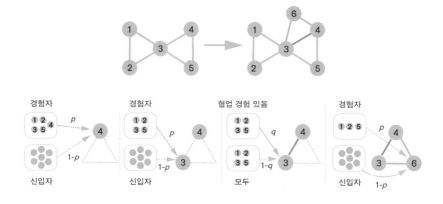

그림 A1.1 과학에서 팀 구성하기. 이 모형은 다수의 신입자(초록색 원)와 경험자(파란색 원)에서 시작한다. 팀 구성원을 선정하기 위해서 p의 확률로는 경험자를 뽑고, $1-p$의 확률로는 신입자를 뽑는다. 경험자 중에 구성원을 뽑기로 했다면, 다양성 매개변수 q가 이전에 함께 일한 적 있는 연구자를 얼마나 참여시킬지를 결정한다. (1) 확률 q로는 무작위로 선정되어 이미 팀에 있는 경험자의 이전 공동 연구자 중에서 새로운 구성원을 무작위로 뽑거나, (2) 혹은 모든 경험자 중에 무작위로 새로운 구성원을 선정한다(하단 세 번째 그림).[187]

해야 한다. 이 예에서, 두 번째 구성원은 4번 구성원의 이전 공동 연구자인 3번이다(하단 세 번째 그림). 마지막으로 세 번째 구성원은 신입자 중에 선택되고, 그는 경험자6이 된다(하단 오른쪽 그림).

이 모형은 공저자 네트워크의 두 가지 뚜렷한 결과를 예측한다. 네트워크의 구체적 형태가 경험자 매개변수 p에 의해 결정된다는 것이다. p가 작아 경험 있는 베테랑을 선택하는 일이 우선적이지 않으면 신입자가 해당 분야에 참여할 중요한 기회를 얻는다. 하지만 다른 누구와도 이전에 일한 적이 없는 신입자를 자주 뽑으면 공저자 네트워크는 아주 약간의 중첩만 있는 작은 팀들로 쪼개진 네트워크가 된다. 팀에 경험자가 참여할 가능성인 p를 증가시키면, 공저자 네트워크에서 다른 팀들과 연결될 확률이 증가한다. 실제로 베테랑들은 여러 팀에 속하기 때문에 그들이 네트워크 전체에서 중첩을 만드는 근원이다. 따라서 p가 증가하면 공저자 네트워크에서 이전에 쪼개져 있던 팀들이 더 크고 연결된 클러스터를 형성하기 시작한다.

홍미롭게도, 경험자와 다양성 매개변수(p와 q)와 팀의 전반적인 성과의 질에 대한 표지로 학술지의 영향력 지수를 비교하면 영향력 지수가 경험자 매개변수 p와 양의 상관성을 갖고 다양성 매개변수 q와는 음의 상관성을 가짐을 알 수 있다. 영향력 높은 학술지에 출판하는 대부분의 팀에는 경험자가 높은 비율로 포함되어 있다는 뜻이다. 반면 학술지의 영향력 지수와 다양성 매개변수 q 사이의 음의 상관성은, 이전에 팀 구성원들과 일한 경험이 있는 경험자들이 팀에 다수 참여하고 있으면 영향력 있는 학술지에 출판하기 어렵다는 의미이다. 서로 친숙하지만 새로운 팀 구성원이 제공하는 독창성은 부족하기 때문일 수 있다.

부록 A2. 인용 수 모형

A2.1 프라이스 모형

프라이스 모형은 과학 출판물에서의 피인용 수 차이, 분야와 관계없이 보편적인 피인용 수 분포를 설명할 수 있다. 인용 과정을 체계화하기 위해, 임의로 주어진 논문의 참고문헌에 있는 피인용 수를 m으로 표현하자. 과학자가 어떤 논문을 인용할 때, 과학자는 인용할 논문을 임의로 선택하지 않는다. 새로운 논문이 논문 i를 선택할 확률은 논문 i가 받은 인용 c_i에 따라 달라진다.

$$\Pi_i = \frac{c_i}{\Sigma_i c_i} \qquad \text{(식 A2.1)}$$

네트워크과학 문헌에서 이는 선호적 연결로 알려져 있다.[304] 과학자가 두 논문 중에 인용할 논문을 선택할 때, 한 논문이 다른 논문보다 2배 많은 인용을 받았다면 그 논문을 선택할 확률이 피인용 수가 낮은 논문을 선택할 확률보다 2배 높다는 뜻이다.

수식에 나타난 것처럼, 선호적 연결(식 A2.1)에는 모순되는 상황이 존재할 수 있다. 임의의 논문에 아직 인용이 없으면($c_i=0$), 어떤 인용도 얻을 수 없다는 것이다. 각각의 새로운 논문이 처음 인용을 받을 수 있도록 초기부터 유한한 확률을 부여해 이 문제를 해결할 수 있다. 이를 논문의 초기 매력도 c_0라 부른다. 따라서, 임의의 논문 i가 인용을 얻을 확률은 다음과 같이 수정 가능하다.

$$\Pi_i = \frac{c_i + c_0}{\Sigma_i(c_i + c_0)} \qquad \text{(식 A2.2)}$$

상자 A2.1 부익부 현상은 실재할까

선호적 연결은 새로운 논문이 이미 많이 인용된 논문을 인용하는 경향이 있다는 가정을 따른다. 하지만, 피인용 수와 관련해서 선호적 연결이 실제로 존재하는지 어떻게 알 수 있는가? 임의의 논문의 피인용 비율(예를 들어, 한 해에 받는 피인용 수)을 기존 피인용 수에 대한 함수로 측정해 답할 수 있다.[20] 선호적 연결이 존재한다면, 논문의 피인용 비율은 해당 논문의 총 피인용 수에 선형적으로 비례해야 한다. 측정값은 실제 데이터에서 그런 현상이 나타남을 보여 주며,[272, 412, 413] 선호적 연결이 존재한다는 것을 직접 증거로 증명한다.

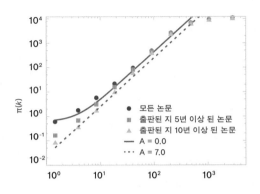

그림 A2.1 초기 매력도와 선호적 연결의 실증적 검증. 실선은 초기 매력도 c_0=7인 경우의 피인용 수를 보여 준다. 점선은 초기 매력도가 없는 경우(c_0=0)에 해당한다.[269]

언제 부익부 현상이 일어나는가? 이에 대한 답은 식 A2.2에서 소개한 매력 매개변수 c_0에 있다. 이에 따르면 아직 거의 인용되지 못한 어떤 논문이($c<c_0$) 인용될 확률은 순전히 초기 매력도 c_0로 결정된다. 논문이 언제부터 부익부 효과로 이득을 보는지 확인하기 위해, 초기 매력도를 고려하지 않은 바라바시-앨버트 모형[298]과 프라이스 모형의 예측을 비교할 수 있다. 이를 통해 얻은 선호적 연결의 티핑 포인트[*]는 $c_0 \approx 7$이다. 즉, 어떤 논문이 7번의 인용을 받기 전까지 그 논문의 피인용 수 축적에는 선호적 연결이 적용되지 않는다. 선호적 연결은 논문이 얻은 피인용 수가 7번의 문턱 값을 넘어야 시작된다(그림 A2.1).

---

[*] 작은 요인이 큰 효과를 불러일으킬 수 있는 지점.—옮긴이

앞에서 설명한 모형은 인용의 두 가지 중요한 측면을 표현한다.

(1) **과학 문헌의 성장**. 새로운 논문들은 꾸준히 출판되며, 각 논문은 이전에 출판된 m개의 논문을 인용한다.
(2) **선호적 연결**. 임의의 저자가 특정 논문을 인용할 확률은 균등하지 않고, 인용하려는 논문이 이미 갖고 있는 피인용 수에 비례한다.

식 A2.2의 모형은 드 솔라 프라이스가 1976년에 처음으로 제안했고, 프라이스 모형이라고도 한다.[297] 이 모형을 사용해 논문들이 받은 피인용 수 분포를 해석적으로 계산할 수 있다.

$$P_c \sim (c+c_0)^{-\gamma} \qquad \text{(식 A2.3)}$$

여기서 피인용 수 지수(citation exponent) γ는 다음과 같다.

$$\gamma = 2 + \frac{c_0}{m} \qquad \text{(식 A2.4)}$$

$c \gg c_0$인 경우, 식 A2.3은 $p_c \sim c^{-\gamma}$이 되어 피인용 수 분포의 거듭제곱 꼴을 예측한다. 식 A2.3은 1965년 프라이스가 관측한 피인용 수 분포[262]뿐 아니라 최근의 측정값과도 놀라울 정도로 일치한다.[265, 267~269, 411] 이는 엄격하게 식 A2.4의

피인용 수 지수가 2보다 크다고 예측한다. 많은 실험적 측정은 이 지수를 $\gamma=3$ 근방으로 생각하는데, 이는 $c_0=m$인 경우와 일치한다.

A2.2 선호적 연결의 근원

부익부 효과는 마치 개별 과학자가 모든 논문의 피인용 수를 세심하게 살펴보다가 가장 인용이 많이 된 논문을 선택하는 것처럼 보인다. 이는 당연히 사실이 아니다. 그렇다면 어디서 선호적 연결이 나타나는 것일까? 이 질문에 답하기 위해 새로운 논문을 살펴보고 인용하게 되는 방식을 살펴보자. 한 연구자의 연구와 관련 있는 연구를 발견하는 가장 일반적인 방법은 이제까지 읽은 논문을 사용해 관심 있는 주제와 관련 있는 다른 논문을 찾는 것이다. 후에 다른 논문을 읽다가 발견한 어떤 논문을 인용할 때, 이전 논문의 인용을 효율적으로 '복사(copying)'하는 것이다.

이 복사 과정은 선호적 연결의 근원을 설명하는 데 도움을 준다.[303, 414-420] 좀 더 구체적으로 다음 논문에 어느 논문을 인용할지 결정하는 한 과학자를 상상해 보자. 그는 적절한 주제 혹은 키워드를 찾다가 만난 문헌 중에 임의로 아무 논문이나 선정할 수 있다. 만약에 그가 이런 무작위적 방법을 통해 논문을 고른다면, 결과적으로 얻어진 피인용 수 분포는 푸아송 분포를 따를 것이며, 이는 모든 인용이 무작위적이며 각각이 독립적 사건이라는 의미이다. 하지만 그 과학자가 때때로 그가 무작위로 고른 논문의 참고문헌 중 하나를 '복사'해 그 논문을 참조한다고 상상해 보자. 아주 간단한 이 복제 과정은 자연적으로 선호적 연결을 만든다. 피인용 수가 많은 논문은 필연적으로 여러 논문의 참고문헌 목록에 포함되어 있기 때문이다. 따라서 논문이 인용을 많이 받을수록, 선택한 논문의 참고문헌 목록에 나타날 확률이 높고, 그 때문에 사람들이 인용할 확률이 높다.

복사 모형의 아름다움은 출판된 논문의 피인용 수를 추적하지 않아도 된다는 데에 있다. 개인들이 참조할 추가적인 논문을 찾고자 국소적 정보(즉, 이전에 읽은 논문의 참고문헌)에만 의지하더라도, 복사 모형에서 선호적 연결은 자연적이며 필수적으로 등장한다. 복사 모형은 단순히 이론에만 그치는 것이 아니다. 이 모형의 흔적을 실제 데이터에서도 직접 찾을 수 있다(상자 A2.2).

상자 A2.2 인용 복사의 증거

존 퍼듀(John Perdew)는 밀도 함수 이론의 선구자로, 구글 학술검색에 22만 번 이상의 피인용 수가 기록된, 세계에서 피인용 수가 가장 높은 물리학자 중 한 명이다. 유에 왕(Yue Wang)과 공저자로 기록된 1992년 《피지컬리뷰B》에 실린 논문[421]은 그 하나로만 2만 번 이상의 인용을 받았다. 하지만 퍼듀 자신도 언급했듯이 이 인용 중 수천 건은 잘못된 것인데, 다수의 저자는 확실히 완전히 다른 논문을 인용하고자 했던 것으로 보이기 때문이다. 이 혁신적 연구 한 해 전에 퍼듀와 왕이 공동 집필한 약간 덜 알려진 논문을, 몇몇 대중적인 자료에서 실수로 1992년 논문보다 인용을 더 많이 받은 논문으로 기록했다.

이러한 인용 오류(citation misprints)를 분석하면 인용 복사의 직접적 증거를 얻을 수 있다.[422] 때때로 어떤 논문의 참고문헌에는 오타가 포함되어 있다. 예컨대 논문의 쪽수를 알려 주는 네 자리 숫자 중 하나가 잘못 표기되어 있을 수 있다. 만약에 잘못 기록된 숫자가 여러 참고문헌 목록에 반복적으로 등장한다면, 이는 그 인용이 이전 출판물에서 단순히 복사해 왔다는 증거다. 다수의 연구자가 같은 실수를 독립적으로 만들 확률은 매우 낮다(이 예에서는 10^{-4}이다). 하지만 연구자들이[422] 특정 인용 오류를 역추적해 상대적으로 잘 알려진 논문[423]까지 이르렀을 때, 상당한 수의 인용이 불균형적으로 정확히 같은 표기 오류를 포함하고 있음을 확인할 수 있었다. 서로 다른 저자가 해당 논문을 196가지 다양한 방식으로 인용했지만, 맞춤법 오류가 있는 인용이 78개나 발견되었고 이는 이 논문을 인용한 사람들이 이전 논문으로부터 참고문헌을 단순 복사했음을 의미한다. 반복적인 표기 오류는 인용 '복사'가 그저 은유가 아니라, 문자 그대로 실행되고 있음을 보여 준다.

A2.3 적익부

프라이스 모형은 논문 피인용 수의 성장 비율이 오로지 현재 피인용 수로만 결정된다고 가정했다. 이 기본적인 모형 위에 모형을 만들기 위해 인용 비율이 선호적 연결과 논문의 적합성에 의해 결정된다고 가정해 보자. 이를 **적합성 모형** 혹은 비앙코니-바라바시 모형이라고 부르고,[307, 308] 다음 두 가지 가정을 포함한다.

- **성장:** 매 시간 단계마다 m개의 참고문헌과 적합성 i를 갖는 새로운 논문 i가 출판된다. 여기서 i는 임의의 분포 $p(\eta)$에서 얻어진 무작위 수이다. 일단 논문의 적합성이 주어지면, 시간이 지나도 변하지 않는다.
- **선호적 연결:** 이 새로운 논문이 이미 존재하는 논문 i를 인용할 확률은 논문 i가 이전에 받은 피인용 수와 적합성 i의 곱에 비례한다.

$$\Pi_i = \frac{\eta_i c_i}{\sum_j \eta_j c_j}$$

(식 A2.5)

식 A2.5에서 확률이 c_i에 의존하는 성질은 앞에서 논의한 선호적 연결을 담아내고 있다. 적합성 η_i에 대한 의존성은 같은 수의 인용(c_i)을 받은 두 논문 사이에서 한 논문이 적합성이 더 높으면 더 높은 비율로 피인용 수를 유인함을 뜻한다. 따라서 식 A2.5에 따르면 초기에 적은 수의 인용을 받은 상대적으로 새로운 논문이라 할지라도 다른 논문들보다 우수한 적합도를 갖는다면 피인용 수가 빠르게 상승할 것이다.

A2.4 개별 논문의 최소 인용 모형

3부에서 논문의 영향력에 영향을 미치는 네 가지 메커니즘, 곧 과학의 기하급수적 성장(15장), 선호적 연결(17장), 적합성(17장), 참고문헌 나이(19장)를 논의했다.[298] 이 네 가지 메커니즘을 결합해 임의의 논문이 받는 피인용 수의 시간에 따른 변화를 담아내는 최소 인용 모형을 만들 수 있다.[298] 이를 위해 논문 i가 출판된 이후의 임의의 시간 t에 인용을 얻을 확률을 아래 수식으로 기술한다.

$$\Pi_i(t) \sim \eta\, c_i^t P_i(t) \qquad\qquad (식\ A2.6)$$

식 A2.6에서 i는 논문의 적합성을 의미하며, 해당 연구에 대한 과학 공동체의 반응을 담아내는 종합적인 측정값으로 사용된다. c_i는 선호적 연결을 측정하며, 논문이 인용을 얻을 수 있는 확률이 이전까지 얻은 총 피인용 수에 비례함을 보여 준다. 마지막으로 장시간에 걸친 논문 피인용 수의 감소는 로그 정규 생존 확률분포로 근사할 수 있다.

$$P_i(t) = \frac{1}{\sqrt{2\pi}\sigma_i t}\exp\left(-\frac{(\ln t - \mu_i)^2}{2\sigma_i^2}\right) \qquad\qquad (식\ A2.7)$$

여기서 시간 t는 출판 이후로 흐른 시간을 의미하고, μ는 영향력의 신속성으로 해당 논문이 피인용 수의 최고점에 도달하는 데 필요한 시간을 조절한다. σ는 지속성으로, 피인용 수 감소 비율을 의미한다.

성장 비율 식 A2.8은 논문 i가 출판된 이후 시간 t에서 새로운 인용을 얻을 비율을 계산할 수 있도록 한다.

$$\frac{dc_i^t}{dN} = \frac{\Pi_i}{\sum_{i=1}^{N} \Pi_i} \qquad \text{(식 A2.8)}$$

여기서 N은 논문의 총 수이고, $N(t) \approx \exp(\beta t)$이며, β는 과학의 기하급수적 성장(15장)을 의미한다. 비율 방정식 A2.8을 통해 새로운 논문이 출판될 때마다 논문 i가 추가적인 인용을 얻을 확률이 점점 더 낮아짐을 알 수 있다. 으뜸 방정식 A2.8의 해석적 해법으로 닫힌 형태의 해인 식 20.1을 얻을 수 있고, 이를 통해 논문 i가 출판 후의 시간 t에 얻을 수 있는 축적된 피인용 수를 예측할 수 있다.

표 A2.1은 2004년의 모든 주제 분류에 속한 논문의 2012년까지의 평균 피인용 수 $\langle c \rangle$를 보여 준다.[424] 분류별 총 출판물 수 N도 나타낸다. 표에 따르면 개별 분야마다 놀라울 정도로 다른 피인용 수를 가지며, 이를 통해 16장에서 논의한 바와 같이 영향력을 비교하고 평가할 때 피인용 수를 정규화하는 것이 얼마나 중요한지 알 수 있다.

표 A2.1 2004년 모든 주제별 분류에 대한 논문들의 2012년까지 평균 피인용 수 <c> 와 각 분류에 해당하는 출판물 수 N.[424]

분야명	<c>	N
공학, 건축 기술	7.36	2,302
공학, 계측	8.28	8,599
공학, 광물학	10.95	1,724
공학, 광산 및 광물처리	6.01	1,553
공학, 금속	8.12	8,077
공학, 기계	7.54	8,503
공학, 다학제	7.3	4,443
공학, 도시	7	5,972
공학, 로봇	11.17	497
공학, 산업	8.28	3,109
공학, 생물의학	18.82	4,717
공학, 석유	2.14	1,613
공학, 선박	1.06	489
공학, 에너지 및 연료	11.9	5,977
공학, 원격탐사	14.94	1,301
공학, 원자력과학기술	6.03	7,589
공학, 자동 및 제어시스템	12.91	3,449
공학, 전기전자	11.32	26,432
공학, 전기통신학	9.97	5,196
공학, 제조	8.28	3,385
공학, 지질학	7.08	1,406
공학, 항공	4.7	1,902
공학, 해양	7.5	874
공학, 화학	10.78	13,612
공학, 환경	16.39	4,850
과학사, 과학철학	4.18	919
교육학, 과학교과	6.32	1,930
기생충학	11.06	2,239
나노과학 & 나노기술	20.63	7,183
내분비 및 대사학	21.68	11,259

노인학	15.1	2,387
농학, 낙농 및 동물과학	8.99	3,868
농학, 농업경제정책	7.87	592
농학, 농업경제학	10	4,767
농학, 다학제	12.07	2,803
농학, 수산학	10.79	3,495
다학제 과학	48.85	10,909
물리학, 광학	12.16	12,693
물리학, 기상 및 대기과학	15.86	6,720
물리학, 다학제	16.17	15,438
물리학, 수리	11.38	6,624
물리학, 열역학	9.76	3,809
물리학, 원자분자화학	14.32	12,973
물리학, 음향	8.78	3,361
물리학, 응용	14.24	28,999
물리학, 응집물질	13.39	22,654
물리학, 입자장	14.33	8,759
물리학, 천문학 & 천체물리학	21.41	13,392
물리학, 플라즈마 유체	12.31	5,648
물리학, 핵	10.24	4,987
산림학	11.42	2,811
생리학	18.73	7,846
생물 물리학	19.48	9,609
생물학	16.13	5,302
생물학, 고생물학	9.7	1,559
생물학, 곤충학	7.76	4,371
생물학, 담수생물학	12.33	6,939
생물학, 동물학	10.07	6,684
생물학, 미생물학	19.84	13,224
생물학, 발생 생물학	31.01	3,289
생물학, 번식생물학	15.26	3,710
생물학, 생명 공학 & 응용미생물학	19.63	13,899
생물학, 생물다양성 보존	14.03	2,117
생물학, 생화학 & 분자 생물학	26.18	43,556

생물학, 생화학 연구방법	20.54	9,674
생물학, 세포 및 조직 공학	31.4	322
생물학, 세포 생물학	32.72	17,610
생물학, 수리 및 계산생물학	20.05	2,304
생물학, 식물과학	15.45	12,844
생물학, 식물균학	10.45	1,019
생물학, 신경과학	23.48	23,796
생물학, 신경촬영	25.95	1,430
생물학, 유전학	25.56	12,947
생물학, 조류학	8.36	928
생물학, 진화 생물학	22.88	3,170
생태학	18.02	9,860
수자원학	10.86	5,490
수학	4.61	13,390
수학, 응용	6.65	11,863
수학, 학제간 응용	10.37	4,370
수학, 확률통계학	9.04	4,922
스포츠과학	13.44	4,701
식품과학기술학	11.97	9,457
약물남용	16.99	1,049
역학	9.49	10,165
영상기술학	16.28	1,136
운용과학(OR)/경영과학	10.69	3,902
육수(陸水)학	13.27	1,208
의료 윤리	6.27	443
의학, 1차의료	6.93	1,140
의학, 간호학	7.86	2,365
의학, 공중보건학	15.31	10,171
의학, 구강 외과 및 구강학	11.11	5,040
의학, 남성병학	11.46	248
의학, 내과	19.97	14,814
의학, 독성학	13.82	6,214
의학, 류머티스학	18.28	3,058
의학, 마취학	10.06	4,122

의학, 말초혈관질환	25.41	8,353
의학, 면역학	22.17	17,048
의학, 바이러스학	21.66	4,713
의학, 법	7.02	993
의학, 병리학	14.42	5,694
의학, 비뇨신장	15.58	7,784
의학, 소아청소년의학	10.69	9,553
의학, 소화기 & 간	19.03	7,518
의학, 수술학	12.25	22,687
의학, 수의학	7.64	7,967
의학, 심리	17.93	2,942
의학, 심장 및 심혈관계	20.21	12,472
의학, 안과학	11.97	6,359
의학, 알레르기	18.97	1,617
의학, 약리학	14.65	20,991
의학, 여성의학	11.78	7,384
의학, 연구 실험	20.29	8,861
의학, 열대의학	11.39	1,298
의학, 영상의학, 핵의학	15.78	12,165
의학, 영양학	18.44	4,767
의학, 응급 의학	7.59	1,661
의학, 의료연구기술	11.13	2,210
의학, 의료운송기술	5.44	1,562
의학, 의료정보	11.66	1,196
의학, 이비인후과학	9.01	3,235
의학, 이식	13.21	4,665
의학, 임상신경	16.95	15,563
의학, 전염성질환	18.47	7,727
의학, 정신	20.88	9,108
의학, 정형외과학	13	5,607
의학, 종양학	23.44	19,647
의학, 중환자관리의학	18.15	3,116
의학, 통합보완의학	10.45	885
의학, 피부학	10.08	4,808

의학, 해부학 및 형태학	11.79	1,022
의학, 헬스케어 사이언스 & 서비스	11.78	3,577
의학, 혈액학	25.88	9,875
의학, 호흡기	16.34	6,259
재료과학, 다학제	13.68	34,391
재료과학, 바이오소재	23.02	2,082
재료과학, 분광학	9.56	6,648
재료과학, 섬유	5.72	949
재료과학, 세라믹	7.87	3,443
재료과학, 재료분석	4.59	1,293
재료과학, 제지 및 목재	4.67	1,048
재료과학, 코팅 및 필름	11.03	4,993
재료과학, 폴리머과학	14.16	11,170
재료과학, 합성	9.44	1,539
재활	11.45	1,863
지리학, 다학제	11.71	10,683
지리학, 물리학	14.6	2,230
지리학, 지구화학 & 지구물리학	15.79	5,777
지리학, 지질학	12.42	1,604
지리학, 해양학	13.66	4,159
컴퓨터과학, 사이버네틱스	10.42	1,068
컴퓨터과학, 소프트웨어공학	8.85	4,718
컴퓨터과학, 이론과 방법론	9.59	3,918
컴퓨터과학, 인공지능	16.77	4,690
컴퓨터과학, 정보시스템	11.58	4,633
컴퓨터과학, 하드웨어 & 아키텍처	9.83	2,890
컴퓨터과학, 학제간 응용	10.25	5,761
토양학	11.08	2,766
행동과학	16.95	3,426
현미경	9.9	674
화학, 결정학	8.1	7,032
화학, 다학제	21.38	23,501
화학, 무기 및 핵	12.33	10,219
화학, 물리	18.52	29,735

화학, 분석	15.04	14,446
화학, 유기	14.56	16,878
화학, 응용	11.76	7,542
화학, 의약	14.62	6,444
화학, 전기화학	17.34	5,539
환경과학	14.88	16,938

감사의 말

오늘날 혁신의 근본적인 원동력은 팀이기 때문에 무엇보다
도 연구실 구성원들에게 감사를 표하지 않을 수 없다. 실제
로 연구실 팀원들은 프로젝트의 초기 단계부터 깊이 관여
했다. 출간 제안서의 상당 부분을 구성해 주었고, 이들이 제
시해 준 신선한 통찰력을 바탕으로 새로운 장들을 추가할
수 있었다. 덕분에 탐구하고자 하는 주제들에 관한 이해가
넓고 깊어졌다. 도움을 준 로버타 시나트라, 챠오밍 송, 루
리우, 이안 인, 양 왕, 칭 진, 화웨이 셴, 피에르 데빌, 마이클
스젤, 타오 지아, 링페이 우, 종양 헤, 지차오 리, 빙루 왕, 수
만 칼리안 메이티, 주우성, 지안 가오, 니마 데마미, 이 부,
데이비드 모서, 알렉스 게이츠, 준밍 황, 칭 케, 신디 왕 등
영감을 주는 동료들과 일하고 배울 수 있었기에 우리의 과
학 여정은 무한히 즐거웠다.

　9장 "보이지 않는 대학"에서 설명한 '비상한 기운'을
이 책을 집필하면서 생생하게 경험했다. 실제로 많은 친구
와 동료들이 자신의 시간과 전문 지식을 아낌없이 제공해
주었기 때문에 그중 일부만을 열거하면 반드시 누군가를

빼먹게 된다. 그럼에도 루이스 아마랄, 시난 아랄, 피에르 아줄레이, 페데리코 바티스턴, 잔느 브렛, 엘리자베스 캘리, 마누엘 세브리안, 데이먼 센톨라, 질리안 차우, 노시르 컨트랙터, 잉 딩, 유샤오 동, 티나 엘리아시-라드, 엘리 핀켈, 산토 포르투나토, 모건 프랭크, 리 자일스, 대니 고로프, 슐로모 하블린, 세자르 이달고, 트래비스 호프, 이언 비, 허친스, 벤 존스, 브레이든 킹, 레베카 메세롤, 샘 몰리뉴, 카림 라카니, 데이비드 레이저, 제시 리, 젠 레이, 제스 러브, 스타사 밀로예비치, 페데리코 무시오토, 윌리 오카시오, 샌디 펜틀랜드, 알렉스 피터슨, 필리포 라딕치, 이야드 라환, 로렌 리베라, 매트 살가닉, 조지 산탄젤로, 율리아 조지스쿠, 네드 스미스, 폴라 스티븐, 토비 스튜어트, 볼슬로 스지만스키, 아르나우트 판 더 레이트, 알레산드로 베스피그나니, 존 윌시, 루도 월트먼, 콴산 왕, 팅 왕, 애덤 웨이츠, 클라우스 웨버, 스테판 우치티, 유 시에, 윤혜진, 윤지영에게 진실한 감사를 전한다.

이 여정을 가능하게 해 준 많은 분들 중에서도 특히 여정 전체에 걸쳐 수년 동안 '비상한 기운'을 선사해 주신 두 분께 특별한 감사를 전한다. 브라이언 우지는 항상 시간을 아낌없이 내어 줄 뿐 아니라 놀라운 통찰력을 가지고 있다. 그는 우리가 표현하기 위해 고군분투하는 아이디어를 수시로 취해 손쉽게 발전시켜 주었다. 아울러 물리학자가 사회과학에 기여할 수 있다는 다소 급진적인 아이디어를 지지해 준 점에 대해서도 감사한다. 우리의 동료인 제임스 에반스는 절친한 친구이자 공동 작업자였으며, 이 책에서

412

논의된 여러 아이디어는 그가 없이는 탄생하지 못했을 것이다. 이 분야의 미래 발전을 다룬 맺음말 "모든 과학의 과학"을 비롯한 다양한 부분에 영감을 주었다.

수년 동안 우리가 받은 아낌없는 연구 지원에 대해 매우 감사하게 생각한다. 특히 AFOSR(Air Force Office of Scientific Research)의 리크 파라는 "과학의 과학"이 무엇을 의미하는지 아는 사람이 거의 없던 초기부터 진정한 신봉자였다. 이 책에서 논의된 많은 개념은 그의 강력하고 지속적인 지원이 없었다면 불가능했을 것이다. 또한 대부분의 연구자들이 꿈꾸는 수준의 지원과 신뢰를 제공한 켈로그 경영대학원에 특별한 감사를 표한다.

이름 없는 많은 영웅들이 이 책에 기여했으며, 수많은 시간을 투자하여 이 책을 완성하는 데 도움을 주었다. 캐리 브라만, 제이크 스미스, 제임스 스탠필, 에니코 얀코, 한나 키퍼, 알라나 라자로비치, 셰리 길버트, 미셸 구오, 크리스티나 엘레키의 탁월하고 헌신적인 편집 지원으로 큰 도움을 받았다. 용감하게 재디자인 작업을 맡아 모든 그림을 다시 그리고 책에 시각적 정체성을 부여해 준 앨리스 그리시첸코에게 특별한 감사를 표한다. 이안 인과 루 리우는 도움이 필요할 때면 언제든 달려와 데이터 분석부터 참고 자료 관리에 이르기까지 다양한 필수 작업에 기여해 주었다.

열정적인 챔피언인 사이먼 카펠린부터 프로젝트의 진행과 결승선을 통과하기 위해 끊임없이 노력한 편집팀까지, 케임브리지 대학 출판부 전문 출판 팀의 로이신 뮤넬리, 니컬러스 기번스, 헨리 코크번, 메리언 모팻의 도움에 특별히 감사드린다. 수차례 마감일을 놓쳤지만 인내해 주었다.

마지막으로 다슌의 아내 톈 셴에게 감사의 마음을 전하며 이 책을 아내에게 바친다. 늘 고맙습니다.

옮긴이의 말

이 책의 원제는 'The Science of Science'로 직역하면 '과학의 과학'이다. 이를 간단히 설명하자면 '과학'이라는 학문과 '과학 분야에서 일하는 사람들'에게 일어나는 일들을 '과학적인 방법'으로 분석하는 다학제적 학문 분야라고 할 수 있다. 생소할 수도 있겠지만 사실 우리와 그렇게 동떨어진 이야기는 아니다. 예를 들면 연말에 세계를 뜨겁게 달구는 노벨상 수상자도 과학의 과학에서 말하는 도구와 방법을 이용해 예측할 수 있다. 과학자의 경력, 성과에 대한 평가, 그리고 이같은 업적을 이루기까지 투자된 자원과 시간 대비 효용 등을 평가할 수 있게 되었다. 나아가 과학의 발전과 과학자의 육성 상당 부분이 국가에서 지원하는 연구비로 이루어진다는 전제 아래, 세금을 가치롭게 사용했는지에 대한 평가도 가능해진다. 우리 언론과 정치계에서 한마디씩 보태는, 어째서 우리나라에서 노벨상 수상자가 나오지 않는지에 대한 학술적 대답으로 연결되는 것이다.

이 책은 특히 과학자의 협력과 네트워크에 큰 비중을 둔다. 오늘날의 과학은 연구자 개인의 업적만으로 이루어지기 어렵다. 공동 연구는 과학자들의 '팀플레이'라 할 수 있다. 이 팀플레이를 통해 발표되는 과학 논문의 수는 꾸준히 증가하고 있고, 한 프로젝트에 참여하는 과학자의 수 역시 기하급수적으로 늘어나고 있다. 2015년에 발표된 고에너지 물리학 논문에 참여한 저자의 수는 무려 5,154명이었다. 이렇게 많은 사람과 함께 복잡한 과학 연구를 해내는 것이 항상 수월할까? 당연히 그렇지 않다. 그래서 어떤 작업은 잘되고, 어떤 작업은 쫄딱 망한다. 과학자들의 팀 프로젝트를 분석하면 우리가 학교에서 혹은 회사에서 진행하는 팀플에서도 실마리를 얻을 수 있을지도 모른다. 이 또한 '과학의 과학'의 영역이다.

　　과학의 발전이 국가 경쟁력을 좌우하는 이 시대에 '과학'과 '과학하는 사람들'을 분석하는 일은 그 자체로 중요하다. 그렇지만 앞서 살펴보았듯이 '과학의 과학' 분야에서 내놓는 연구 결과는 단순히 '과학'에만 국한되지는 않는다. 과학자의 경력에서 발견되는 패턴은 예술가나 영화감독의 경력에서도 발견된다. 우리 모두 인생의 황금기를 꿈꾼다. 그렇다면 경력에서 황금기는 언제 어떻게 찾아올까? 황금기를 맞기 위해 어떤 준비를 해야 할까?

　　이토록 흥미로운 질문을 던지는 '과학의 과학'은 역사가 깊은 연구 분야이지만, 한국에서는 다소 새롭고 관련 서적도 거의 전무했다. 그런 중에 번역되어 소개되는 이 책은 기존 '과학의 과학' 분야의 배경과 더불어 방대한 데이터를 다루어 얻은 유용하고 신선한 연구 결과를 소개한다. 특히 네트워크과학과 데이터과학의 방법론을 통해 얻은 최신 결과들을 조리 있게 연결하고 있으며, 결과를 이해하기 쉽게 기술한다. 무엇보다 문헌정보학과 사회학 등 다양한 분야에서 서로 분리되어 탐구되어 왔던 개념들을 하나의 주제로 아우르려는 노력이 인상적이다. '과학'과 '과학하는 사람들'에 흥미를 갖고 있는 독자라면, 이 책은 이 주제의 심도 있는 이해에 다다르도록 돕는 좋은 시작점이 되리라 확신한다.

이 책은 훌륭한 업적을 다수 이룬 두 명의 과학자가 합심하여 썼다. 다슌 왕과 앨버트 라슬로 바라바시는 통계 물리와 네트워크 과학 방법론을 적극적으로 활용한다. 『링크(Linked)』의 저자로 우리에게 잘 알려진 바라바시는 1999년, 연결선 수가 거듭제곱 법칙을 따르는 네트워크 모형을 제안한 뒤 잇따른 연구로 네트워크과학의 발전에 크게 기여했다. 바라바시는 네트워크 과학의 창시자로 여겨지며, 2006년 네트워크과학학회(Network Science Society)를 설립했다.

다슌 왕은 바라바시의 제자로, 성공의 법칙과 여러 분야에서 창의적인 협동이 나타나는 원리에 관한 연구로 잘 알려져 있다. 왕은 바라바시에 못지 않은 연구 성과로 여러 상을 받았으며, 특히 2021년 네트워크과학학회 주관 학술대회인 NetSci에서 이론 또는 실험적으로 뛰어난 다학제적 발전을 이룬 만 40세 이하의 네트워크 과학자에게 매년 수여되는 에르되시-레니 상을 수상했다.

원문을 옮기며 긴 문장은 좀 더 명확한 짧은 문장으로 바꾸려고 노력했고, 일대일로 대응되지 않는 부분이 있다면 가장 근접한 표현을 사용하려고 노력하였다. 그럼에도 원서의 내용이 온전히 전달되지 않은 부분이 있다면 번역가의 부족함으로 생각해 주시기를 바란다. 이 책을 우리말로 출판하는 과정에서 다방면으로 애써 주신 이김 편집부와 부족한 번역을 우리말답게 다듬어 주신 과학 전문 편집자 김해슬 님께 감사의 인사를 전한다.

옮긴이의 말을 쓰고 있는 2023년도 9월 한국 과학계는 한국 정부의 과학 기술 분야 R&D 예산 삭감 문제로 큰 파장이 일고 있다. 과학기술정보통신부의 예산 삭감의 62%가 R&D 부문에 해당한다는 소식에 뒤이어 교육부 이공계 R&D 예산도 대폭 삭감되었다는 소식이 들려온다. 오늘날 과학 기술 수준은 곧 국가 경쟁력의 척도나 마찬가지이다. 정책에 관심이 있는 사람이라면 알 수 있고, 이 책에 있는 많은 연구 결과로도 알 수 있듯이 연구개발투자는 효과가 장기적으로 나타난다. 그렇기에 이 시대에 과학기술 분야에 드리운 어두운 그림자를 보며 걱정을 금할 수 없다. 미흡하지만 이 책이 많은 독자들, 특히 정책 결정자들의 눈을 밝혀주는 데에 조금이나마 도움이 되기를 바란다.

[1]   W. Dennis, Bibliographies of eminent scientists. *Scientific Monthly*, 79(3), (1954), 180–183.

[2]   D. K. Simonton, Creative productivity: A predictive and explanatory model of career trajectories and landmarks. *Psychological Review*, 104(1), (1997), 66.

[3]   S. Brodetsky, Newton: Scientist and man. *Nature*, 150, (1942), 698–699.

[4]   Y. Dong, H. Ma, Z. Shen, et al., A century of science: Globalization of scientific collaborations, citations, and innovations, in *Proceedings of the 23rd ACM SIGKDD International Conference on Knowledge Discovery and Data Mining* (New York: ACM, 2017), pp. 1437–1446.

[5]   R. Sinatra, P. Deville, M. Szell, et al., A century of physics. *Nature Physics*, 11(10), (2015), 791–796.

[6]   M. L. Goldberger, B. A. Maher, and P. E. E. Flattau, *Doctorate Programs in the United States: Continuity and Change* (Washington, DC: The National Academies Press, 1995).

[7]   L. Baird, Departmental publication productivity and reputational quality: Disciplinary differences. *Tertiary Education and Management*, 15(4), 2009), 355–369.

[8]   J. P. Ioannidis, Why most published research findings are false. *PLoS Medicine*, 2(8), (2005), e124.

[9]   W. Shockley, On the statistics of individual variations of productivity in research laboratories. *Proceedings of the IRE*, 45(3), (1957), 279–290.

[10]   P. Fronczak, A. Fronczak, and J. A. Hołyst, Analysis of scientific productivity using maximum entropy principle and fluctuation-dissipation theorem. *Physical Review* E, 75(2), (2007), 026103.

[11]   A. J. Lotka, The frequency distribution of scientific productivity. *Journal of Washington Academy Sciences*, 16(12), (1926), 317–324.

[12]   D. de Solla Price, *Little Science, Big Science and Beyond* (New York: Columbia University Press, 1986).

[13]   H. C. Lehman, Men's creative production rate at different ages and in different countries. *The Scientific Monthly*, 78, (1954), 321–326.

[14]   P. D. Allison and J. A. Stewart, Productivity differences among scientists: Evidence for accumulative advantage. *American Socio-logical Review*, 39(4), (1974), 596–606.

[15]   F. Radicchi and C. Castellano, Analysis of bibliometric indicators for individual scholars in a large data set. *Scientometrics*, 97(3), (2013), 627–637.

[16]   A.-L. Barabási, *The Formula: The Universal Laws of Success* (London: Hachette, 2018). 앨버트 라슬로 바라바시, 『성공의 공식 포뮬러』(한국경제신문, 2019).

[17]   D. Bertsimas, E. Brynjolfsson, S. Reichman, et al., OR forum–tenure analytics: Models for predicting research impact. *Operations Research*, 63(6), (2015), 1246–1261.

[18]   P. E. Stephan, *How Economics Shapes Science* vol. 1 (Cambridge, MA: Harvard University Press, 2012). 폴라 스테판, 『경제학은 어떻게 과학을 움직이는가』(글항아리, 2013).

[19]   A. Clauset, S. Arbesman, and D. B. Larremore, Systematic inequality and hierarchy in faculty hiring networks. *Science Advances*, 1(1), (2015), e1400005.

[20]   W. J. Broad, The publishing game: Getting more for less. *Science*, 211 (4487), (1981), 1137–1139.

[21]   N. R. Smalheiser and V. I. Torvik, Author name disambiguation. *Annual review of information science and technology*, 43(1), (2009), 1–43.

[22]   A. A. Ferreira, M. A. Gonçalves, and A. H. Laender, A brief survey of automatic methods for author name disambiguation. *ACM SIGMOD Record*, 41(2), (2012), 15–26.

[23]   V. I. Torvik, M. Weeber, D. R. Swanson, et al., A probabilistic similarity metric for Medline records: A model for author name disambiguation. *Journal of the American Society for Information Science and Technology*, 56(2), (2005), 140–158.

[24]   A. J. Hey and P. Walters, *Einstein's Mirror* (Cambridge, UK: Cambridge University Press, 1997).

[25]   D. N. Mermin, My life with Landau, in E. A. Gotsman, Y. Ne'eman, and A. Voronel, eds., Frontiers of Physics, *Proceedings of the Landau Memorial Conference* (Oxford: Pergamon Press, 1990), p. 43.

[26]   J. E. Hirsch, An index to quantify an individual's scientific research output. *Proceedings of the National Academy of Sciences*, 102(46), (2005), 16569–16572.

[27]   R. Van Noorden, Metrics: A profusion of measures. *Nature*, 465(7300), (2010), 864–866.

[28]   A. F. Van Raan, Comparison of the Hirsch-index with standard bibliometric indicators and with peer judgment for 147 chemistry research groups. *Scientometrics*, 67(3), (2006), 491–502.

[29]   L. Zhivotovsky and K. Krutovsky, Self-citation can inflate h-index. *Scientometrics*, 77(2), (2008), 373–375.

[30]   A. Purvis, The h index: playing the numbers game. *Trends in Ecology and Evolution*, 21(8), (2006), 422.

[31]   J. E. Hirsch, Does the h index have predictive power? *Proceedings of the National Academy of Sciences*, 104(49), (2007), 19193–19198.

[32]   J. M. Cattell, *American Men Of Science: A Biographical Directory* (New York: The Science Press, 1910).

[33]   J. Lane, Let's make science metrics more scientific. *Nature*, 464 (7288), (2010), 488–489.

[34]   S. Alonso, F. J. Cabrerizo, E. Herrera-Viedma, et al., hg-index: A new index to characterize the scientific output of researchers based on the h-and g-indices. *Scientometrics*, 82(2), (2009), 391–400.

[35]   S. Alonso, F. J. Cabrerizo, E. Herrera-Viedma, et al., h-Index: A review focused in its variants, computation and standardization for different scientific fields. *Journal of Informetrics*, 3(4), (2009), 273–289.

[36]   Q. L. Burrell, On the h-index, the size of the Hirsch core and Jin's A-index. *Journal of Informetrics*, 1(2), (2007), 170–177.

[37]   F. J. Cabrerizo, S. Alonso, E. Herrera-Viedma, et al., q2-Index: Quantitative and qualitative evaluation based on the number and impact of papers in the Hirsch core. *Journal of Informetrics*, 4(1), (2010), 23–28.

[38]   B. Jin, L. Liang, R. Rousseau, et al., The R-and AR-indices: Complement-ing the h-index. *Chinese science bulletin*, 52(6), (2007), 855–863.

[39]   M. Kosmulski, A new Hirsch-type index saves time and works equally well as the original h-index. *ISSI Newsletter*, 2(3), (2006), 4–6.

[40]   L. Egghe, An improvement of the h-index: The g-index. *ISSI news-letter*, 2(1), (2006), 8–9.

[41]   L. Egghe, Theory and practise of the g-index. *Scientometrics*, 69(1), (2006), 131–152.

[42]   S. N. Dorogovtsev and J. F. F. Mendes, Ranking scientists. *Nature Physics*, 11(11), (2015), 882–883.

[43]   F. Radicchi, S. Fortunato, and C. Castellano, Universality of citation distributions: Toward an objective measure of scientific impact. *Proceedings of the National Academy of Sciences*, 105(45), (2008), 17268–17272.

[44]   J. Kaur, F. Radicchi, and F. Menczer, Universality of scholarly impact metrics. *Journal of Informetrics*, 7(4), (2013), 924–932.

[45]   A. Sidiropoulos, D. Katsaros, and Y. Manolopoulos, Generalized Hirsch h-index for disclosing latent facts in citation networks. *Scientometrics*, 72(2), (2007), 253–280.

[46]   J. Hirsch, An index to quantify an individual's scientific research output that takes into account the effect of multiple coauthorship. *Scientometrics*, 85(3), (2010), 741–754.

[47]   J. E. Hirsch, h α: An index to quantify an individual's scientific leadership. *Scientometrics*, 118(2), (2019), 673–686.

[48]   M. Schreiber, A modification of the h-index: The h m-index accounts for multi-authored manuscripts. *Journal of Informetrics*, 2(3), (2008), 211–216.

[49]   L. Egghe, Mathematical theory of the h-and g-index in case of fractional counting of authorship. *Journal of the American Society for Information Science and Technology*, 59(10), (2008), 1608–1616.

[50]   S. Galam, Tailor based allocations for multiple authorship: A fractional ghindex. *Scientometrics*, 89(1), (2011), 365.

[51]   T. Tscharntke, M. E. Hochberg, T. A. Rand et al., Author sequence and credit for contributions in multiauthored publications. *PLoS Biology*, 5(1), (2007), e18.

[52]   M. Ausloos, Assessing the true role of coauthors in the h-index measure of an author scientific impact. Physica A: Statistical Mechanics and its Applications, 422, (2015), 136–142.

[53]   X. Z. Liu and H. Fang, Modifying h-index by allocating credit of multiauthored papers whose author names rank based on contribution. *Journal of Informetrics*, 6(4), (2012), 557–565.

[54] X. Hu, R. Rousseau, and J. Chen, In those fields where multiple authorship is the rule, the h-index should be supplemented by role-based h-indices. *Journal of Information Science*, 36(1), (2010), 73–85.

[55] Google Scholar. Available online at https://scholar.google.com.

[56] F. Radicchi, S. Fortunato, B. Markines, et al., Diffusion of scientific credits and the ranking of scientists. *Physical Review E*, 80(5), (2009), 056103.

[57] A. Abbott, D. Cyranoski, N. Jones, et al., Metrics: Do metrics matter? *Nature News*, 465(7300), (2010), 860–862.

[58] M. Pavlou and E. P. Diamandis, The athletes of science. *Nature*, 478(7369), (2011), 419–419.

[59] T. S. Kuhn, *The Structure of Scientific Revolutions* (Chicago: University of Chicago Press, 1962). 토마스 쿤, 『과학혁명의 구조』(까치, 2013).

[60] R. K. Merton, The Matthew effect in science. *Science*, 159(3810), (1968), 56–63.

[61] T. S. Simcoe and D. M. Waguespack, Status, quality, and attention: What's in a (missing) name? *Management Science*, 57(2), (2011), 274–290.

[62] A. Tomkins, M. Zhang, and W. D. Heavlin, Reviewer bias in single-versus double-blind peer review. *Proceedings of the National Academy of Sciences*, 114(48), (2017), 12708–12713.

[63] B. McGillivray and E. De Ranieri, Uptake and outcome of manuscripts in Nature journals by review model and author characteristics. *Research Integrity and Peer Review* 3, (2018), 5, DOI: https://doi.org/10.1186/ s41073-018-0049-z

[64] R. M. Blank, The effects of double-blind versus single-blind reviewing: Experimental evidence from the American Economic Review. *The American Economic Review*, 81(5), (1991), 1041–1067.

[65] A. M. Petersen, S. Fortunato, R. K. Pan, et al., Reputation and impact in academic careers. *Proceedings of the National Academy of Sciences*, 111 (2014), 15316–15321.

[66] S. Cole, Age and scientific performance. *American Journal of Sociology*, (1979), 958–977.

[67] M. Newman, *Networks: An Introduction* (Oxford: Oxford University Press, 2010). 마크 뉴만, 『네트워크(2판)』(에이콘출판, 2022).

[68] A.-L. Barabási, *Network Science* (Cambridge: Cambridge University, 2015). 알버트 라슬로 바라바시, 『네트워크 사이언스』(에이콘출판, 2023).

[69] J. B. Fenn, M. Mann, C. K. Meng, et al., Electrospray ionization for mass spectrometry of large biomolecules. *Science*, 246(4926), (1989), 64–71.

[70] A. Mazloumian, Y.-H. Eom, D. Helbing, et al., How citation boosts promote scientific paradigm shifts and Nobel Prizes. *PloS ONE*, 6(5), (2011), e18975.

[71] F. C. Fang, R. G. Steen, and A. Casadevall, Misconduct accounts for the majority of retracted scientific publications. *Proceedings of the National Academy of Sciences*, 109(42), (2012), 17028–17033.

[72] S. F. Lu, G. Jin, B. Uzzi, et al., The retraction penalty: Evidence from the Web of Science. *Scientific Reports*, 3(3146), (2013).

[73] P. Azoulay, J. L. Furman, J. L. Krieger, et al., Retractions. *Review of Economics and Statistics*, 97(5), (2015), 1118–1136.

[74] P. Azoulay, A. Bonatti, and J. L. Krieger, The career effects of scandal: Evidence from scientific retractions. *Research Policy*, 46(9), (2017), 1552–1569.

[75] G. Z. Jin, B. Jones, S. Feng Lu, et al., The Reverse Matthew Effect: Catastrophe and Consequence in *Scientific Teams*, working paper 19489 (Cambridge, MA: National Bureau of Economic Research, 2013).

[76] R. K. Merton, Singletons and multiples in scientific discovery: A chapter in the sociology of science. *Proceedings of the American Philosophical Society*, 105(5), (1961), 470–486.

[77] P. Azoulay, T. Stuart, and Y. Wang, Matthew: Effect or fable? *Management Science*, 60(1), (2013), 92–109.

[78] E.Garfield, and A.Welljams-Dorof, Of Nobel class: A citation perspective on high impact research authors. *Theoretical Medicine*, 13(2), (1992), 117–135.

[79] P. Azoulay, Research efficiency: Turn the scientific method on ourselves. *Nature*, 484(7392), (2012), 31–32.

[80] M. Restivo, and A. Van De Rijt, Experimental study of informal rewards in peer production. *PloS ONE*, 7(3), (2012), e34358.

[81] A. van de Rijt, S. M. Kang, M. Restivo, et al., Field experiments of successbreeds- success dynamics. *Proceedings of the National Academy of Sciences*, 111(19), (2014), 6934–6939.

[82] B. Alberts, M. W. Kirschner, S. Tilghman, et al., Opinion: Addressing systemic problems in the biomedical research enterprise. *Proceedings of the National Academy of Sciences*, 112(7), (2015), 1912–1913.

[83] J. Kaiser, Biomedical research. The graying of NIH research. *Science*, 322(5903), (2008), 848–849.

[84] G. M. Beard, *Legal Responsibility in Old Age* (New York: Russells' American Steam Printing House, 1874) pp. 5–42.

[85] H. C. Lehman, *Age and Achievement* (Princeton, NJ: Princeton University Press, 1953).

[86] W. Dennis, Age and productivity among scientists. *Science*, 123, (1956), 724–725.

[87] W. Dennis, Creative productivity between the ages of 20 and 80 years. *Journal of Gerontology*, 21(1), (1966), 1–8.

[88] B. F. Jones, Age and great invention. *The Review of Economics and Statistics*, 92(1), (2010), 1–14.

[89] B. Jones, E. J. Reedy, and B. A. Weinberg, *Age and Scientific Genius*, working paper 19866 (Cambridge, MA: National Bureau of Economic Research, 2014).

[90] A. P. Usher, *A History of Mechanical Inventions*, revised edition (North Chelmsford, MA: Courier Corporation, 1954).

[91] M. L. Weitzman, Recombinant growth. *Quarterly Journal of Economics*, 113(2), (1998), 331–360.

[92] B. Uzzi, S. Mukherjee, M. Stringer, et al., Atypical combinations and scientific impact. *Science*, 342(6157), (2013), 468–472.

[93] K. A. Ericsson, R. T. Krampe, and C. Tesch-Römer, The role of deliberate practice in the acquisition of expert performance. *Psychological Review*, 100(3), (1993), 363–406.

[94] K. A. Ericsson, and A. C. Lehmann, Expert and exceptional performance: Evidence of maximal adaptation to task constraints. *Annual Review of Psychology*, 47(1), (1996), 273–305.

[95] K. A. Ericsson, R. R. Hoffman, A. Kozbelt, et al., *The Cambridge Handbook of Expertise and Expert Performance* (Cambridge, UK: Cambridge University Press, 2006).

[96] D. C. Pelz, and F. M. Andrews, *Scientists in Organizations: Productive Climates for Research and Development* (New York: Wiley, 1966).

[97] A. E. Bayer, and J. E. Dutton, Career age and research-professional activities of academic scientists: Tests of alternative nonlinear models and some implications for higher education faculty policies. *The Journal of Higher Education*, 48(3), (1977), 259–282.

[98] R. T. Blackburn, C. E. Behymer, and D. E. Hall, Research note: Correlates of faculty publications. *Sociology of Education*, 51(2) (1978), 132–141.

[99] K. R. Matthews, K. M. Calhoun, N. Lo, et al., The aging of biomedical research in the United States. PLoS ONE, 6(12), (2011), e29738.

[100] C. W. Adams, The age at which scientists do their best work. *Isis*, 36(3/4) (1946), 166–169.

[101] H. Zuckerman, *Scientific Elite: Nobel Laureates in the United States* (Piscataway, NJ: Transaction Publishers, 1977).

[102] D. K. Simonton, Career landmarks in science: Individual differ-ences and interdisciplinary contrasts. *Developmental Psychology*, 27(1), (1991), 119–130.

[103] B. F. Jones, and B. A. Weinberg, Age dynamics in scientific creativity. *Proceedings of the National Academy of Sciences*, 108(47), (2011), 18910–18914.

[104] B. F. Jones, The burden of knowledge and the "death of the renaissance man": Is innovation getting harder? *The Review of Economic Studies*, 76(1), (2009), 283–317.

[105] B. F. Jones, As science evolves, how can science policy? *Innovation Policy and the Economy*, 11 (2011), 103–131.

[106] F. Machlup, *The Production and Distribution of Knowledge in the United States* (Princeton, NJ: Princeton University Press, 1962).

[107] S. Fortunato, Growing time lag threatens Nobels. *Nature*, 508(7495), (2014), 186–186.

[108] D. C. Cassidy, *Uncertainty: The Life and Science of Werner Heisenberg* (New York: Freeman, 1992), p. 1.

[109] B. A. Weinberg, and D. W. Galenson, *Creative Careers: The Life Cycles of Nobel Laureates in Economics*, working paper 11799 (Cambridge, MA: National Bureau of Economic Research, 2005).

[110] M. Rappa and K. Debackere, Youth and scientific innovation: The role of young scientists in the development of a new field. *Minerva*, 31(1), (1993), 1–20.

[111] M. Packalen and J. Bhattacharya, *Age and the Trying Out of New Ideas*. working paper 20920 (Cambridge, MA: National Bureau of Economic Research, 2015).

[112] D. W. Galenson, *Painting Outside the Lines: Patterns of Creativity in Modern Art* (Cambridge, MA: Harvard University Press, 2009).

[113] D. W. Galenson, *Old Masters and Young Geniuses: The Two Life Cycles of Artistic Creativity* (Princeton, NJ: Princeton University Press, 2011).

[114] D. L. Hull, P. D. Tessner, and A. M. Diamond, Planck's principle. *Science*, 202(4369), (1978), 717–723.

[115] P. Azoulay, J. S. Zivin, and J. Wang, Superstar extinction. *Quarterly Journal of Economics*, 125(2), (2010), 549–589.

[116] R. Sinatra, D. Wang, P. Deville, et al., Quantifying the evolution of individual scientific impact. *Science*, 354(6312), (2016), aaf5239.

[117] L. Liu, Y. Wang, R. Sinatra, et al., Hot streaks in artistic, cultural, and scientific careers. *Nature*, 559, (2018), 396–399.

[118] D. K. Simonton, Creative productivity, age, and stress: A biographical time-series analysis of 10 classical composers. *Journal of Personality and Social Psychology*, 35(11), (1977), 791–804.

[119] D. K. Simonton, Quality, quantity, and age: The careers of ten distinguished psychologists. *International Journal of Aging & Human Development*, 21(4), (1985), 241–254.

[120] D. K. Simonton, *Genius, Creativity, and Leadership: Historiometric Inquiries* (Cambridge, MA; Harvard University Press, 1984).

[121] D. K. Simonton, *Scientific Genius: A Psychology of Science* (Cambridge, UK: Cambridge University Press, 1988).

[122] J. Li, Y. Yin, S. Fortunato, et al., Nobel laureates are almost the same as us. *Nature Reviews Physics*, 1(5), (2019), 301–303.

[123] P. Azoulay, B. F. Jones, N. J. D. Kim, et al., *Age and High-Growth Entrepreneurship* working paper 24489 (Cambridge, MA: National Bureau of Economic Research, 2018).

[124] P. Azoulay, B. Jones, J. D. King, et al., Research: The average age of a successful startup founder is 45. *Harvard Business Review*, (2018), July 11.

[125] N. Powdthavee, Y. E. Riyanto, and J. L. Knetsch, Lower-rated publications do lower academics' judgments of publication lists: Evidence from a survey experiment of economists. *Journal of Economic Psychology*, 66, (2018), 33–44.

[126] T. Gilovich, R. Vallone, and A. Tversky, The hot hand in basketball: On the misperception of random sequences. *Cognitive Psychology*, 17(3), (1985), 295–314.

[127] J. Miller and A. Sanjurjo, Surprised by the hot hand fallacy? A truth in the law of small numbers. *Econometrica*, 86(6), (2018), 2019–2047, DOI: https://doi.org/10.3982/ECTA14943.

[128] P. Ayton, and I. Fischer, The hot hand fallacy and the gambler's fallacy: Two faces of subjective randomness? *Memory & Cognition*, 32(8), (2004), 1369–1378.

[129] M. Rabin, and D. Vayanos, The gambler's and hot-hand fallacies: Theory and applications. *Review of Economic Studies*, 77(2), (2010), 730–778.

[130] J. M. Xu, and N. Harvey, Carry on winning: The gamblers' fallacy creates hot hand effects in online gambling. *Cognition*, 131(2), (2014), 173–180.

[131] P. Csapo and M. Raab, Correction "Hand down, Man down." Analysis of defensive adjustments in response to the hot hand in basketball using novel defense metrics (vol. 9, e114184, 2014). *PloS ONE*, 10(4), (2015), e0124982.

[132] A.-L. Barabási, The origin of bursts and heavy tails in human dynamics. *Nature*, 435(7039), (2005), 207–211.

[133] A. Vázquez, J. G. Oliveira, Z. Dezsö, et al., Modeling bursts and heavy tails in human dynamics. *Physical Review E*, 73(3), (2006), 036127.

[134] A.-L. Barabási, *Bursts: The Hidden Patterns Behind Everything We Do, From Your E-mail to Bloody Crusades* (New York: Penguin, 2010). 앨버트 라슬로 바라바시, 『버스트』(동아시아, 2010).

[135] B. P Abbott, R. Abbott, T. D. Abbott, et al., Observation of gravitational waves from a binary black hole merger. *Physical Review Letters*, 116(6), (2016), 061102.

[136] S. Wuchty, B.F. Jones, and B. Uzzi, The increasing dominance of teams in production of knowledge. *Science*, 316(5827), (2007), 1036–1039.

[137] N. J. Cooke and M. L. Hilton (eds.), *Enhancing the Effectiveness of Team Science* (Washington, DC: National Academies Press, 2015).

[138] N. Drake, What is the human genome worth? *Nature* News, (2011), DOI: https://doi.org/10.1038/news.2011.281.

[139] J. Whitfield, Group theory. *Nature*, 455(7214), (2008), 720–723.

[140] J.M. Valderas, Why do team-authored papers get cited more? *Science*, 317 (5844), (2007), 1496–1498.

[141] E. Leahey, From solo investigator to team scientist: Trends in the practice and study of research collaboration. *Annual Review of Sociology*, 42, (2016), 81–100.

[142] C. M. Rawlings and D. A. McFarland, Influence flows in the academy: Using affiliation networks to assess peer effects among researchers. *Social Science Research*, 40(3), (2011), 1001–1017.

[143] B. F. Jones, S. Wuchty, and B. Uzzi, Multi-university research teams: shifting impact, geography, and stratification in science. *Science*, 322 (5905), (2008), 1259–1262.

[144] Y. Xie and A. A. Killewald, *Is American Science in Decline?* (Cambridge, MA: Harvard University Press, 2012).

[145] J. Adams, Collaborations: The fourth age of research. *Nature*, 497(7451), (2013), 557–560.

[146] Y. Xie, "Undemocracy": Inequalities in science. *Science*, 344(6186), (2014), 809–810.

[147] M. Bikard, F. Murray, and J. S. Gans, Exploring trade-offs in the organization of scientific work: Collaboration and scientific reward. *Management Science*, 61(7), (2015), 1473–1495.

[148] C. F. Manski, Identification of endogenous social effects: The reflection problem. *The Review of Economic Studies*, 60(3), (1993), 531–542.

[149] B. Sacerdote, Peer effects with random assignment: Results for Dartmouth roommates. *The Quarterly Journal of Economics*, 116(2), (2001), 681–704.

[150] A. Mas and E. Moretti, Peers at work. *The American Economic Review*, 99(1), (2009), 112–145.

[151] D. Herbst and A. Mas, Peer effects on worker output in the laboratory generalize to the field. *Science*, 350(6260), (2015), 545–549.

[152] A. K. Agrawal, J. McHale, and A. Oettl, *Why Stars Matter* working paper 20012 (Cambrdige, MA: National Bureau of Economic Research, 2014).

[153] J. D. Angrist and J. -S. Pischke, *Mostly Harmless Econometrics: An Empiricist's Companion* (Princeton, NJ: Princeton University Press, 2008).

[154] G. J. Borjas and K. B. Doran, Which peers matter? The relative impacts of collaborators, colleagues, and competitors. *Review of Economics and Statistics*, 97(5), (2015), 1104–1117.

[155] F. Waldinger, Peer effects in science: Evidence from the dismissal of scientists in Nazi Germany. *The Review of Economic Studies*, 79(2), (2011), 838–861.

[156] D. Crane, *Invisible Colleges: Diffusion of Knowledge in Scientific Communities* (Chicago: University of Chicago Press, 1972).

[157] A. Oettl, Sociology: Honour the helpful. *Nature*, 489(7417), (2012), 496–497.

[158] A. Oettl, Reconceptualizing stars: Scientist helpfulness and peer performance. *Management Science*, 58(6), (2012), 1122–1140.

[159] J. W. Grossman, Patterns of research in mathematics. *Notices of the AMS*, 52(1), (2005), 35–41.

[160] G. Palla, A.-L. Barabási, and T. Vicsek, Quantifying social group evolution. *Nature*, 446(7136), (2007), 664–667.

[161] J. W. Grossman and P. D. Ion, On a portion of the well-known collaboration graph. *Congressus Numerantium*, 108, (1995), 129–132.

[162] J. W. Grossman, The evolution of the mathematical research collaboration graph. *Congressus Numerantium*, 158, (2002), 201–212.

[163] A. -L Barabási, H. Jeong, Z. Neda, et al., Evolution of the social network of scientific collaborations. *Physica A: Statistical Mechanics and its Applications*, 311(3), (2002), 590–614.

[164] M. E. Newman, Coauthorship networks and patterns of scientific collaboration. *Proceedings of the National Academy of Sciences*, 101 (suppl 1), (2004), 5200–5205.

[165] M. E. Newman, The structure of scientific collaboration networks. *Proceedings of the National Academy of Sciences*, 98(2), (2001), 404–409.

[166] J. Grossman, The Erdős Number Project at Oakland University (2018), available online at https://oakland.edu/enp/.

[167] D. J. Watts and S. H. Strogatz, Collective dynamics of "small-world" networks. *Nature*, 393(6684), (1998), 440–442.

[168] B. Uzzi and J. Spiro, Collaboration and creativity: The small world Problem1. *American Journal of Sociology*, 111(2), (2005), 447–504.

[169] W. M. Muir, Group selection for adaptation to multiple-hen cages: Selection program and direct responses. *Poultry Science*, 75(4), (1996), 447–458.

[170] D. S. Wilson, *Evolution for Everyone: How Darwin's Theory Can Change the Way We Think About Our Lives* (McHenry, IL: Delta, 2007).

[171] M. A., Marks, J. E. Mathieu, and S. J. Zaccaro, A temporally based framework and taxonomy of team processes. *Academy of Management Review*, 26(3), (2001), 356–376.

[172] J. Scott, Discord turns academe's hot team cold: The self-destruction of the English department at Duke. *The New York Times*, (November 21, 1998).

[173] D. Yaffe, The department that fell to Earth: The deflation of Duke English. *Lingua Franca: The Review of Academic Life*, 9(1), (1999), 24–31.

[174] R. I. Swaab, M. Schaerer, E. M. Anicich, et al., The too-much-talent effect team interdependence determines when more talent is too much or not enough. *Psychological Science*, 25(8), (2014), 1581–1591.

[175] R. Ronay, K. Greenaway, E. M. Anicich, et al., The path to glory is paved with hierarchy when hierarchical differentiation increases group effectiveness. *Psychological Science*, 23(6), (2012), 669–677.

[176] B. Groysberg, J. T. Polzer, and H. A. Elfenbein, Too many cooks spoil the broth: How high-status individuals decrease group effectiveness. *Organization Science*, 22(3), (2011), 722–737.

[177] B. Uzzi, S. Wuchty, J. Spiro, et al., Scientific teams and networks change the face of knowledge creation, in B. Vedres and M. Scotti (eds.), *Networks in Social Policy Problems* (Cambridge: Cambridge University Press, 2012), pp. 47–59.

[178] R. B. Freeman and W. Huang, Collaboration: Strength in diversity. *Nature*, 513(7518), (2014), 305–305.

[179] R. B. Freeman and W. Huang, *Collaborating With People Like Me: Ethnic Coauthorship Within the US*, working paper 19905, (Cambridge, MA: National Bureau of Economic Research, 2014).

[180] M. J. Smith, C. Weinberger, E. M. Bruna, et al., The scientific impact of nations: Journal placement and citation performance. *PloS ONE*, 9(10), (2014), e109195.

[181] B. K. AlShebli, T. Rahwan, and W. L. Woon, The preeminence of ethnic diversity in scientific collaboration. *Nature Communications*, 9(1), (2018), 5163.

[182] K. Powell, These labs are remarkably diverse: Here's why they're winning at science. *Nature*, 558(7708), (2018), 19–22.

[183] J. N. Cummings, S. Kiesler, R. Bosagh Zadeh, et al., Group hetero-geneity increases the risks of large group size a longitudinal study of productivity in research groups *Psychological Science*, 24(6), (2013), 880–890.

[184] I. J. Deary, *Looking Down on Human Intelligence: From Psycho-metrics to the Brain* (Oxford: Oxford University Press, 2000).

[185] C. Spearman, "General Intelligence," objectively determined and measured. *The American Journal of Psychology*, 15(2), (1904), 201–292.

[186] A.W. Woolley, C. F. Chabris, A. Pentland, et al., Evidence for a collective intelligence factor in the performance of human groups. *Science*, 330 (6004), (2010), 686–688.

[187] R. Guimera, B. Uzzi, J. Spiro, et al., Team assembly mechanisms determine collaboration network structure and team performance. *Science*, 308 (5722), (2005), 697–702.

[188] M. De Vaan, D. Stark, and B. Vedres, Game changer: The topology of creativity. *American Journal of Sociology*, 120(4), (2015), 1144–1194.

[189] B. Vedres, Forbidden triads and creative success in jazz: The Miles Davis factor. *Applied Network Science*, 2(1), (2017), 31.

[190] A. M. Petersen, Quantifying the impact of weak, strong, and super ties in scientific careers. *Proceedings of the National Academy of Sciences*, 112 (34), (2015), E4671–E4680.

[191] L. Dahlander and D. A. McFarland, Ties that last tie formation and persistence in research collaborations over time. *Administrative Science Quarterly*, 58(1), (2013), 69–110.

[192] M. S. Brown and J. L. Goldstein, A receptor-mediated pathway for cholesterol homeostasis. *Science*, 232(4746), (1986), 34–47.

[193] M. Heron, Deaths: Leading causes for 2012. *National Vital Statistics Reports*, 64(10), (2015).

[194] G. Aad, B. Abbott, J. Abdallah, et al., Combined measurement of the Higgs boson mass in pp collisions at √s= 7 and 8 TeV with the ATLAS and CMS experiments. *Physical Review Letters*, 114(19), (2015), 191803.

[195] D. Castelvecchi, Physics paper sets record with more than 5,000 authors. *Nature News*, May 15, 2015.

[196] S. Milojevic, Principles of scientific research team formation and evolution. *Proceedings of the National Academy of Sciences*, 111(11), (2014), 3984–3989.

[197] M. Klug and J. P. Bagrow, Understanding the group dynamics and success of teams. *Royal Society Open Science*, 3(4), (2016), 160007.

[198] P. B. Paulus, N. W. Kohn, L. E. Arditti, et al., Understanding the group size effect in electronic brainstorming. *Small Group Research*, 44(3), (2013), 332–352.

[199] K. R. Lakhani, K. J. Boudreau, P.-R. Loh, et al., Prize-based contests can provide solutions to computational biology problems. *Nature Biotechnology*, 31(2), (2013), 108–111.

[200] S. J. Barber, C. B. Harris, and S. Rajaram, Why two heads apart are better than two heads together: Multiple mechanisms underlie the collaborative inhibition effect in memory. *Journal of Experimental Psychology: Learning Memory and Cognition*, 41(2), (2015), 559–566.

[201] J. A. Minson and J. S. Mueller, The cost of collaboration: Why joint decision-making exacerbates rejection of outside information. *Psychological Science*, 23(3), (2012), 219–224.

[202] S. Greenstein and F. Zhu, Open content, Linus' law, and neutral point of view. *Information Systems Research*, 27(3), (2016), 618–635.

[203] C. M. Christensen, and C. M. Christensen, *The Innovator's Dilemma: The Revolutionary Book That Will Change the Way You do Business* (New York: Harper Business Essentials, 2003). 클레이튼 M. 크리스텐슨, 『혁신기업의 딜레마(20주년 기념 개정판)』 (세종서적, 2020).

[204] P. Bak, C. Tang, and K. Wiesenfeld, Self-organized criticality: An explanation of the 1/f noise. *Physical Review Letters*, 59(4), (1987), 381–384.

[205] K.B. Davis, M. -O. Mewes, M. R. Andrews, et al., Bose–Einstein condensation in a gas of sodium atoms. *Physical Review Letters*, 75(22), (1995), 3969–3973.

[206] L. Wu, D. Wang, and J. A. Evans, Large teams develop and small teams disrupt science and technology. *Nature*, 566(7744), (2019), 378–382.

[207] R. J. Funk, and J. Owen-Smith, A dynamic network measure of technological change. *Management Science*, 63(3), (2017), 791-817.

[208] A. Einstein, Die feldgleichungen der gravitation. *Sitzung der physikalischemathematischen Klasse*, 25, (1915), 844–847.

[209] J. N. Cummings and S. Kiesler, Coordination costs and project outcomes in multi-university collaborations. *Research Policy*, 36(10), (2007), 1620–1634.

[210] M. Biagioli and P. Galison, *Scientific Authorship: Credit and Intellectual Property in Science* (Abingdon, UK: Routledge, 2014).

[211] E. A. Corrêa Jr, F. N. Silva, L. da F. Costa, et al., Patterns of authors contribution in scientific manuscripts. *Journal of Informetrics*, 11(22), (2016), 498–510.

[212] V. Larivière, N. Desrochers, B. Macaluso, et al., Contributorship and division of labor in knowledge production. *Social Studies of Science*, 46(3), (2016), 417–435.

[213] R. M. Slone, Coauthors' contributions to major papers published in the AJR: frequency of undeserved coauthorship. *American Journal of Roentgenology*, 167(3), (1996), 571–579.

[214] P. Campbell, Policy on papers' contributors. *Nature*, 399(6735), (1999), 393.

[215] V. Ilakovac, K. Fister, M. Marusic, et al., Reliability of disclosure forms of authors' contributions. *Canadian Medical Association Journal*, 176(1), (2007), 41–46.

[216] R. Deacon, M. J. Hurley, C. M. Rebolledo, et al., Nrf2: a novel therapeutic target in fragile X syndrome is modulated by NNZ2566. *Genes, Brain, and Behavior*, 16(7), (2017), 1–10.

[217] M. L. Conte, S. L. Maat, and M. B. Omary, Increased co-first authorships in biomedical and clinical publications: a call for recognition. *The FASEB Journal*, 27(10), (2013), 3902–3904.

[218] E. Dubnansky and M. B. Omary, Acknowledging joint first authors of published work: the time has come. *Gastroenterology*, 143(4), (2012), 879–880.

[219] M. B. Omary, M. B. Wallace, E. M. El-Omar, et al., A multi-journal partnership to highlight joint first-authors of manuscripts. *Gut*, 64(2), (2015), 189.

[220] D. G. Drubin, MBoC improves recognition of co-first authors. *Molecular Biology of the Cell*, 25(13), (2014), 1937.

[221] L. Waltman, An empirical analysis of the use of alphabetical authorship in scientific publishing. *Journal of Informetrics*, 6(4), (2012), 700–711.

[222] S. Jabbehdari and J. P. Walsh, Authorship norms and project structures in science. *Science, Technology, and Human Values*, 42(5), (2017), 872–900.

[223] A. G. Heffner, Authorship recognition of subordinates in collaborative research. *Social Studies of Science*, 9(3), (1979), 377–384.

[224] S. Shapin, The invisible technician. *American Scientist*, 77(6), (1989), 554–563.

[225] G. Schott, *Mechanica hydraulico-pneumatica* (Wurzburg, 1657).

[226] A. S. Rossi, Women in science: Why so few? *Science*, 148(3674), (1965), 1196–1202.

[227] Y. Xie and K. A. Shauman, *Women in Science: Career Processes and Outcomes* (Cambridge, MA: Harvard University Press, 2003).

[228] S. J. Ceci, D. K. Ginther, S. Kahn, et al., Women in academic science: A changing landscape. *Psychological Science in the Public Interest*, 15(3), (2014), 75–141.

[229] D. K. Ginther and S. Kahn, Women in economics: moving up or falling off the academic career ladder? *The Journal of Economic Perspectives*, 18(3), (2004), 193–214.

[230] H. Sarsons, *Gender differences in recognition for group work*. Working paper (2017), available online at https://scholar.harvard.edu/files/sarsons/ files/ full_v6.pdf.

[231] M. Niederle and L. Vesterlund, Do women shy away from competition? Do men compete too much? *The Quarterly Journal of Economics*, 122(3), (2007), 1067–1101.

[232] W. I. Thomas and D. S. Thomas, *The Child in America: Behavior Problems and Programs*. (New York: A. A. Knopf. 1928).

[233] R. K. Merton, The Thomas theorem and the Matthew effect. *Social Forces*, 74(2), (1995), 379–422.

[234] R. K. Merton, *The Sociology of Science: Theoretical and Empirical Investigations* (Chicago: University of Chicago Press, 1973).

[235] G. Arnison, A. Astbury, B. Aubert, et al., Experimental observation of isolated large transverse energy electrons with associated missing energy at sqrt (s)= 540 GeV. *Physics Letters B*, 122 (1983), 103–116.

[236] H.-W. Shen and A.-L. Barabási, Collective credit allocation in science. *Proceedings of the National Academy of Sciences*, 111(34), (2014), 12325–12330.

[237] F. Englert and R. Brout, Broken symmetry and the mass of gauge vector mesons. *Physical Review Letters*, 13(9), (1964), 321–323.

[238] P. W. Higgs, Broken symmetries and the masses of gauge bosons. *Physical Review Letters*, 13(16), (1964), 508–509.

[239] G. S. Guralnik, C. R. Hagen, and T. W. Kibble, Global conservation laws and massless particles. *Physical Review Letters*, 13(20), (1964), 585–587.

[240] J. -P. Maury, *Newton: Understanding the Cosmos* (London: Thames & Hudson, 1992).

[241] D. de Solla Price, *Science Since Babylon* (New Haven, CT: Yale University Press, 1961).

[242] G. N. Gilbert and S. Woolgar, The quantitative study of science: An examination of the literature. *Science Studies*, 4(3), (1974), 279–294.

[243] M. Khabsa and C. L. Giles, The number of scholarly documents on the public web. *PloS ONE*, 9(5), (2014), e93949.

[244] A. Sinha, Z. Shen, Y. Song, et al., An overview of Microsoft Academic Service (MAS) and applications, in *WWW'15 Companion: Proceedings of the 24th International Conference on World Wide Web* (New York: ACM, 2015), pp. 243–246.

[245] The Works of Francis Bacon *vol. IV*: Translations of the Philosophical Works ed. J. Spedding, R. L. Ellis, D. D. Heath (London: Longmans & Co., 1875), p. 109.

[246] M. Baldwin, "Keeping in the race": Physics, publication speed and national publishing strategies in *Nature*, 1895–1939. The British Journal for the History of *Science*, 47(2), (2014), 257–279.

[247] Editorial, Form follows need. *Nature Physics*, 12, (2016), 285.

[248] A. Csiszar, *The Scientific Journal: Authorship and the Politics of Knowledge in the Nineteenth Century* (Chicago: University of Chicago Press, 2018).

[249] C. Wendler, B. Bridgeman, F. Cline, et al., *The Path Forward: The Future of Graduate Education in the United States* (Prnceton, NJ: Educational Testing Service, 2010).

[250] Council of Graduate Schools, *PhD Completion and Attrition: Policy, Numbers, Leadership, and Next Steps* (Washington, DC: Council of Graduate Schools, 2004).

[251] M. Schillebeeckx, B.Maricque, and C. Lewis, The missing piece to changing the university culture. *Nature Biotechnology*, 31(10), (2013), 938–941.

[252] D. Cyranoski, N. Gilbert, H. Ledford, et al., Education: The PhD factory. *Nature News*, 472(7343), (2011), 276–279.

[253] Y. Yin and D. Wang, The time dimension of science: Connecting the past to the future. *Journal of Informetrics*, 11(2), (2017), 608–621.

[254] R. D. Vale, Accelerating scientific publication in biology. *Proceedings of the National Academy of Sciences*, 112(44), (2015), 13439–13446.

[255] C. Woolston, Graduate survey: A love–hurt relationship. *Nature*, 550 (7677), (2017), 549–552.

[256] K. Powell, The future of the postdoc. *Nature*, 520(7546), (2015), 144.

[257] N. Zolas, N. Goldschlag, R. Jarmin, et al., Wrapping it up in a person: Examining employment and earnings outcomes for PhD recipients. *Science*, 350(6266), (2015), 1367–1371.

[258] Editorial, Make the most of PhDs. *Nature News*, 528(7580), (2015), 7.

[259] N. Bloom, C. I. Jones, J. Van Reenen, et al., *Are Ideas Getting Harder to Find?* working paper 23782 (Cambridge, MA: National Bureau of Economic Research, 2017).

[260] S. Milojevic, Quantifying the cognitive extent of science. *Journal of Informetrics*, 9(4), (2015), 962–973.

[261] R. Van Noorden, B. Maher, and R. Nuzzo, The top 100 papers. *Nature*, 514(7524), (2014), 550–553.

[262] D. J. de Solla Price, Networks of scientific papers. *Science*, 149(3683), (1965), 510–515.

[263] E. Garfield and I. H. Sher, New factors in the evaluation of scientific literature through citation indexing. *American Documentation*, 14(3), (1963), 195–201.

[264] V. Pareto, *Cours d'économie politique* (Geneva: Librairie Droz, 1964).

[265] A. Vázquez, Statistics of citation networks. arXiv preprint https://arxiv.org/abs/cond-mat/0105031, (2001).

[266] S. Lehmann, B. Lautrup, and A. D. Jackson, Citation networks in high energy physics. *Physical Review E*, 68(2), (2003) 026113.

[267] P. O. Seglen, The skewness of science. *Journal of* the American Society for Information *Science*, 43(9), (1992) 628–638.

[268] I. I. Bommarito, J. Michael, and D. M. Katz, Properties of the United States code citation network. arXiv preprint https://arxiv.org/abs/0911.1751, (2009).

[269] Y.-H. Eom and S. Fortunato, Characterizing and modeling citation dynamics. *PloS ONE*, 6(9), (2011), e24926.

[270] F. Menczer, Evolution of document networks. *Proceedings of the National Academy of Sciences*, 101(suppl 1), (2004), 5261–5265.

[271] F. Radicchi and C. Castellano, Rescaling citations of publications in physics. *Physical Review E*, 83(4), (2011), 046116.

[272] S. Redner, Citation statistics from 110 years of Physical Review. *Physics Today*, 58 (2005), 49–54.

[273] M. J. Stringer, M. Sales-Pardo, and L. A. N. Amaral, Effectiveness of journal ranking schemes as a tool for locating information. *PloS ONE*, 3(2), (2008), e1683.

[274] C. Castellano and F. Radicchi, On the fairness of using relative indicators for comparing citation performance in different disciplines. *Archivum immunologiae et therapiae experimentalis*, 57(2), (2009), 85–90.

[275] M. J. Stringer, M. Sales-Pardo, and L. A. N. Amaral, Statistical validation of a global model for the distribution of the ultimate number of citations accrued by papers published in a scientific journal. *Journal of the American Society for Information Science and Technology*, 61(7), (2010), 1377–1385.

[276] M. L. Wallace, V. Larivière, and Y. Gingras, Modeling a century of citation distributions. *Journal of Informetrics*, 3(4), (2009), 296–303.

[277] A. D. Anastasiadis, M. P. de Albuquerque, M. P. de Albuquerque, et al., Tsallis q-exponential describes the distribution of scientific citations: A new characterization of the impact. *Scientometrics*, 83(1), (2010), 205–218.

[278] A. F. van Raan, Two-step competition process leads to quasi power-law income distributions: Application to scientific publication and citation distributions. *Physica A: Statistical Mechanics and its Applications*, 298(3), (2001), 530–536.

[279] A. F. Van Raan, Competition amongst scientists for publication status: Toward a model of scientific publication and citation distributions. *Scientometrics*, 51(1), (2001) 347–357.

[280] V. V. Kryssanov, E. L. Kuleshov, and F. J. Rinaldo et al., We cite as we communicate: A communication model for the citation process. arXiv preprint https://arxiv.org/abs/cs/0703115, (2007).

[281] A. -L. Barabási, C. Song, and D. Wang, Publishing: Handful of papers dominates citation. *Nature*, 491(7422), (2012), 40.

[282] D. W., Aksnes, Citation rates and perceptions of scientific contribution. *Journal of the American Society for Information Science and Technology*, 57(2), (2006), 169–185.

[283] F. Radicchi, In science "there is no bad publicity": Papers criticized in comments have high scientific impact. *Scientific Reports*, 2 (2012), 815.

[284] M. J. Moravcsik and P. Murugesan, Some results on the function and quality of citations. *Social Studies of Science*, 5(1), (1975), 86–92.

[285] J. R. Cole and S. Cole, *Social Stratification in Science* (Chicago: University of Chicago Press, 1973).

[286] B. Cronin, Research brief rates of return to citation. *Journal of Documentation*, 52(2), (1996), 188–197.

[287] S. M. Lawani and A. E. Bayer, Validity of citation criteria for assessing the influence of scientific publications: New evidence with peer assessment. *Journal of the American Society for Information Science*, 34(1), (1983), 59–66.

[288] T. Luukkonen, Citation indicators and peer review: Their time-scales, criteria of evaluation, and biases. *Research Evaluation*, 1(1), (1991), 21–30.

[289] C. Oppenheim and S. P. Renn, Highly cited old papers and the reasons why they continue to be cited. *Journal of the American Society for Information Science*, 29(5), (1978), 225–231.

[290] E. J. Rinia, T. N. van Leeuwen, H. G. van Vuren, et al., Comparative analysis of a set of bibliometric indicators and central peer review criteria: Evaluation of condensed matter physics in the Netherlands. *Research policy*, 27(1), (1998), 95–107.

[291] F. Radicchi, A. Weissman, and J. Bollen, Quantifying perceived impact of scientific publications. *Journal of Informetrics*, 11(3), (2017), 704–712.

[292] A. B. Jaffe, Patents, patent citations, and the dynamics of technological change. *NBER Reporter*, (1998, summer), 8–11.

[293] A. B. Jaffe, M. S. Fogarty, and B. A. Banks, Evidence from patents and patent citations on the impact of NASA and other federal labs on commercial innovation. *The Journal of Industrial Economics*, 46(2), (1998), 183–205.

[294] M. Trajtenberg, A penny for your quotes: patent citations and the value of innovations. *The Rand Journal of Economics*, 221(1), (1990), 172–187.

[295] B. H. Hall, A. B. Jaffe, and M. Trajtenberg, *Market Value and Patent Citations: A First Look*, working paper 7741, (Cambridge, MA: National Bureau of Economic Research, 2000).

[296] D. Harhoff, F. Narin, F. M. Scherer, et al., Citation frequency and the value of patented inventions. *Review of Economics and Statistics*, 81(3), (1999), 511–515.

[297] D. de Solla Price, A general theory of bibliometric and other cumulative advantage processes. *Journal of the American Society for Information Science*, 27(5), (1976), 292–306.

[298] D. Wang, C. Song, and A. -L. Barabási, Quantifying long-term scientific impact. *Science*, 342(6154), (2013), 127–132.

[299] F. Eggenberger and G. Pólya, Über die statistik verketteter vorgänge. *ZAMM-Journal of Applied Mathematics and Mechanics/Zeitschrift für Angewandte Mathematik und Mechanik*, 3(4), (1923), 279–289.

[300] G. U. Yule, A mathematical theory of evolution, based on the conclusions of Dr. JC Willis, FRS. *Philosophical Transactions of the Royal Society of London. Series B, Containing Papers of a Biological Character*, 213 (1925), 21–87.

[301] R. Gibrat, *Les inégalités économiques* (Paris: Recueil Sirey, 1931).

[302] G. K. Zipf, *Human Behavior and the Principle of Least Effort* (Boston, MA: Addison-Wesley Press, 1949).

[303] H. A. Simon, On a class of skew distribution functions. *Biometrika*, 42(3/4), (1955), 425–440.

[304] A.-L. Barabási and R. Albert, Emergence of scaling in random networks. *Science*, 286(5439), (1999), 509–512.

[305] M. E .J. Newman, The first-mover advantage in scientific publication. *EPL* (Europhysics Letters), 86(6), (2009), 68001.

[306] J. Bardeen, L. N. Cooper, and J. R. Schrieffer, Theory of superconductivity. *Physical Review*, 108(5), (1957), 1175–1204.

[307] G. Bianconi and A. -L. Barabási, Competition and multiscaling in evolving networks. *EPL* (Europhysics Letters), 54(4), (2001), 436–442.

[308] G. Bianconi and A. -L. Barabási, Bose–Einstein condensation in complex networks. *Physical Review Letters*,. 86(24), (2001) 5632.

[309] L. Fleming, S. Mingo, and D. Chen, Collaborative brokerage, generative creativity, and creative success. *Administrative Science Quarterly*, 52(3), (2007), 443-475.

[310] H. Youn, D. Strumsky, L. M. A. Bettencourt, et al., Invention as a combinatorial process: Evidence from US patents. *Journal of The Royal Society Interface*, 12(106), (2015), 20150272.

[311] J. Wang, R. Veugelers, and P. Stephan, Bias against novelty in science: A cautionary tale for users of bibliometric indicators. *Research Policy*, 46(8), (2017), 1416–1436.

[312] Y. -N. Lee, J. P. Walsh, and J. Wang, Creativity in scientific teams: Unpacking novelty and impact. *Research Policy*, 44(3), (2015), 684–697.

[313] C. J. Phiel, F. Zhang, E. Y. Huang, et al., Histone deacetylase is a direct target of valproic acid, a potent anticonvulsant, mood stabilizer, and teratogen. *Journal of Biological Chemistry*, 276(39), (2001), 36734–36741.

[314] P. Stephan, R. Veugelers, and J. Wang, Reviewers are blinkered by bibliometrics. *Nature News*,. 544(7651), (2017), 411.

[315] R. Van Noorden, Interdisciplinary research by the numbers. *Nature*, 525(7569), (2015), 306–307.

[316] C. S. Wagner, J. D. Roessner, K. Bobb, et al., Approaches to understanding and measuring interdisciplinary scientific research (IDR): A review of the literature. *Journal of Informetrics*, 5(1), (2011), 14–26.

[317] V. Larivière, S. Haustein, and K. Börner, Long-distance interdisciplinarity leads to higher scientific impact. *PloS ONE*, 10(3), (2015), e0122565.

[318] E. Leahey, and J. Moody, Sociological innovation through subfield integration. *Social Currents*, 1(3), (2014), 228-256.

[319] J. G. Foster, A. Rzhetsky, and J. A. Evans, Tradition and innovation in scientists' research strategies. *American Sociological Review*, 80(5), (2015), 875–908.

[320] L. Fleming, Breakthroughs and the "long tail" of innovation. *MIT Sloan Management Review*, 49(1), (2007), 69.

[321] K. J. Boudreau, E. Guinan, K. R. Lakhani, et al., Looking across and looking beyond the knowledge frontier: Intellectual distance, novelty, and resource allocation in science. *Management Science*, 62(10), (2016), 2765–2783.

[322] L. Bromham, R. Dinnage, and X. Hua, Interdisciplinary research has consistently lower funding success. *Nature*, 534(7609), (2016), 684–687.

[323] J. Kim, C. -Y. Lee, and Y. Cho, Technological diversification, coretechnology competence, and firm growth. *Research Policy*, 45(1), (2016), 113–124.

[324] D. P. Phillips, E. J. Kanter, B. Bednarczyk, et al., Importance of the lay press in the transmission of medical knowledge to the scientific community. *The New England Journal of Medicine*, 325(16), (1991), 1180–1183.

[325] F. Gonon, J. -P. Konsman, D. Cohen, et al., Why most biomedical findings echoed by newspapers turn out to be false: The case of attention deficit hyperactivity disorder. *PloS ONE*, 7(9), (2012), e44275.

[326] E. Dumas-Mallet, A. Smith, T. Boraud, et al., Poor replication validity of biomedical association studies reported by newspapers. *PloS ONE*, 12(2), (2017), e0172650.

[327] R. D. Peng, Reproducible research in computational science. *Science*, 334(6060), (2011), 1226–1227.

[328] Open Science Collaboration, A. Aarts, J. Anderson, et al., Estimating the reproducibility of psychological science. *Science*, 349(6251), (2015), aac4716.

[329] A. J. Wakefield, S. H. Murch, A. Anthony, et al., RETRACTED: Ileallymphoid-nodular hyperplasia, non-specific colitis, and pervasive developmental disorder in children. *The Lancet*, 351(1998), 637–641.

[330] C. Catalini, N. Lacetera, and A. Oettl, The incidence and role of negative citations in science. *Proceedings of the National Academy of Sciences*, 112(45), (2015), 13823–13826.

[331] F. C. Fang and A. Casadevall, Retracted science and the retraction index. *Infection and Immunity*, 79(10), (2011), 3855–3859.

[332] A. Sandison, Densities of use, and absence of obsolescence, in physics journals at MIT. *Journal of the American Society for Information Science*, 25(3), (1974), 172–182.

[333] C. Candia, C. Jara-Figueroa, C. Rodriguez-Sickert, et al., The universal decay of collective memory and attention. *Nature Human Behaviour*, 3(1), (2019), 82–91.

[334] S. Mukherjee, D. M. Romero, B. Jones, et al., The age of past knowledge and tomorrow's scientific and technological breakthroughs. *Science Advances*, 3(4), (2017), e1601315.

[335] A. Odlyzko, The rapid evolution of scholarly communication. *Learned Publishing*, 15(1), (2002), 7–19.

[336] V. Larivière, É. Archambault, and Y. Gingras, Long-term variations in the aging of scientific literature: From exponential growth to steady-state science (1900–2004). *Journal of the American Society for Information Science and Technology*, 59(2), (2008), 288–296.

[337] A. Verstak, A. Acharya H. Suzuki et al., On the shoulders of giants: The growing impact of older articles. arXiv preprint https://arxiv.org/abs/1411.0275, (2014).

[338] J. A. Evans, Electronic publication and the narrowing of science and scholarship. *Science*, 321(5887), (2008), 395–399.

[339] J. C. Burnham, The evolution of editorial peer review. *Journal of the American Medical Association*, 263(10), (1990), 1323–1329.

[340] R. Spier, The history of the peer-review process. *Trends in Biotechnology*, 20(8), (2002), 357–358.

[341] Q. L. Burrell, Modelling citation age data: Simple graphical methods from reliability theory. *Scientometrics*, 55(2), (2002), 273–285.

[342] W. Glänzel, Towards a model for diachronous and synchronous citation analyses. *Scientometrics*, 60(3), (2004), 511–522.

[343] H. Nakamoto, Synchronous and diachronous citation distribution, in L. Egghe and R. Rousseau (eds.), *Informetrics 87/88: Select Proceedings of the First International Conference on Bibliometrics and Theoretical Aspects of Information Retrieval* (Amsterdam: Elsevier Science Publishers, 1988).

[344] R. K. Pan, A. M. Petersena, F. Pammolli, et al., The memory of science: Inflation, myopia, and the knowledge network. *Journal of Informetrics*, 12, (2016), 656–678.

[345] P. D. B. Parolo, R. K. Pan, R. Ghosh, et al., Attention decay in science. *Journal of Informetrics*, 9(4), (2015), 734–745.

[346] A. F. Van Raan, Sleeping beauties in science. *Scientometrics*, 59(3), (2004), 467–472.

[347] Q. Ke, E. Ferrara, F. Radicchi, et al., Defining and identifying Sleeping Beauties in science. *Proceedings of the National Academy of Sciences*, 112 (24), (2015), 7426–7431.

[348] Z. He, Z. Lei, and D. Wang, Modeling citation dynamics of "atypical" articles. *Journal of the Association for Information Science and Technology*, 69(9), (2018), 1148–1160.

[349] E. Garfield, Citation indexes for science. *Science*, 122(3159), (1955), 108–111.

[350] P. Erdős, and A. Rényi, On the evolution of random graphs. *Publications of the Mathematical Institute of the Hungarian Academy of Sciences*, 5(1), (1960), 17–61.

[351] J. A. Evans, Future science. *Science*, 342(44), (2013), 44–45.

[352] Y. N. Harari, *Sapiens: A Brief History of Humankind* (London: Random House, 2014). 유발 하라리, 『사피엔스』(김영사, 2015).

[353] J. A. Evans, and J. G. Foster, Metaknowledge. *Science*, 331(6018), (2011), 721–725.

[354] R. D. King, J. Rowland, S. G. Olive et al., The automation of science. *Science*, 324(5923), (2009), 85–89.

[355] J. Evans, and A. Rzhetsky, Machine science. *Science*, 329(5990), (2010), 399–400.

[356] D. R. Swanson, Migraine and magnesium: Eleven neglected connections. *Perspectives in Biology and Medicine*, 31(4), (1988), 526–557.

[357] A. Rzhetsky, J. G. Foster, I. T. Foster, et al., Choosing experiments to accelerate collective discovery. *Proceedings of the National Academy of Sciences*, 112(47), (2015), 14569–14574.

[358] P. Azoulay, J. Graff-Zivin, B. Uzzi, et al., Toward a more scientific science. *Science*, 361(6408), (2018), 1194–1197.

[359] S. A., Greenberg, How citation distortions create unfounded authority: analysis of a citation network. *The BMJ*, 339, (2009), b2680.

[360] A. S. Gerber, and N. Malhotra, Publication bias in empirical sociological research: Do arbitrary significance levels distort published results? *Sociological Methods and Research*, 37(1), (2008), 3–30.

[361] D. J. Benjamin, J. O. Berger, M. Johannesson, et al., Redefine statistical significance. *Nature Human Behaviour*, 2(1), (2018), 6–10.

[362] O. Efthimiou, and S. T. Allison, Heroism science: Frameworks for an emerging field. *Journal of Humanistic Psychology*,. 58(5), (2018), 556–570.

[363] B. A. Nosek, C. R. Ebersole, A. C. DeHaven, et al., The preregistration revolution. *Proceedings of the National Academy of Sciences*, 115(11), (2018), 2600–2606.

[364] T. S. Kuhn, *The Essential Tension: Selected Studies in Scientific Tradition and Change* (Chicago: University of Chicago Press, 1977).

[365] P. Bourdieu, The specificity of the scientific field and the social conditions of the progress of reasons. *Social Science Information*, 14(6), (1975), 19–47.

[366] L. Yao, Y. Li, S. Ghosh, et al., Health ROI as a measure of misalignment of biomedical needs and resources. *Nature Biotechnology*, 33(8), (2015), 807–811.

[367] W. Willett, *Nutritional Epidemiology* (New York: Oxford University Press, 2012).

[368] J. M. Spector, R. S. Harrison, and M.C. Fishman, Fundamental science behind today's important medicines. *Science Translational Medicine*, 10(438), (2018), eaaq1787.

[369] A. Senior, J. Jumper, and D. Hassabis, AlphaFold: Using AI for scientific discovery. Deepmind article/blog post available online at https://bit.ly/34PXtzA (2020).

[370] Y. N. Harari, Reboot for the AI revolution. *Nature News*, 550(7676), (2017), 324–327.

[371] A. Krizhevsky, I. Sutskever, and G. E. Hinton. ImageNet classification with deep convolutional neural networks, in *Advances in Neural Information Processing Systems 25* (NIPS 2012) (San Diego, CA: NIPS Foundation, 2012).

[372] C. Farabet, C. Couprie, L. Najman, et al., Learning hierarchical features for scene labeling. *IEEE Transactions on Pattern Analysis and Machine Intelligence*, 35(8), (2012), 1915–1929.

[373] J. J. Tompson, A. Jain, Y. LeCun, et al., Joint training of a convolutional network and a graphical model for human pose estimation, in *Advances in Neural Information Processing Systems 27* (NIPS 2014) (San Diego, CA: NIPS Foundation, 2014).

[374] C. Szegedy, W. Liu, Y. Jia, et al., Going deeper with convolutions, in *Proceedings of the IEEE Conference on Computer Vision and Pattern Recognition* (Piscataway, NJ: IEEE, 2015), pp. 1–9.

[375] T. Mikolov, A. Deoras, D. Povey, et al., Strategies for training large scale neural network language models, in *2011 IEEE Workshop on Automatic Speech Recognition & Understanding* (Piscataway, NJ: IEEE, 2011), pp. 196–201.

[376] G. Hinton, L. Deng, D. Yu, et al., Deep neural networks for acoustic modeling in speech recognition. *IEEE Signal Processing Magazine*, 29(6), (2012), 82–97.

[377] T. N. Sainath, A. Mohamed, B. Kingsbury, et al. Deep convolutional neural networks for LVCSR, in *2013 IEEE International Conference on Acoustics, Speech and Signal Processing* (Piscataway, NJ: IEEE, 2013), pp. 8614–8618.

[378] A. Bordes, S. Chopra, and J. Weston, Question answering with subgraph embeddings. arXiv preprint https://arxiv.org/pdf/1406. 3676.pdf, (2014).

[379] S. Jean, K. Cho, R. Memisevic, et al., On using very large target vocabulary for neural machine translation. arXiv preprint https://arxiv.org/abs/ 1412.2007, (2014).

[380] I. Sutskever, O. Vinyals, and Q. V. Le. Sequence to sequence learning with neural networks, in *Advances in Neural Information Processing Systems 27* (NIPS 2014) (San Diego, CA: NIPS Foundation, 2014).

[381] J. Ma, R. P. Sheridan, A. Liaw, et al., Deep neural nets as a method for quantitative structure–activity relationships. *Journal of Chemical Information and Modeling*, 55(2), (2015), 263–274.

[382] T. Ciodaro, D. Deva, J. M. de Seixas, et al., Online particle detection with neural networks based on topological calorimetry infor-mation. *Journal of Physics: Conference Series*, 368, (2012), 012030.

[383] Kaggle. Higgs boson machine learning challenge. Available online at www .kaggle.com/c/higgs-boson/overview (2014).

[384] M. Helmstaedter, K. Briggman, S. Turaga, et al., Connectomic reconstruction of the inner plexiform layer in the mouse retina. *Nature*, 500(7461), (2013), 168–174.

[385] M. K. Leung, H. Y. Xiong, L. Lee, et al., Deep learning of the tissue-regulated splicing code. *Bioinformatics*, 30(12), (2014), i121–i129.

[386] H. Y. Xiong, B. Alipanahi, L. Lee, et al., The human splicing code reveals new insights into the genetic determinants of disease. *Science*, 347(6218), (2015), 1254806.

[387] D. Silver, T. Hubert, J. Schrittwieser, et al., A general reinforcement learning algorithm that masters chess, shogi, and Go through self-play. *Science*, 362(6419), (2018), 1140–1144.

[388] J. De Fauw, J. R. Ledsam, B. Romera-Parede, et al., Clinically applicable deep learning for diagnosis and referral in retinal disease. *Nature Medicine*, 24(9), (2018), 1342–1350.

[389] A. Esteva, B. Kuprel,R. A.Novoa, et al., Dermatologist-level classification of skin cancer with deep neural networks. *Nature*, 542(7639), (2017), 115–118.

[390] J. J. Titano, M. Badgeley, J. Schefflein, et al., Automated deep-neuralnetwork surveillance of cranial images for acute neurologic events. *Nature Medicine*, 24(9), (2018), 1337–1341.

[391] B. A. Nosek and T. M. Errington, Reproducibility in cancer biology: Making sense of replications. *Elife*, 6, (2017), e23383.

[392] C. F. Camerer, A.Dreber, E. Forsell, et al., Evaluating replicability of laboratory experiments in economics. *Science*, 351(6280), (2016), 1433–1436.

[393] C. F. Camerer, A. Dreber, F. Holzmeister, et al., Evaluating the replicability of social science experiments in Nature and Science between 2010 and 2015. *Nature Human Behaviour*, 2(9), (2018), 637–644.

[394] A. Chang and P. Li, Is economics research replicable? Sixty published papers from thirteen journals say "usually not." Finance and Economics Discussion Series 2015-083. Washington, DC: Board of Governors of the Federal Reserve System. Available online at https://bit.ly/34RI3uy, (2015).

[395] Y. Wu, Y. Yang, and B. Uzzi, An artificial and human intelligence approach to the replication problem in science. [Unpublished data.]

[396] M. Tegmark, *Life 3.0: Being Human in the Age of Artificial Intelligence* (New York: Alfred A. Knopf, (2017). 맥스 테그마크, 『맥스 테그마크의 라이프 3.0』(동아시아, 2017).

[397] J. Dastin, Amazon scraps secret AI recruiting tool that showed bias against women. Reuters news article, available online at https://bit.ly/3cChuwe, (October 10, 2018).

[398] Y. Wang, B. F. Jones, and D. Wang, Early-career setback and future career impact. *Nature Communications*, 10, (2019), 4331.

[399] T. Bol, M. de Vaan, and A. van de Rijt, The Matthew effect in science funding. *Proceedings of the National Academy of Sciences*, 115(19), (2018), 4887–4890.

[400] V. Calcagno, E. Demoinet, K. Gollner, et al., Flows of research manuscripts among scientific journals reveal hidden submission patterns. *Science*, 338(6110), (2012), 1065–1069.

[401] P. Azoulay, Small-team science is beautiful. *Nature*, 566(7744), (2019), 330–332.

[402] S. Haustein, I. Peters, C. R. Sugimoto, et al., Tweeting biomedicine: An analysis of tweets and citations in the biomedical literature. *Journal of the Association for Information Science and Technology*, 65(4), (2014), 656–669.

[403] T. V. Perneger, Relation between online "hit counts" and subsequent citations: Prospective study of research papers in The BMJ. *The BMJ*, 329(7465), (2004), 546–547.

[404] D. Li, P. Azoulay and B. N. Sampat, The applied value of public investments in biomedical research. *Science*, 356(6333), (2017), 78–81.

[405] M. Ahmadpoor and B. F. Jones, The dual frontier: Patented inventions and prior scientific advance. *Science*, 357(6351), (2017), 583–587.

[406] A. Duckworth, *Grit: The Power of Passion and Perseverance* (New York: Scribner, 2016). 앤절라 더크워스, 『그릿 GRIT』(비즈니스북스, 2016).

[407] J. D. Angrist and J.-S. Pischke, The credibility revolution in empirical economics: How better research design is taking the con out of econometrics. *Journal of Economic Perspectives*, 24(2), (2010), 3–30.

[408] K. J. Boudreau, T. Brady, I. Ganguli, et al., A field experiment on search costs and the formation of scientific collaborations. *Review of Economics and Statistics*, 99(4), (2017), 565–576.

[409] H. J. Kleven, Language trends in public economics. Slides available online at https://bit.ly/2RSSTuT, (2018).

[410] C. J. Ruhm, *Deaths of Despair or Drug Problems?*, working paper 24188 (Cambridge, MA: National Bureau of Economic Research, 2018).

[411] S. Redner, How popular is your paper? An empirical study of the citation distribution. *The European Physical Journal B: Condensed Matter and Complex Systems*, 4(2), (1998), 131–134.

[412] H. Jeong, Z. Néda, and A.-L. Barabási, Measuring preferential attachment in evolving networks. *Europhysics Letters*, 61(4), (2003), 567.

[413] M. E. Newman, Clustering and preferential attachment in growing networks. *Physical Review E*, 64(2), (2001), 025102.

[414] P. L. Krapivsky and S. Redner, Organization of growing random networks. *Physical Review E*, 63(6), (2001), 066123.

[415] G. J. Peterson, S. Pressé, and K.A. Dill, Nonuniversal power law scaling in the probability distribution of scientific citations. *Proceedings of the National Academy of Sciences*, 107(37), (2010), 16023–16027.

[416] M. V. Simkin and V. P. Roychowdhury, Do copied citations create renowned papers? *Annals of Improbable Research*, 11(1), (2005), 24–27.

[417] M. V. Simkin and V. P. Roychowdhury, A mathematical theory of citing. *Journal of the American Society for Information Science and Technology*, 58(11), (2007), 1661–1673.

[418] R. A. Bentley, M.W. Hahn, and S. J. Shennan, Random drift and culture change. *Proceedings of the Royal Society of London. Series B: Biological Sciences*, 271(1547), (2004), 1443–1450.

[419] A. Vazquez, Knowing a network by walking on it: Emergence of scaling. arXiv preprint https://arxiv.org/pdf/cond-mat/0006132v1.pdf, (2000).

[420] J. M. Kleinberg, R. Kumar, P. Raghavan, et al., The web as a graph: Measurements, models, and methods, in *Lecture Notes in Computer Science*, vol. 1627, *Computing and Combinatorics*, (Berlin: Springer- Verlag, 1999), pp. 1–17.

[421] J. P. Perdew and Y. Wang, Accurate and simple analytic representation of the electron–gas correlation energy. *Physical Review B*, 45(23), (1992), 13244.

[422] M. V. Simkin and V. P. Roychowdhury, Read before you cite! arXiv preprint https://arxiv.org/pdf/cond-mat/0212043.pdf, (2002).

[423] J. M. Kosterlitz and D. J. Thouless, Ordering, metastability and phase transitions in two-dimensional systems. *Journal of Physics C: Solid State Physics*, 6(7), (1973), 1181–1203.

[424] F. Radicchi and C. Castellano, A reverse engineering approach to the suppression of citation biases reveals universal properties of citation distributions. *PloS ONE*, 7(3), (2012), e33833.

찾아보기

444